先进焊接方法

宋天民 主编

中国石化出版社

内 容 提 要

本书全面介绍了国内外在工程领域广泛应用的先进焊接方法,包括激光焊、电子束焊、摩擦焊、高效电弧焊、窄间隙埋弧焊、钎焊、扩散焊、水下焊和焊接机器人等,特别介绍了高温焊接和振动焊接。

本书适合焊接工程领域技术人员阅读,也可作为高等学校材料成形专业本科生和研究生教材。

图书在版编目(CIP)数据

先进焊接方法 / 宋天民主编 . —北京:中国石化
出版社,2022.7
ISBN 978-7-5114-6655-6

Ⅰ. ①先… Ⅱ. ①宋… Ⅲ. ①焊接工艺 Ⅳ. ①TG44

中国版本图书馆 CIP 数据核字(2022)第 093371 号

中国石化出版社出版发行

地址:北京市东城区安定门外大街 58 号
邮编:100011   电话:(010)57512500
发行部电话:(010)57512575
http://www.sinopec-press.com
E-mail:press@ sinopec. com
北京艾普海德印刷有限公司印刷
全国各地新华书店经销
*
787×1092 毫米 16 开本 18 印张 414 千字
2022 年 7 月第 1 版   2022 年 7 月第 1 次印刷
定价:98. 00 元

前　　言

先进焊接方法一直是焊接界的热门话题。先进焊接方法能提高焊接质量、提高熔敷率，完成常规焊接方法无法完成的操作等。本书全面介绍了在工程领域广泛应用的各种先进焊接方法，包括激光焊接、电子束焊接、摩擦焊接、高效熔化焊接、窄间隙埋弧焊接、钎焊、扩散焊接、水下焊接和焊接机器人等，特别介绍了高温焊接和振动焊接。

本书编写有以下三个特点：

1. 实用性强。本书在介绍各种先进焊接方法时，删掉了冗长的理论论述和烦琐的公式推导，内容通俗易懂，简单明了，实用性强。

2. 条理性、逻辑性强。本书对各种先进焊接方法的介绍，按照原理、设备、工艺、应用的顺序编写，理论联系实际，条理性、逻辑性强。

3. 创新性强。把高温焊接和振动焊接编入书籍，高温焊接一章，从概念的提出、实验数据的归纳，以及得出的结论，都是编者多年的研究成果，创新性强。

全书共分11章。第1章 激光焊接；第2章 电子束焊接；第3章 摩擦焊接；第4章 高效熔化焊接；第5章 窄间隙埋弧焊接；第6章 高温焊接；第7章 振动焊接；第8章 钎焊；第9章 扩散焊接；第10章 水下焊接；第11章 焊接机器人。

本书编写的内容参考了许多书籍和文献资料，在此，向参考书籍和文献资料的各位作者表示衷心感谢。

由于编者水平所限，书中会有错误或不当之处，欢迎读者批评指正。

目　　录

第1章　激 光 焊 接

激光(Laser)意为受激辐射发射的光放大，是利用原子或分子受激辐射的原理，使工作物质受激而产生的一种单色性高、方向性强、亮度高的光束。

1.1　激光焊接原理

激光与物质的相互作用是激光焊接的物理基础，因为激光首先必须被材料吸收并转化为热能，才能用不同功率密度的激光进行焊接或其他加工。激光与物质的相互作用涉及到激光物理、原子与分子物理、等离子体物理、固体与半导体物理、材料科学等广泛的学科领域。当激光作用到材料上时，电磁能先转化为电子激发能，然后再转化为热能、化学能和机械能。因此，在激光焊接过程中，材料的焊接区域将发生各种变化。这些变化主要体现在材料的升温、熔化、汽化、产生等离子体等。

激光作用到焊接材料上，与材料要相互作用，这一相互作用过程主要与激光的功率密度和作用时间、材料的密度、熔点、相变温度以及激光的波长和材料表面对该波长激光的吸收率、热导率等有关。

激光的功率密度、作用时间、作用波长不同，或材料本身的性质不同，作用区的温度变化则不同，作用区内材料的物质状态可发生不同的变化。对于有固态相变的材料来讲，可用激光加热来实现相变硬化。对于所有材料来讲，可用激光加热使材料处于液态、气态或者等离子体等不同状态。

激光光束是由单色的、相位相干的电磁波组成，正因为它的单色性和相干性，激光束的能量才可以汇聚到一个相对较小的点上，使得工件上的功率密度能达到 $10^7 \mathrm{W/cm^2}$ 以上。这个数量级的入射功率密度可以在极短的时间内使加热区的金属汽化，从而在液态熔池中形成一个小孔，称之为匙孔。光束可以直接进入匙孔内部，通过匙孔的传热，获得较大的焊接熔深。质量好的光束甚至可以在 $4 \times 10^6 \mathrm{W/cm^2}$ 的功率密度下就形成匙孔，这主要取决于激光的功率密度分布情况。

匙孔现象发生在材料熔化和汽化的临界点，气态金属产生的蒸气压力很高，足以克服液态金属的表面张力并把熔融的金属吹向四周，形成匙孔或孔穴。随着金属蒸气的逸出，在工件上方及匙孔内部形成等离子体，较厚的等离子体会对入射激光产生一定的屏蔽作用。由于激光在匙孔内的多重反射，匙孔几乎可以吸收全部的激光能量，再经内壁以热传导的方式通过熔融金属传到周围固态金属中去。当工件相对于激光束移动时，液态金属在小孔后方流动、逐渐凝固，形成焊缝，这种焊接机制称为深熔焊，也称匙孔焊，它是激光焊接中最常用的焊接模式。

当激光的入射功率密度较低时，工件吸收的能量不足以使金属汽化，只发生熔化，此时金属的熔化是通过对激光辐射的吸收及热量传导进行的，这种焊接机制称为热导焊。由于没有蒸气压力作用，热导焊熔深一般较浅。

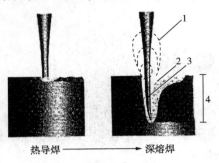

图 1.1-1 激光焊接的基本模式

1—等离子体；2—匙孔；3—激光；4—熔深

图 1.1-1 描绘了这两种焊接模式的基本原理。也有人将激光焊接模式进行了更细致的划分，提出在激光焊接的两种基本模式深熔焊和热导焊之间存在着第三种焊接过程，激光焊接过程分为稳定深熔焊、模式不稳定焊和稳定热导焊三种模式。其中模式不稳定焊的基本特征是深熔焊和热导焊两种模式随机出现，熔深和熔宽相应地在大小两级跳变，焊缝成形不均匀。焦点位置是影响焊接模式和焊接过程的重要工艺参数。

图 1.1-2 所示为激光焊接两种基本模式的熔池形态图。热导焊时由于激光功率不足以使熔池金属蒸发形成匙孔，温度变化造成的熔池表面张力的变化在熔池内部产生一股很大的搅拌力，使熔池中的液态金属沿图示方向进行流动。当入射的激光能量较大，引起材料蒸发而在熔池中形成匙孔时，在不断产生的蒸气压力作用下，匙孔将趋于稳定。匙孔行为就像光学中的黑体，光束辐射进入孔内，经过孔壁的多次反射，能量几乎全部被吸收。当焊接高反射率材料时，这可能既是优点也是不利之处。为建立匙孔，需要更大的激光功率，而一旦匙孔形成，吸收率就会从 3% 跳变到 98%，这种大幅度的变化可能会对焊接结构带来一定负面影响。

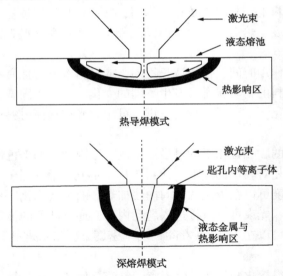

图 1.1-2 激光焊两种模式的熔池形态

在研究匙孔焊接机理时有两个基本理论，一是熔池流动机理，直接影响熔池的波纹形成和最终的焊缝几何尺寸，焊缝的几何外观是评价焊缝质量的一个重要条件。二是匙孔内的吸收机理，主要影响熔池的流动性和气孔的形成，激光能量在匙孔中的吸收，包括孔壁多次反射的菲涅尔吸收和孔内等离子体的逆韧致吸收。菲涅尔吸收一般需根据匙孔前壁的不规则形状进行计算，计算时应考虑到前孔壁的倾斜、初始入射光束、偏振、聚焦位置和焊接速度等因素。而且，等离子体对入射激光的影响也会随功率、速度及偏振而变化。

如图 1.1-3 所示，有以下几方面参数影响激光焊过程。

光束特性　　激光能量(脉冲或连续)
　　　　　　光斑尺寸和模式
　　　　　　偏振
　　　　　　波长
焊接特性　　焊接速度
　　　　　　聚焦位置
　　　　　　接头形式几何尺寸
　　　　　　间隙
保护气特性　保护气成分
　　　　　　保护方式
　　　　　　压力，流速
材料特性　　材料成分
　　　　　　表面状态

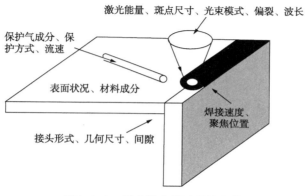

图 1.1-3　影响激光焊过程的参数

1.2　激光焊接方法

　　激光焊接是一种材料连接方法，主要是金属材料之间连接的技术，它和传统的焊接技术一样，通过将连接区的部分材料熔化而将两个零件或部件连接起来。因为激光能量高度集中，加热、冷却过程极其迅速，一些普通焊接技术难以焊接的脆性大、硬度高或柔软性强的材料，用激光很容易实施焊接。激光还能使一些高导热系数和高熔点金属快速熔化，完成特种金属或合金材料的焊接。此外，在激光焊接过程中无机械接触，易保证焊接部位不因受力而发生变形，通过熔化最小数量的物质实现合金连接，从而大大提高焊接质量，提高生产率。激光焊的焊缝深宽比大，焊缝热影响区很小，焊接质量好。图 1.2-1 所示为激光焊和电弧焊焊缝截面的比较。激光束易于使得焊接工作能够更方便地实现自动化和智能化。

　　采用大焦距的激光系统，还可实现特殊场合下的焊接，如由软件控制需要进行隔离的远距离在线焊接、高精密防污染的真空环境焊接等。激光焊接上述这些特点是传统的焊接方法很难或完全不能做到的。在欧美一些国家中，激光焊的应用已广泛取代了传统的焊接技术。

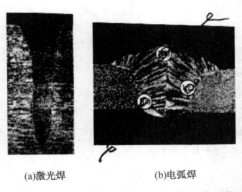

(a)激光焊   (b)电弧焊

图 1.2-1　激光焊和电弧焊焊缝截面的比较

激光焊接有如下优点：

（1）激光束可以聚焦到很高的功率密度，达到很高的焊缝深宽比。

（2）热影响区很小，焊件的热变形很小，可以进行精确的焊接，焊接无须刚性夹紧。

（3）可以焊接很难焊的材料（如钛、石英等）。

（4）焊接在空气中进行，不需要真空，不产生 X 射线（与真空电子束焊相比）。当然，激光焊往往也须在保护气氛下进行，以防止有害气体侵蚀焊接熔池。

（5）不用焊条或填充材料，可以得到成分与母材相同的焊缝。

（6）激光没有惯性，可以迅速开始与停止。

（7）可以高速焊接复杂工件，易于控制和易于自动化。

1.2.1　激光热导焊

1. 激光热导焊的原理

激光热导焊时，激光辐射能量作用于材料表面，激光辐射能在材料表面转化为热量。表面热量通过热传导向内部扩散，使材料熔化，在两材料连接区的部分形成熔池。熔池随着激光束一起向前运动，熔池中的熔融金属并不会向前运动。在激光束向前运动后，熔池中的熔融金属随之凝固，形成连接两块材料的焊缝。激光辐射能量只作用于材料表面，下层材料的熔化靠热传导进行。激光能量被表面 10~100nm 的薄层所吸收，使其熔化后表面温度继续升高，使熔化温度的等温线向材料深处传播。表面温度最高只能达到汽化温度。因此，用这种加热方法所能达到的熔化深度受到汽化温度和热导率的限制，主要用于对薄（1mm 左右）、小零件的焊接。

2. 激光热导焊的工艺参数

（1）激光功率密度

热导焊是在功率密度低于下面要讲的深熔焊产生匙孔的临界功率密度下进行的焊接。激光功率密度低决定了其焊接熔池浅，焊接速度慢。图 1.2-2 所示为采用激光热导焊焊接不锈钢时熔化深度、焊接速度与激光功率的关系。图中 1、2、3 分别为 1.0、3.0、10.0mm/s 的焊接速度时熔化深度曲线，焊缝宽度见表 1-1。

（2）离焦量

因为焦点处激光光斑中心的功率密度过高，激光热导焊通常需要一定的离焦量，使得激光功率分布相对均匀。离焦方式有两种，焦平面位于工件上方为正离焦，反之为负离焦。在

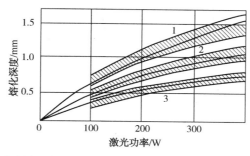

图 1.2-2　激光热导焊焊接不锈钢时功率与焊接速度、融化深度的关系

实际应用中，要求熔深较大时采用负离焦，焊接薄材料时宜用正离焦。此外，离焦量还直接影响到焊缝的宽度。表 1-1 中列出了用 250W 连续 CO_2 激光器进行连续热导焊的一些工艺参数数据。

表 1-1　用 250W 连续 CO_2 激光器热导焊数据

材料	接头方式	厚度/mm	焊接速度/(mm/min)	焊缝宽度/mm
0Cr18Ni11Ti	对接	0.25	889	0.71
1Cr18Mn9（不锈钢）	对接	0.25	250	1.01
因康镍合金（600）	对接	0.25	1000	0.46
蒙乃尔镍铜合金（400）	对接	0.25	381	0.64
普通纯钛	对接	0.25	1270	0.56
1Cr18Mn9（不锈钢）	搭接	0.25	381	0.76

（3）脉冲激光的脉冲波形

激光热导焊也可以用脉冲激光来完成，其脉冲波形对于焊接质量也有很大的影响。焊接铜、铝、金、银等高反射率的材料时，为了突破高反射率的屏障，使金属瞬间熔化把反射率降下来，实现后续的热导焊过程，需要脉冲带有一个前置的尖峰。而对于铁、镍、钼、钛等黑色金属，表面反射率较低，应采用较为平坦或平顶的脉冲波形。

（4）脉冲激光的脉冲宽度

脉冲宽度会影响到焊接熔深、热影响区的宽度等焊接的质量。脉冲宽度越宽，焊接熔深越浅，热影响区越大。因此，要根据激光功率的大小和要求的焊接熔深、热影响区的宽度大小来适当选择脉冲宽度。

1.2.2　激光深熔焊

1. 激光深熔焊的原理

当激光功率密度达到 $10^6 \sim 10^7 W/cm^2$ 时，功率输入远大于热传导、对流及辐射散热的速率，材料表面发生汽化而形成小孔（图 1.2-3），孔内金属蒸气压力与四周液体的静力和表面张力形成动态平衡，激光可以通过孔中直射到孔底，这种现象称为小孔效应。小孔的作用和黑体一样，能将射入的激光能量完全吸收，使包围着这个孔腔的金属熔化。

孔壁外液体的流动和壁层的表面张力与孔腔内连续产生的蒸气压力保持动态平衡。光束携带着大量的光能量不断地进入小孔，小孔外材料在连续流动。随着光束向前移动，小孔始终处于流动的稳定状态。小孔随着前导光束向前移动后，熔融的金属充填小孔移开后所留下的空腔并随之冷凝形成焊缝，完成焊接过程。整个过程发生得极快，使焊接速度很容易达到每分钟数米。

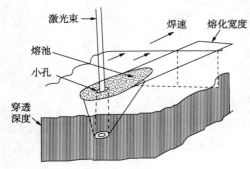

图 1.2-3　深熔焊小孔示意图

2. 激光深熔焊的工艺参数

（1）临界功率密度

深熔焊时，功率密度必须大于某一数值才能引起小孔效应，这一数值称为临界功率密度。不同材料的临界功率密度的大小不同，因此，决定了各种材料进行激光深熔焊的难易程度。

（2）激光深熔焊的熔深

激光深熔焊的熔深与激光输出功率密度密切相关，也是功率和光斑直径的函数。在一定的激光功率下，提高焊接速度，热输入下降，焊接熔深减小。尽管适当降低焊接速度可加大熔深，但若焊接速度过低，熔深却不会再增加，反而使熔宽增大。其主要原因是，激光深熔焊时，维持小孔存在的主要动力是金属蒸气的反冲压力，在焊接速度低到一定程度后，随着热输入的增加，熔化金属越来越多。当金属汽化所产生的反冲压力不足以维持小孔的存在时，小孔不仅不再加深，甚至会崩溃，使得焊接过程蜕变为传热焊接，因而熔深不会再加大。同时，随着金属汽化的增加，小孔区温度上升，等离子体的浓度增加，对激光的吸收增加。这些原因使得低速焊接时，深熔焊熔深有一个最大值。也就是说，对于给定的激光功率等条件，存在一个维持深熔焊接的最小焊接速度。

熔深与激光功率和焊接速度的关系可由下述经验公式表示：

$$h = \beta P^{1/2} v^{-\gamma} \tag{1-1}$$

式中　h——焊接熔深，mm；

　　　　P——激光功率，W；

　　　　v——焊接速度，mm/s；

　　β 和 γ——取决于激光源、聚焦系统和焊接材料的常数。

3. 激光焊接过程中的几种效应

（1）深熔焊焊接过程中的等离子体

在高功率密度条件下进行激光焊接时会出现等离子体，等离子体的产生是物质原子或分子受能量激发电离的结果。任何物质在接收外界能量而使温度升高时，原子或分子受能量（光能、热能、电场能等）的激发都会产生电离，从而形成由自由运动的电子、带正电的离子和中性原子组成的等离子体。激光焊时，金属被激光加热汽化后，在熔池上方形成高温金属蒸气，金属蒸气中有一定的自由电子。激光辐照区的自由电子通过逆韧致辐射吸收能量而被加速，直至其有足够的能量来碰撞电离金属蒸气和周围气体，电子密度从而雪崩式地增加，产生等离子体。电子密度最后达到的数值与复合速率有关，也与保护气体有关。激光焊接过程中的等离子体主要为金属蒸气的等离子体，这是因为金属材料的电离能低于保护气体的电离能，金属蒸气较周围气体易于电离。如果激光功率密度很高，而周围气体流动不充分时，也可能使周围气体离解而形成等离子体。

高功率激光深熔焊时，位于熔池上方的等离子体会引起光的吸收和散射，改变焦点位置，降低激光功率和热源的集中程度，从而影响焊接过程。等离子体对激光的吸收率与电子密度和蒸气密度成正比，随激光功率密度的增大和作用时间的增长而增大，并与波长的平方成正比。同样的等离子体，对波长为 $10.6\mu m$ 的 CO_2 激光的吸收率比对波长为 $1.06\mu m$ 的 YAG 激光的吸收率高两个数量级。由于吸收率不同，不同波长的激光产生等离子体所需的功率密度阈值也不同。YAG 激光产生等离子体阈值功率密度比 CO_2 激光的高出约两个数量级。也就是说用 CO_2 焊接时等离子体的影响则较小。

激光通过等离子体时，改变了吸收和聚焦条件，有时会出现激光束的自聚焦现象。等离子体吸收的光能可以通过不同渠道传至工件。如果等离子体传至工件的能量大于等离子体吸收所造成工件接收光能的损失，等离子体反而会增强工件对激光能量的吸收，这时，等离子体也可看作一个热源。

激光功率密度处于形成等离子体的阈值附近时，较稀薄的等离子体云集于工件表面，工件通过等离子体吸收能量。当材料汽化和所形成的等离子体云浓度间达到稳定的平衡状态时，工件表面有一较稳定的等离子体，它的存在有助于加强工件对激光的吸收。用 CO_2 激光焊接钢材时，与上述情况相对应的激光功率密度约为 $10^6 W/cm^2$。由于等离子体的作用，工件对激光的总吸收率可由 10% 左右增至 30% ~ 50%。

激光功率密度为 $10^6 \sim 10^7 W/cm^2$ 时，等离子体的温度高，电子密度大，对激光的吸收率大，并且高温等离子体迅速膨胀，逆着激光入射方向传播（速度为 $10^5 \sim 10^6 cm/s$），形成所谓激光维持的吸收波。在这种情形下，会出现等离子体的形成和消失的周期性振荡。使这种激光维持的吸收波，容易在激光焊接过程中出现，必须加以抑制。进一步加大激光功率密度（大于 $10^7 W/cm^2$），激光焊接区周围的气体可能被击穿。击穿各种气体所需功率密度大小与气体的导热性、解离能和电离能有关。气体的导热性越好，能量的热传导损失越大，等离子体的维持阈值越高，在聚焦状态下就意味着等离子体密度越低，越不易出现等离子体屏蔽。对于电离能较低的氩气，气体流动状况不好时，在略高于 $10^6 W/cm^2$ 的功率密度下也可能出现击穿现象。一般在采用连续 CO_2 激光进行焊接时，其功率密度均应小于 $10^7 W/cm^2$。

在激光焊接中，可采用辅助气体侧吹或后吹法、真空室内焊接法、激光束调焦法、跳跃式激光焊接法、功率调制法和磁场电场控制等方法，控制等离子体的屏蔽作用。

（2）壁聚焦效应

当激光深熔焊小孔形成以后，激光束将进入小孔。当光束与小孔壁相互作用时，入射激光并不能全部被吸收，有一部分将由孔壁反射在小孔内某处重新会聚起来，这一现象称为壁聚焦效应。壁聚焦效应的产生，可使激光在小孔内部维持较高的功率密度，进一步加热熔化材料。在激光焊接过程中，重要的是激光在小孔底部的剩余功率密度必须足够高，以维持孔底有足够高的温度，产生必要的汽化压力，维持一定深度的小孔。

小孔效应的产生和壁聚焦效应的出现，能大大地改变激光与物质的相互作用过程，当光束进入小孔后，小孔相当于一个吸光的黑体，使能量的吸收率增大。

（3）净化效应

净化效应是指 CO_2 激光焊时，焊缝金属有害杂质元素减少或夹杂物减少的现象。产生净化效应的原因是，对于波长为 $10.6\mu m$ 的 CO_2 激光，非金属夹杂物的吸收率远远大于金属，当非金属和金属同时受到激光照射时，非金属将吸收较多的激光使其温度迅速上升而汽化。当这些元素固溶在金属基体时，由于这些非金属元素的沸点低，蒸气压高，它们会从熔池中蒸发出来。上述两种作用的总效果是，焊缝中的有害元素减少，这对金属的性能，特别是塑性和韧性有很大的好处。当然，激光焊净化效应产生的前提必须是对焊接区加以有效地保护，使之不受大气等的污染。

1.2.3 激光复合焊

激光焊接从开始的薄、小零件或器件的焊接到目前大功率激光焊接，所涉及的材料涵盖了几乎所有的金属材料。但是，激光焊接的缺点也逐渐显现出来。首先，激光设备价格昂贵，一次性投资量大，激光焊接本身存在的间隙适应性差，即极小的激光聚焦光斑对焊前工件的加工质量要求过高，工艺要求严格地定位装配，典型的最大允许的焊缝间隙不大于材料厚度的 0.1 倍，这就要求有特殊而又昂贵的焊接夹具。其次，激光焊接作为一种以自熔性焊接为主的焊接方法，一般不采用填充金属，因此，在焊接一些高性能材料时对焊缝的成分和组织控制困难。高的焊接速度导致高的凝固速度，这样在焊缝中可能产生裂纹或气孔，得到比传统焊接方法性能更脆的结构。最后，像铝、铜和金这样的高反射材料，用 YAG 激光焊就很困难，而用 CO_2 激光焊则更困难。

针对这些缺点，激光-电弧复合焊（以下简称激光复合焊）应运而生。激光复合焊集合了激光焊接大熔深、高速度、小变形的优点，又具有间隙敏感性低、焊接适应性好的特点，是一种优质高效焊接方法。其特点如下：

（1）可降低工件装配要求，间隙适应性好。

（2）有利于减小气孔倾向。

（3）可实现在较低激光功率下获得更大的熔深和焊接速度，有利于降低成本。

（4）电弧对等离子体有稀释作用，可减小对激光的屏蔽效应；同时，激光对电弧有引导和聚焦作用，使焊接过程稳定性提高。

（5）利用电弧焊的填丝可改善焊缝成分和性能，对焊接特种材料或异种材料有重要意义。

1. 激光复合焊原理

激光复合焊在焊接时同时使用激光束和另外一种热源。激光复合焊定义为激光束和电弧作用在同一区域的焊接工艺（图 1.2-4）。激光复合焊缝的显著特征是，激光焊由穿透小孔型焊缝（图 1.2-4）和传统型焊缝混合而成，哪种型式占优取决于激光和传统热源的功率比。

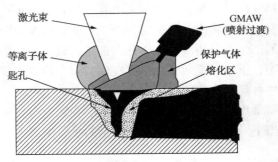

图 1.2-4 激光复合焊原理图

从激光复合焊的一般定义来看，既没有限制第二热源种类，也没有限制两种热源的相对位置。在这样宽泛的定义中，可以将激光复合焊理解为激光和其他任何热源组合的焊接方式。用这个定义，激光复合焊可以由所使用的热源形式及其排列来分类（图 1.2-5）。需要强调的是，主要激光热源使焊接能呈现深熔焊形式进行。由此，有三种主要热源：CO_2、YAG和光纤激光。前两种热源已应用于实际，并开发了几种复合焊设备，后一种还在开发之中。

另外，主要热源也可能用一种低聚焦性的高功率半导体激光来代替，可以将 YAG 激光与半导体激光进行复合焊接。与电弧焊相比，虽然成本更高，但半导体激光焊具有聚焦区域可控及能量密度分布和位置可调整的优点。

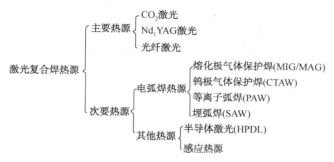

图 1.2-5　激光复合焊热源分类

激光与电弧复合焊的方法包括两种：旁轴复合焊和同轴复合焊。旁轴激光-电弧复合焊方法实现较为简单，缺点是热源的非对称性，焊接质量受焊接方向影响很大，难以用于曲线或三维焊接。激光和电弧同轴的焊接方法则可以形成一种同轴对称的复合热源，大大提高焊接过程稳定性，并可方便地实现二维和三维焊接。

现在，大量使用的次要热源仍然是电弧，其中又可细分为非熔化电极的钨极气体保护焊（TIG）和熔化电极的气体金属电弧焊（GTAW）。另外一种形式是激光和埋弧焊的复合，它是唯一的一种激光后置的复合形式。

对于激光复合焊的热源位置安排，有共同作用于一个熔池和分开作用两种。

下面介绍几种商用的激光复合焊系统。图 1.2-6 所示为具有分光镜的先进光学系统，而且电极位于喷嘴的中心；图 1.2-7 是由 Fronius 特别为汽车工业研制的复合焊头。为了接头的可达性，特别是在焊接车体结构时，激光复合焊头设计要小巧，焊头能够旋转 180°，可以呈镜面安装，允许在机器人上有很宽的垂直调整范围，可以改善三维部件的可焊到性。由于扫描单元的集成调整装置可以在三维坐标任何方向上相对激光束改变焊丝的方位，因此，能适应各种焊缝、功率、焊丝类型、焊丝质量的连接工作。为防止焊接过程中产生的飞溅引起玻璃的污染，安装了双层石英玻璃，保护激光光学器件免受损毁。

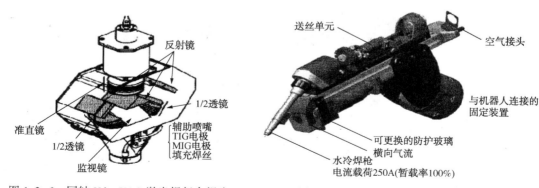

图 1.2-6　同轴 Nd：YAG 激光焊复合焊头　　　图 1.2-7　Fronius 制造的集成复合焊头

2. 激光复合焊的应用

复合焊已经有许多应用，复合激光焊接头已商品化。除了改善工艺稳定性和效率，以及减少投资和运行成本外，许多激光复合焊能够解决单激光焊不能成功解决的问题。下面简要介绍激光复合焊应用的实例。它表明激光束与其他热源联合使用的方法，加大了连接材料的激光焊接的应用范围。

在生产中，使用激光复合焊的两个主要领域是汽车工业和造船工业。汽车工业是大批量生产的工业，而造船工业是以每条船几公里长焊缝为特征的。在汽车工业中，与单激光焊相比，激光复合焊具有更高的焊接性。在德国大众汽车公司引用激光复合焊以后，去掉了焊接时压紧钢板的压紧轮。而且，使焊铝的角焊缝和对接焊成为可能。在每一辆轿车中，有 7 条 MIG 焊缝、11 条激光焊缝、48 条激光复合焊缝，总的焊缝长度达 4980mm。使用的焊枪如图 1.2-7 所示。采用这种方法后，用 3kW 的 Nd：YAG 激光功率可以焊接 1~4mm 的低碳钢、不锈钢和铝合金。激光复合焊与单纯激光焊相比节省激光功率 1000W。

德国 Meyer Werf 造船厂采用 12kW 的 CO_2 激光耦合 GMA 焊接（称为预制造安装的单元），成功地焊接了 12mm 角焊缝 20 多米长。硬度、强度、缺口冲击、横向和纵向弯曲试验、十字强度试验，以及疲劳试验，通过了激光复合焊的认证，所有试验都获得了满意结果。由 25kW CO_2 激光器和 6kW 的 GMAW 组成的系统，具有 12m 长的框架、焊缝跟踪和间隙量的调整、焊接质量控制，以及过程控制软件，已经焊接了 A36、Dlt-36、HLSA-65 和超级奥氏体钢 SSAL6-XN 的高质量的焊缝。用深熔焊焊接 12mm 厚的钢板，焊速在 1.9~2.5m/min 之间。芬兰制造了一个激光复合焊接可伸缩的升降机的生产系统，它由 6kW 的 CO_2 激光器和 GMAW 组成，在 6m 长和用 4mm 厚材料的 RAEX650 制成的方管上工作。采用这个复合焊系统的主要原因是能够使焊接的间隙达 1mm。

激光复合焊能有效解决剪裁板的工业焊接问题。例如，不同板厚的钢板的拼接。通常，这种钢板是以对接接头的角焊缝连接的。在这种情况下，激光束小的聚焦半径和少量的熔化材料，仅能在很小间隙下进行焊接，因此，对坡口制备、激光束和钢板之间的定位，以及夹具装置要求非常严格。图 1.2-8 示意了板厚分别为 1mm 和 2mm 铝板的 CO_2 激光焊接。如果采用合适的等离子作为次要热源的激光复合焊，在同时增加焊接速度时，能成倍提高激光焊要求的 0.1mm 的最大间隙。因此，激光复合焊的优点是接头形状的改善，使铝板之间实现平滑过渡。由于避免了尖锐的边缘，改善了焊件的承载能力，激光复合焊接头的塑性也增加了。

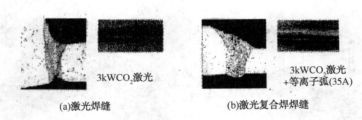

(a)激光焊缝　　　　　　　　(b)激光复合焊焊缝

图 1.2-8　汽车铝板的焊接

激光束的最重要特性之一是高的聚焦亮度，与传统焊接方法相比，焊接速度非常高。但焊接用于材料的能量仍然是小的，能够减少和避免焊接结构的变形。但高的焊接速度可导致某些材料具有高的硬度值，冷却速度太快会导致在焊缝内形成裂纹。这个问题对于激光焊接含碳量大于 0.25% 的碳钢和含碳量超过 0.2% 的低合金钢是非常重要的。应用于动力机车的重要级别的钢通常是不能用激光进行可靠焊接的，例如 C53（AISI1050）、C67（AISI1070）、

42CrMo4(AISI 4140/4142)和50CrV4(SAE6150)。

但是，应用激光感应复合焊可以无裂纹地焊接上述钢种，以及热处理钢、火焰和感应硬化钢、容器硬化钢和弹簧钢等，如图1.2-9所示。

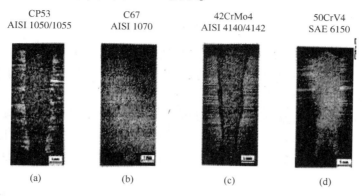

图1.2-9　激光-感应复合焊焊缝的无裂纹宏观断面（板厚6mm）

激光焊接已经很好地用于车体制造中，但镀层钢板的搭接焊到现在为止仍然有问题。

特别是当有低熔点和汽化点的元素存在时，例如，锌是作为钢板的防腐而使用的，在焊接期间能够导致突然汽化影响焊缝的完整性。焊缝质量的改善仅由钢板之间间隙来保证，而且间隙的宽度必须限制以保证得到完整的接头。因此，焊缝坡口边缘的制备是很费钱费时的。为了保证锌蒸气的逸出，另一个解决的策略是扩大小孔的有效断面和/或焊道体积。可以采用在小孔的上面或气体逸出区域使用附加热源来达到。因此，联合使用CO_2激光和高功率的半导体激光，在各种参数下焊接$0.75 \sim 1.25$mm不同厚度的镀锌钢板，能够避免熔池爆发的扰动，如图1.2-10所示。

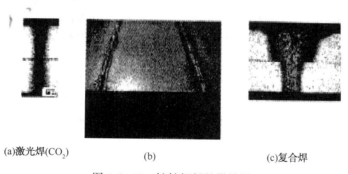

(a)激光焊(CO_2)　　　　(b)　　　　(c)复合焊

图1.2-10　镀锌钢板的搭接焊

激光复合焊技术的应用，提供了用不同的方式改善焊缝的成型和性能的可能性。采用不同的次要热源与激光进行各种配置的复合焊，能够解决一些特殊接头的问题。这种多样性的配置对技术的发展和工艺优化提出了更高的要求。通常，大多数相关焊接参数是由经验决定的，要求有大量的实验参数。激光复合焊的数学模型和相关实验的基础研究还很有限。尤其是激光与电弧相互作用期间涉及的等离子的相互作用现象、熔池内的热和流场，以及激光和其他热源重叠时固体材料内的热流动。尽管缺少理论分析，实验数据已使得激光复合焊成功地用于工业生产，它能解决仅用激光焊不能解决的问题，扩展了高功率激光焊应用的范围。

1.3 激光焊接技术

1.3.1 激光填丝焊

激光焊接在大多数情况下是非填丝的自熔焊接。激光对焊接坡口加工精度、装配精度的要求较高，这使其在工业中的应用受到一定的限制。扩展激光焊接在工业生产中的应用领域，推进激光焊接产业化的一种方案就是采用激光填丝焊。

激光填丝焊可以焊接间隙较大的对接板和大厚板，还可以调节异种金属连接时焊缝的化学成分，对焊后热裂纹的抑制有明显的效果。铝合金是航空、航天及汽车工业中应用非常普遍的一种金属，但是，铝合金对激光的反射率较大、接头软化、焊接过程易产生热裂纹，这些问题限制了大功率激光焊接工艺在铝合金加工工业中的应用。采用填充材料可以提高铝合金的吸收率，稳定焊接过程，对于某些容易产生凝固裂纹的铝合金来说，填充材料的使用，阻止了裂纹形成的条件，改进了焊缝的力学性能。

此外，激光填丝焊还可以用于制作熔覆层，让熔滴一滴挨一滴地排列或重叠排列，涂覆在工件表面，形成抗蚀层或抗磨层，提高工件的使用寿命。

1. 激光填丝焊特点

激光填丝焊的效率与普通激光焊差不多，但通过填丝的方法，大大拓宽了激光焊接的应用范围，其优势主要体现在以下几方面：

（1）解决了对工件装夹、拼装要求严的问题。由于激光束在焊接时聚焦为几百微米直径的光斑，因此，接头装配、拼缝间隙要求较高，对于对接接头，采用非填丝的自熔焊一般焊缝间隙最大为板厚的10%。当焊缝较长时，对于工件焊接面的加工精度与装夹精度要求很高。间隙的存在会使入射的部分激光能量漏出，使焊缝难以焊合或形成凹陷。采用激光填丝焊后，熔化的填充金属可以防止激光能量从焊缝间隙穿过，放宽了装配精度，且焊缝微微凸出，成形美观。

（2）可用较小功率激光器实现厚板多道焊。由于现有大功率激光器的功率大小限制了焊透深度，应用受到了一定的限制，一般厚板的焊接厚度都低于15mm。克服这一限制的一种途径是窄间隙和填丝多道焊，采用较小的热输入实现大厚板的焊接，并且变形小，比传统焊接方法效率要高得多。

（3）通过调节焊丝成分，可控制焊缝区组织性能，对裂纹等缺陷更容易控制，这对于异种材料及脆性材料的焊接十分有利。

2. 激光填丝焊的应用

（1）多道填丝焊

采用填丝多道焊技术可以提高激光焊接大厚板的能力，激光填丝焊的试件坡口一般开得相对较窄，常用坡口形状有两种形式：①阶梯型坡口；②双边V形坡口，如图1.3-1所示。

研究表明，对于阶梯型坡口，焊接过程较为稳定，焊接时等离子体被压入熔池，相当于二次热源，增加了熔深，焊缝成形良好，但焊缝中心发现结晶裂纹。对于双边V形坡口，焊接过程的稳定性较差，可能是由于等离子体控制的难度加大，焊缝成形良好，除焊缝表面有少量气孔外，未发现结晶裂纹。只要采用合理的坡口设计，选用匹配的工艺参数，两种坡口都能获得满意的焊缝。

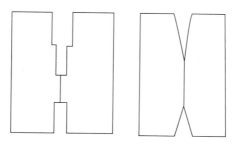

图 1.3-1　多道焊坡口类型

在减小热输入、控制焊接变形方面，窄间隙激光填丝焊方法比传统焊接方法具有更大的优势。图 1.3-2 为焊接奥氏体不锈钢厚板（20mm）时设计的窄间隙对接坡口，主要采用 V 形坡口，坡口根部 4mm 厚度为平行的，焊前根部打底事先焊好。坡口角度为 8°~12°之间，坡口倾角设计在保证光束可完全入射的条件下越小越好，考虑到焊接过程中由于前几道焊缝收缩造成坡口倾角变小，因此，根据试验用光束聚焦角为 6°，坡口角度设计最小为 8°，也就意味着焊接过程中坡口角度的变形量在 2°之内。送丝位置与送丝速度是非常关键的工艺参数，需根据坡口尺寸大小实时调节送丝速度，焊丝的填充量控制要充分考虑焊丝与激光之间的相互作用及坡口的形状尺寸，填充金属过量，激光能量难以保证焊丝与坡口表面金属的充分熔化，则很容易产生焊接缺陷，如未熔合。理论上，在焦点位置上的能量密度最大，但考虑到光束焦斑直径（0.6mm）与丝径（2mm）相比相差较大，为保证焊丝的完全熔化，焊丝是在焦点下方 2mm 处送入。图 1.3-2 为焊后的焊缝截面形状，主要工艺参数：坡口角度为 10°，激光功率 3kW，焊接速度 0.5m/min，送丝速度 4.5~6m/min。

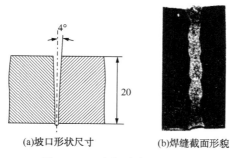

(a)坡口形状尺寸　　　(b)焊缝截面形貌

图 1.3-2　窄间隙激光填丝焊

（2）异种金属焊接

异种金属焊接时，由于对接的基体金属化学成分及组织有较大差异，因此，采用自熔焊技术很难得到满意的接头质量。但填丝焊却可以弥补自熔焊的不足，通过选用合适的填充焊丝可以使焊接接头具有优良的综合性能，此外，异种材料的焊接还可以采用光束偏置方法来调节热输入，控制被焊材料的微观组织。

对于异种金属焊接的研究，目前主要集中在异种钢及钢与铸铁的焊接，这些材料的焊接由于碳和其他合金元素含量的巨大差异，而在焊缝中生成马氏体或白口铁等脆性组织，并使焊接应力增加，引发焊接裂纹。为解决这个问题，需通过填充焊丝来降低焊缝中的碳含量，以提高镍元素等奥氏体化元素的含量，从而可尽量抑制脆性组织的生成，在焊缝中得到奥氏体、铁素体或其复相组织。

以铁素体钢和奥氏体不锈钢的焊接为例，采用激光填丝焊，将直径43.5mm，厚度4.5mm的13CrMo44的铁素体低合金钢和AiSi347奥氏体不锈钢管材焊接在一起，选用1.2mm的EniCrMo3镍基焊丝。焊接时，当光束偏向奥氏体不锈钢，偏置量为0~2.5mm时，焊缝的组织和性能没有明显的变化，都能得到全部奥氏体组织。但如果偏向Cr-Mo铁素体钢，当偏置量超过0.1mm时，就会得到马氏体+奥氏体的双相组织。马氏体组织的形成，降低了焊缝的抗腐蚀能力。如果增加拼缝的间隙，焊丝的填充量加大，由于镍基焊丝中镍的含量高达60%，焊接过程中焊缝中被母材稀释的合金元素得到了有益的补充，有利于形成单相奥氏体。

1.3.2 激光-电弧复合焊

激光焊接的优势已经是众所周知，但就目前来说，激光焊接的成本仍然较高，因此，以激光为核心的复合热源焊接技术孕育而生。研究最多、应用最广的要数激光-电弧复合热源焊接，有时也称电弧辅助激光焊，主要目的是有效地利用电弧热源，以减小激光的应用成本、降低激光焊接的装配精度。

1. 激光-电弧复合焊原理

激光与电弧复合焊接有两种方式，一种方式是沿焊接方向，激光与电弧间距较大，前后串列排布，两者作为独立的热源作用于工件，主要是利用电弧热源对焊缝金属进行预热或后热，达到提高吸收率、改善焊缝组织性能的目的。另一种方式是激光与电弧共同作用于熔池，焊接过程中，激光与电弧之间存在相互作用和能量的耦合，也就是我们通常所说的激光-电弧复合热源焊接。

激光-电弧复合热源焊接技术主要思想就是有效利用电弧能量，在较小的激光功率条件下获得较大的焊接熔深，同时提高激光焊接对焊缝间隙的适应性，实现高效率、高质量的焊接过程。

图1.3-3所示为激光-电弧复合热源焊接基本原理及其典型焊缝截面形貌。复合使得两种热源既充分发挥了各自的优势，又相互弥补了对方的不足，从而形成了一种高效的热源。

激光与电弧相互作用形成的是一种增强适应性的焊接方法，它避免了单一焊接方法的缺点与不足，具有提高能量、增大熔深、稳定焊接过程、降低装配条件、实现高反射材料的焊接等许多优点。

（1）高效、节能、经济

单独使用激光焊接时，由于等离子体的吸收与工件的反射，能量的利用率低。激光与电弧的复合，可以有效利用电弧能量，在获得同样焊接效果的条件下降低激光功率。这就意味着可以减少激光设备的投资，降低生产成本。

（2）增加熔深

与同功率下的单激光焊接相比，复合热源焊接熔深最大可增加一倍多。特别是在窄间隙大厚板焊接中，采用激光-MIG复合热源焊接时，在激光作用下，电弧可深入到焊缝深处，

图 1.3-3　激光-电弧复合热源焊接原理与焊缝截面形貌

减少填充金属的熔覆量，实现大厚板深熔焊接。

（3）减少焊接缺陷、改善微观组织

与激光焊相比，激光-电弧复合热源焊接能够减缓熔池金属的凝固时间，有利于相变的充分进行，减少气孔、裂纹、咬边等焊接缺陷的产生。

（4）改善焊缝成形

激光-电弧复合热源作用于工件时，材料的熔融量增大，可以改善熔化金属与固态母材的润湿性，消除焊缝咬边现象。另外，激光和电弧的能量可以单独调节，将两种能源适当配比即可获得不同的焊缝深宽比。

（5）提高焊接适应性

电弧的加入使得工件表面的熔合宽度增大（特别是 MIG 电弧），降低了热源对间隙、错边及对中度的敏感性，减少了工件焊缝的加工、装配劳动量，提高了生产效率。

（6）减少焊接变形

与普通电弧焊相比，激光-电弧复合热源焊接的速度快、热输入量小，因而热影响区小，焊缝的变形及残余应力小。特别是在大厚板的焊接时，由于焊接道数的减少，相应地减少了焊后矫形的工作量，提高了工作效率。

激光-电弧复合热源，一般多使用 CO_2 激光和 Nd：YAG 激光。

根据激光与电弧相对位置不同，有旁轴复合与同轴复合之分，旁轴复合是指激光束与电弧以一定角度作用在工件的同一位置，即激光可以从电弧前方送入，也可以从电弧后方送入。同轴复合是指激光与电弧同轴作用在工件的同一位置，即激光穿过电弧中心或电弧穿过环状光束或多光束中心到达工件表面。

图 1.3-4 和图 1.3-5 所示分别为激光-电弧旁轴复合和激光-电弧同轴复合原理图。

旁轴复合较易实现，可以采用 TIG 电弧，也可以采用 MIG 电弧。同轴复合难度较大，工艺也较复杂，因此，多采用非熔化极的 TIG 电弧或等离子弧。

在图 1.3-5（a）中，电弧位子两束激光中间，YAG 激光束从光纤出来后，分为两束，通过一组透镜重新聚焦，电极与电弧安置在透镜的下方，激光的聚焦点与电弧辐射点重合。图 1.3-5（b）所示则是激光从电弧中间穿过来实现 TIG 电弧与激光的同轴复合。采用了 8 根钨极，在一定直径的圆环上呈 45°均匀分布。钨极由独立的电源来供电。在焊接过程中，根据焊枪移动的方向，控制其相应方向上的两对电极工作，形成前后方向热源。除此之外，设计

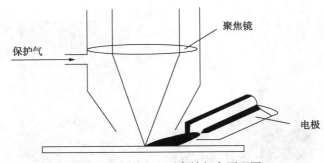

图 1.3-4　激光电弧旁轴复合原理图

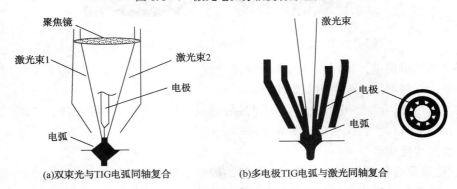

(a)双束光与TIG电弧同轴复合　　　　(b)多电极TIG电弧与激光同轴复合

图 1.3-5　激光电弧同轴复合原理图

空心钨极，让激光束从环状电弧中心穿过也是激光与电弧同轴复合的一种常用方法。同轴复合解决了旁轴复合的方向性问题，非常适合于三维结构件的焊接，难点是枪头的设计比较复杂。

根据电弧种类的不同，激光与电弧的复合方式一般又有以下几种：激光-TIG、激光-MIG、激光-等离子弧复合和激光-双电弧复合等。

2. 激光-电弧复合焊的应用

从工艺角度来看，激光-电弧复合热源利用两种热源各自的优势，弥补相互之间的缺点，显示了很好的可焊性和焊接适应性；从能量的角度看，焊接效率的提高是复合焊接最显著的特点。事实上，复合热源的能量远远大于两种热源的简单叠加。

图 1.3-6 所示为激光-MIG 复合热源在不同错边情况下焊接 10mm 厚钢管的焊缝截面。

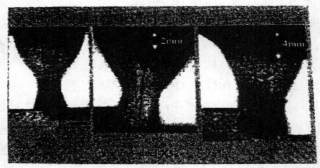

图 1.3-6　激光-MIG 复合热源焊接 10mm 厚钢管的焊接截面

激光-电弧复合热源焊接厚板的成功最大受益是造船工业。为满足海军日益紧迫的设计要求和保证结构的稳定性，美国海军连接中心针对 HSLA 厚钢板，在船板的加强筋焊接过程中，对激光-MIG 复合热源焊接的效率、材料特性、焊缝变形等多方面性能进行了系统试验研究，以期将这一技术应用于美国海军典型船结构材料的焊接。采用激光与电弧复合焊接可在结构件中使用热轧状态的高强钢，这在一般焊接条件下是不可行的，增加了焊接速度、放宽了对接头间隙的敏感性、降低焊接变形、提高焊接质量。在该结构的焊缝总长度中，50%应用激光-电弧复合热源焊接，其变形量仅为双丝焊的 1/10，单道焊熔深可达 15mm，双道焊熔深可达 30mm，焊接 6mm 厚的 T 形接头时，焊接速度可达 3m/min。图 1.3-7 和图 1.3-8 所示为常规焊接、激光焊接及复合热源焊接的试验对比结果。

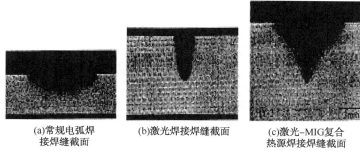

(a)常规电弧焊　　　　(b)激光焊接焊缝截面　　　(c)激光-MIG复合
接焊缝截面　　　　　　　　　　　　　　　　　热源焊接焊缝截面

图 1.3-7　不同焊接方法获得的焊接截面

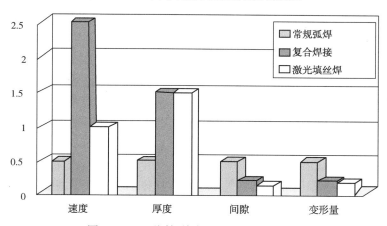

图 1.3-8　不同焊接方法的焊接性能比较

1.3.3　双光束激光焊

双光束焊接方法的提出，主要用于解决激光焊接对装配精度的适应性及提高焊接过程稳定性和改善焊缝质量，尤其是对于薄板焊接及铝合金的焊接。双光束激光焊接，可将同一种激光采用光学方法分离成两束单独的光来进行焊接，也可以采用两束不同类型的激光进行组合，CO_2 激光、Nd：YAG 激光和高功率半导体激光相互之间都可以进行组合。通过改变光束能量、光束间距，甚至是两束光的能量分布模式，对焊接温度场进行方便、灵活地调节，改变匙孔的存在模式与熔池中液态金属的流动方式，为焊接工艺提供了更广阔的选择空间，这是单光束激光焊接无法比拟的。它不仅拥有激光焊接熔深大、速度快、精度高的优点，而且，对于常规激光焊接难以焊接的材料与接头也有很大的适应性。

1. 双光束激光焊接原理

双光束激光焊接意味着在焊接过程中同时使用两束激光，光束排布方式、光束间距、两束光所成的角度、聚焦位置以及两束光的能量比都是双光束激光焊接中的相关参数。在通常情况下，双束光的排布方式一般有两种，如图 1.3-9 所示，一种是沿焊接方向呈串列式排布，这种排布方式可以降低熔池冷却速率，减少焊缝的淬硬性倾向和气孔的产生。另一种是，在焊缝两侧并列排布或交叉排布，以提高对焊缝间隙的适应性。

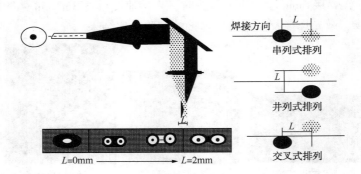

图 1.3-9　双光束激光焊接的光束排布方式

对于串列式排布的双光束激光焊接系统，根据前后两个光束间距的不同，存在三种不同的焊接机制，如图 1.3-10 所示。在第一种焊接机制中，两束光的间隔距离较大，一束光的能量密度较大，聚焦于工件表面，用于在焊接中产生匙孔；另一束光能量密度较小，只作为焊前预热或焊后热处理的热源。采用这种焊接机制，焊接熔池的冷却速度在一定范围内可以控制，有利于焊接一些高裂纹敏感性的材料，如高碳钢、合金钢等，同时可以提高焊缝的韧性。在第二种焊接机制中，两束光焦点间距相对较小，两束光在一个焊接熔池中产生两个相互独立的匙孔，使得液态金属的流动模式发生改变，有助于防止咬边、焊道凸起等缺陷的产生，改善焊缝成形。在第三类焊接机制中，两束光间距很小，此时两束光在焊接熔池中产生同一个匙孔，与单束激光焊接相比，由于此匙孔尺寸变大，不易闭合，焊接过程更加稳定，气体也更容易排出，有利于减少气孔、飞溅，获得连续、均匀、美观的焊缝。

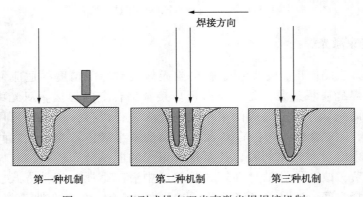

图 1.3-10　串列式排布双光束激光焊焊接机制

在焊接过程中，也可以让两束激光互成一定角度，其焊接机制与平行双光束焊接机制相类似。有试验结果表明，采用两个互成30°、间距为1~2mm的高功率CO_2激光束，可以获得漏斗形匙孔，匙孔尺寸更大而且更加稳定，可以有效提高焊接质量。在实际应用中，可以根据不同的焊接条件改变两束光的相互组合情况，实现不同目的焊接过程。

2. 双光束激光焊接的应用

（1）双光束激光焊接镀锌板

镀锌钢板是汽车工业中最常用的一种材料，钢的熔点在1500℃左右，而锌的沸点只有906℃，因此，采用熔焊方法通常会有大量的锌蒸气产生，造成焊接过程不稳定，在焊缝中形成气孔。对于搭接接头，镀锌层的挥发不仅发生在上下表面，同时也出现在接头结合面处，焊接过程中有的区域锌蒸气快速喷出熔池表面，有的区域锌蒸气又难以逸出熔池表面，焊接质量很不稳定。双光束激光焊接可以解决锌蒸气带来的焊接质量问题，一种方法是通过合理匹配两束光的能量来控制熔池存在时间和冷却速度，以利于锌蒸气的逸出；另一种方法是通过预打孔或切槽处理来释放锌蒸气。如图1.3-11所示，采用CO_2激光进行焊接，Nd∶YAG激光在CO_2激光前侧，用来打孔或切槽。预先处理出的孔或槽，给随后焊接时产生的锌蒸气提供了逸出的通道，防止其滞留在熔池内形成缺陷。

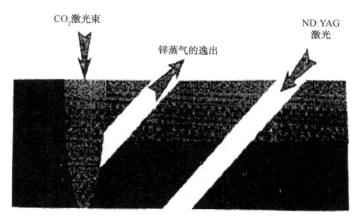

图1.3-11 预打孔处理的双光束焊接镀锌板搭接接头

（2）双光束激光焊接铝合金

由于铝合金材料特殊的性能，采用激光焊接存在如下困难：铝合金对激光的吸收率较低，对CO_2激光束表面初始反射率超过90%；铝合金激光焊焊缝易产生气孔、裂纹及焊接过程合金元素烧损等。采用单激光焊接时，匙孔建立较难，且不易保持稳定。双光束激光焊接时可以增大匙孔尺寸，使得匙孔不易闭合，有利于气体排出，同时可以降低冷却速率，减少气孔和焊接裂纹的产生。由于焊接过程更加稳定，飞溅量减小，所以，双光束焊接铝合金获得的焊缝表面成形也明显优于单光束。

研究表明，焊接2mm厚的5000系列铝合金时，两光束间距在0.6~1.0mm时，焊接过程较为稳定，形成的匙孔开口较大，有利于焊接过程中镁元素的蒸发、逸出。两束光的间距过小，类似单光束焊接过程不易稳定；间距过大，会影响焊接熔深，如图1.3-12所示。此外，两束光的能量配比对焊接质量也有较大影响，当间距为 0.9mm 的两光束串列排布焊接时，适当增加前一个光束的能量，使前后两个光束的能量比大于 1：1，有利于改善焊缝质量，增大熔化区域，在焊接速度较高时仍然可以得到光滑美观焊缝。

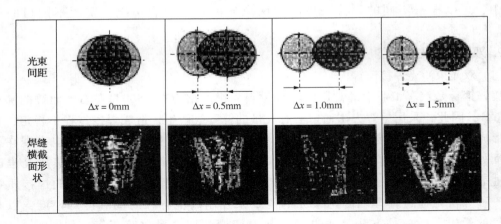

图 1.3-12　不同双光束间距下的焊缝截面形状

（3）双光束激光焊接不等厚板

在工业生产中，经常需要将两块或者多块不同厚度和形状的金属板材焊接起来制成一块拼接板材，特别是在汽车生产中，拼焊板的应用越来越广泛。通过把不同规格、表面镀层或性能不同的板材焊接起来，由此可提高强度、降低材耗、减小质量。拼板焊接中通常采用激光焊接不同厚度的板材，一个主要问题就是，必须将待焊板材预制成具有高精度的边缘，并保证高精度的装配。采用双光束焊接不等厚板，可以适应板材间隙、对接部位、相对厚度和板件材料的不同变化，可焊接具有更大边缘和缝隙公差的板件，提高焊接速度和焊缝质量。

双光束焊接不等厚板的主要工艺参数可分为焊接参数和板材参数，如图 1.3-13 所示。焊接参数包括两束激光的功率、焊接速度、焦点位置、焊头角度、双光束对接头的光束旋转角度及焊偏量等。板材参数包括材料尺寸、性能、裁边情况及板的间隙等。两束激光的功率可根据不同的焊接目的分别进行调整。焦点位置一般位于薄板表面可得到稳定高效的焊接工艺。焊头角度通常选择 6°左右，若两块板的厚度比较大，可采用正的焊头角度，即激光向薄板倾斜，如图 1.3-13 所示。板厚度比较小时，可采用负的焊头角度。焊偏量定义为激光焦点与厚板边缘的距离，通过调节焊偏量可以减少焊缝凹陷量，获得好的焊缝横截面。

随着激光器功率等级和光束质量的提高，采用激光焊接大厚板已经成为现实。但是，由于大功率激光器价格昂贵，而且大厚板焊接一般还需要填充金属，在实际的生产中受到了一定的限制。采用双光束激光焊接技术不仅可以提高激光功率，而且还可以提高有效光束加热直径，增加熔化填充焊丝的能力，同时能稳定激光匙孔，提高焊接稳定性和提高焊接质量。图 1.3-14 所示为一个 10kW 光束与一个 6kW 光束共同作用焊接 20mm 厚不锈钢板得到的焊缝形貌，焊接速度为 0.8m/min。

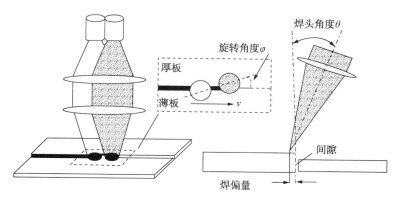

图 1.3-13　双光束焊接不等厚板

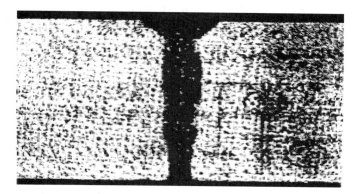

图 1.3-14　双光束激光焊接 20mm 厚不锈钢的焊缝截面

1.4　激光焊接工艺

1.4.1　脉冲激光焊焊接工艺

脉冲激光焊类似于点焊,其加热斑点很小,约为微米数量级,每个激光脉冲在金属上形成一个焊点。主要用于微型、精密元件和一些微电子元件的焊接,它是以点焊或由点焊点搭接成的缝焊方式进行的。

常用于脉冲激光焊的激光器有红宝石、钕玻璃和 YAG 等几种。

脉冲激光焊所用激光器输出的平均功率低,焊接过程中输入工件的热量小,因而单位时间内所能焊合的面积也小,可用于薄片(0.1mm 左右)、薄膜(几微米至几十微米)和金属丝(直径可小于 0.02mm)的焊接,也可进行一些零件的封装焊。

脉冲激光焊有四个主要焊接参数,它们是脉冲能量、脉冲宽度、功率密度和离焦量。

1. 脉冲能量和脉冲宽度

脉冲激光焊时,脉冲能量决定了加热能量大小,它主要影响金属的熔化量;脉冲宽度决定焊接时的加热时间,它影响熔深及热影响区(HAZ)大小。脉冲能量一定时,对于不同材料,各存在着一个最佳脉冲宽度,此时焊接熔深最大。它主要取决于材料的热物理性能,特别是热导率和熔点。导热性好、熔点低的金属易获得较大的熔深。脉冲能量和脉冲宽度在焊接时有一定的关系，而且，随着材料厚度与性质不同而变化。焊接时，激光的平均功率 P 由式(1-2)决定。

$$P = E/\Delta\tau \tag{1-2}$$

式中　P——激光功率，W；

　　　E——激光脉冲能量，J；

　　　$\Delta\tau$——脉冲宽度，s。

可见，为了维持一定的功率，随着脉冲能量的增加，脉冲宽度必须相应增加，才能得到较好的焊接质量。

2. 功率密度

激光焊时，功率密度决定焊接过程和机理。在功率密度较小时，焊接以传热焊的方式进行，焊点的直径和熔深由热传导决定，当激光斑点的功率密度达到一定值($10^6 W/cm^2$)后，焊接过程中将产生小孔效应，形成深宽比大于 1 的深熔焊点，这时金属虽有少量蒸发，并不影响焊点的形成。但功率密度过大后，金属蒸发剧烈，导致汽化金属过多，在焊点中形成一个不能被液态金属填满的小孔，不能形成牢固的焊点。

脉冲激光焊时，功率密度由式(1-3)决定。

$$P_d = 4E/\pi d^2 \Delta\tau \tag{1-3}$$

式中　P_d——激光光斑上的功率密度，W/cm^2；

　　　E——激光脉冲能量，J；

　　　d——光斑直径，cm；

　　　$\Delta\tau$——脉冲宽度，s。

3. 离焦量 ΔF

离焦量 ΔF 是指焊接时焊件表面离聚焦激光束最小斑点的距离。激光束通过透镜聚焦后，有一个最小光斑直径，如果焊件表面与之重合，则 $\Delta F = 0$，如果焊件表面在它下面，则 $\Delta F > 0$，称为正离焦量，反之，则 $\Delta F < 0$，称为负离焦量。改变离焦量，可以改变激光加热斑点的大小和光束入射状况，焊接较厚板时，采用适当的负离焦量可以获得最大熔深。但离焦量太大会使光斑直径变大，降低光斑上的功率密度，使熔深减小。

1.4.2 连续 CO_2 激光焊焊接工艺

CO_2 激光器广泛应用于材料的激光加工。激光焊用的商品 CO_2 激光器，连续输出功率为数千瓦至数十千瓦(最大可有 25kW)。实验室已研制出 100kW 以上的大功率 CO_2 激光器。

1. CO_2 激光焊工艺

(1) 接头形式及装配要求　常见的 CO_2 激光焊接头形式见图 1.4-1。在激光焊接时，用得最多的是对接接头。为了获得成形良好的焊缝，焊前必须将焊件装配良好。各类接头的装配要求见表 1-2。对接焊时，如果接头错边太大，会使入射激光在板角处反射，焊接过程不能稳定。薄板焊时，间隙太大，焊后焊缝表面成形不饱满，严重时形成穿孔。搭接焊时，板间间隙过大，则易造成上下板间熔合不良。

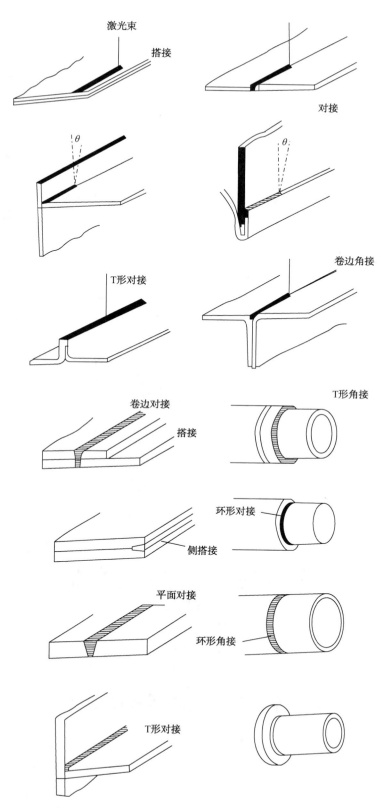

图 1.4-1 常见的 CO_2 激光焊接头形式

表 1-2　各类接头的装配要求(δ 为板厚)

接头形式	允许最大间隙	允许最大上下错边量
对接接头	0.10δ	0.25δ
角接接头	0.10δ	0.25δ
T 型接头	0.25δ	—
搭接接头	0.25δ	—
卷边接头	0.10δ	0.25δ

　　在激光焊过程中，焊件应夹紧，以防止热变形。光斑在垂直于焊接运动方向对焊缝中心的偏离量应小于光斑半径。对于钢铁等材料，一般焊前焊件表面除锈、脱脂处理即可。在要求较严格时，可能需要酸洗，焊前用乙醇、丙酮或四氯化碳清洗。

　　激光深熔焊可以进行全方位焊，在起焊和收尾的渐变过渡，可通过调节激光功率的递增和衰减过程或改变焊接速度来实现，在焊接环缝时可实现首尾平滑连接。利用内反射来增强激光吸收的焊缝，常常能提高焊接过程的效率和熔深，图 1.4-2 是利用这一特点的 T 形接头焊缝。图 1.4-3 是多层板激光深熔焊焊缝。

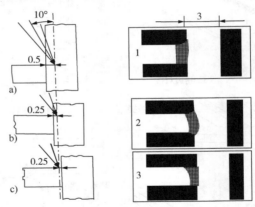

图 1.4-2　T 型接头激光焊焊缝

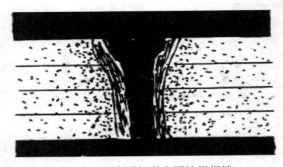

图 1.4-3　多层板激光深熔焊焊缝

　　(2) 填充金属　尽管激光焊适合于自熔焊，但在一些应用场合，仍需加填充金属。其优点是能改变焊缝化学成分，从而达到控制焊缝组织、改善接头力学性能的目的。在有些情况下，还能提高焊缝抗结晶裂纹敏感性。另外，允许增大接头装配公差，改善激光焊接头准备的不理想状态。实践表明，间隙超过板厚的3%，自熔焊缝将不饱满。图 1.4-4 是激光填丝焊原理图。填充金属常常以焊丝的形式加入，可以是冷态，也可以是热态。填充金属的施加量不能过大，以免破坏小孔效应。

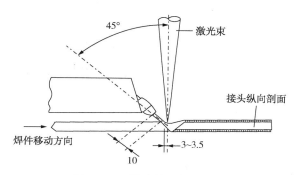

图 1.4-4　激光填丝焊原理图

（3）激光焊参数

① 激光功率(P)　通常，激光功率是指激光器的输出功率，没有考虑导光和聚焦系统所引起的损失。激光焊熔深与激光输出功率密度密切相关，是功率和光斑直径的函数。对一定的光斑直径，在其他条件不变时，焊接熔深 h 随激光功率的增加而增加。尽管在不同的实验条件下可能有不同的实验结果，但熔深随激光功率 P 的变化大致有两种典型的实验曲线，用公式近似地表示为：

$$h \propto P^k \tag{1-4}$$

式中　h——熔深，mm；

　　　　p——激光功率，kW；

　　　　k——常数，$k \leqslant 1$，k 的典型实验值为 0.7 和 1.0。

图 1.4-5 是激光焊时熔深与激光功率的关系。图 1.4-6 表示不同厚度材料焊接时所需的激光功率。

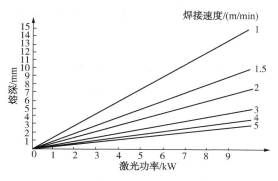

图 1.4-5　熔深与激光功率的关系

② 焊接速度(V)　在一定的激光功率下，提高焊接速度，热输入下降，焊接熔深减小，如图 1.4-7 所示。

一般，焊接速度与熔深有下面的近似关系：

$$h \approx \frac{1}{v^r} \tag{1-5}$$

式中　h——焊接熔深，mm；

v——焊接速度，mm/s；

r——小于 1 的常数。

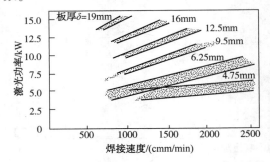

图 1.4-6　不同厚度材料焊接时所需的激光功率

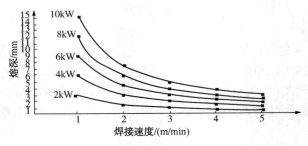

图 1.4-7　焊接速度对焊接熔深的影响

尽管适当降低焊接速度可加大熔深，但若焊接速度过低，熔深却不会再增加，反而使熔宽增大(图 1.4-8)。其主要原因是，激光深熔焊时，维持小孔存在的主要动力是金属蒸气的反冲压力，在焊接速度低到一定程度后，热输入增加，熔化金属越来越多，当金属汽化所产生的反冲压力不足以维持小孔的存在时，小孔不仅不再加深，甚至会崩溃，焊接过程蜕变为传热型焊接，因而熔深不会再加大。

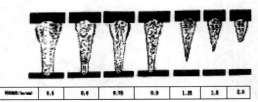

图 1.4-8　不同焊接速度下所得到的熔深($P=8.7$kW，板厚 12mm)

另一个原因是，随着金属汽化的增加，小孔区温度上升，等离子体的浓度增加，对激光的吸收增加。这些原因使得低速焊时，激光焊熔深有一个最大值。也就是说，对于给定的激光功率等条件，存在一维持深熔焊接的最小焊接速度。

熔深与激光功率和焊速的关系可用式(1-6)表示。

$$h=\beta P^{\frac{1}{2}}v^{-r} \qquad\qquad (1-6)$$

式中　h——焊接熔深，mm；

　　　P——激光功率，W；

　　　v——焊接速度，mm/s；

　　β、γ——常数，取决于激光源、聚焦系统和焊接材料。

③ 光斑直径 d_0　指照射到焊件表面的光斑尺寸大小。对于高斯分布的激光，有几种不同的方法定义光斑直径。一种是当光子强度下降到中心光子强度 e^{-1} 时的直径；另一种是，当光子强度下降到中心光子强度的 e^{-2} 时的直径。前者在光斑中包含光束总量的 60%，后者则包含了 86.5% 的激光能量。在激光器结构一定的条件下，照射到焊件表面的光斑大小取决于透镜的焦距 f 和离焦量 Δf，根据光的衍射理论，聚焦后最小光斑直径 d_0 可以用式（1-7）计算。

$$d_0 = 2.44 \times \frac{f\lambda}{D}(3m+1) \qquad (1-7)$$

式中　　d_0——最小光斑直径，mm；

f——透镜的焦距，mm；

λ——激光波长，mm；

D——聚焦前光束直径，mm；

m——激光振动模的阶数。

由式（1-7）可知，对于一定波长的光束，f/D 和 m 值越小，光斑直径越小。通常焊接时，为获得深熔焊缝，要求激光光斑上的功率密度高。提高功率密度的方式有两个：一是提高激光功率 P，它和功率密度成正比；二是减小光斑直径，功率密度与直径的平方成反比。因此，减小光斑直径比增加功率有效得多。减小 d_0 可以通过使用短焦距透镜和降低激光束横模阶数，低阶模聚焦后可以获得更小的光斑。对焊接和切制来说，希望激光器以基模或低阶模输出。

④ 离焦量　离焦量不仅影响焊件表面激光光斑大小，而且影响光束的入射方向，因而对焊接熔深、焊缝宽度和焊缝横截面形状有较大影响。在 Δf 很大时，熔深很小，属于传热焊，当 Δf 减小到某一值后，熔深发生跳跃性增加，此处标志着小孔产生，在熔深发生跳跃性变化的地方，焊接过程是不稳定的，熔深随着 Δf 的微小变化而改变很大。激光深熔焊时，熔深最大时的焦点位置是位于焊件表面下方某处，此时焊缝成形也最好。在相等的地方，激光光斑大小相同，但其熔深并不同。其主要原因是壁聚焦效应对 Δf 的影响。在 $\Delta f < 0$ 时，激光经孔壁反射后向孔底传播，在小孔内部维持较高的功率密度；$\Delta f > 0$ 时，光线经小孔壁的反射传向四面八方，并且随着孔深的增加，光束是发散的，孔底处功率密度比前种情况低得多，因此熔深变小，焊缝成形变差。图 1.4-9 是铝合金激光焊时，不同焊接速度下，离焦量对焊接熔深的影响。

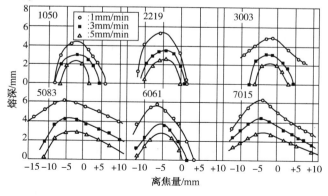

图 1.4-9　离焦量对焊接熔深的影响

⑤ 保护气体　激光焊时采用保护气体有两个作用：其一是保护焊缝金属不受有害气体的侵袭，防止氧化污染，提高接头的性能；其二是影响焊接过程中的等离子体，这直接与光能的吸收和焊接机理有关。高功率 CO_2 激光深熔焊过程中形成的光致等离子体，会对激光束产生吸收、折射和散射等，从而降低焊接过程的效率，其影响程度与等离子体形态有关。等离子体形态又直接与焊接参数，特别是激光功率密度、焊接速度和环境气体有关。功率密度越大，焊接速度越低，金属蒸气和电子密度越大，等离子体越稠密，对焊接过程的影响也就越大。在激光焊过程中吹保护气体，可以抑制等离子体，其作用机理是：

其一，通过增加电子与离子、中性原子三体碰撞来增加电子的复合速率，降低等离子体中的电子密度。中性原子越轻，碰撞频率越高，复合速率越高。另外，所吹气体本身的电离能要较高，不致因气体本身的电离而增加电子密度。

氦气最轻，而且电离能最高，因而使用氦气作为保护气体，对等离子体的抑制作用最强，焊接时熔深最大（氩气的效果最差）。但这种差别只是在激光功率密度较高、焊接速度较低，等离子体密度大时，才较明显。在较低功率、较高焊接速度下，等离子体很弱，不同保护气体的效果差别很小。

其二，利用流动的保护气体，将金属蒸气和等离子体从加热区吹除。气体流量对等离子体的吹除有一定的影响。气体流量太小，不足以驱除熔池上方的等离子体云，随着气体流量的增加，驱除效果增强，焊接熔深也随之加大。但也不能过分增加气体流量，否则会引起不良后果和浪费，特别是在薄板焊接时，过大的气体流量会使熔池下落形成穿孔。图 1.4-10 是在不同的气体流量下得到的熔深。由图可知，气体流量大于 17.5L/min 后，熔深不再增加。喷气喷嘴与焊件的距离不同，熔深也不同，如图 1.4-11 所示。

不同的保护气体，其作用效果不同。一般氦气保护效果最好，但有时焊缝中气孔较多。

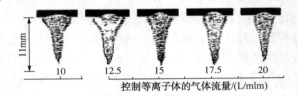

图 1.4-10　不同气体流量下的熔深

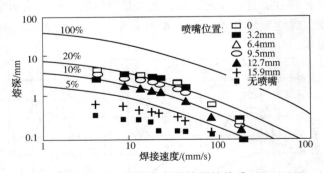

图 1.4-11　喷嘴到焊件的距离与焊接熔深的关系（$P = 1.7kW$，Ar）

2. 激光焊焊接参数、熔深及材料热物理性能之间的关系

激光焊焊接参数，如激光功率 P、焊接速度 v、熔深 h、焊缝宽度 W 以及焊接材料性质之间的关系，已有大量的经验数据。式(1-8)是焊接参数间关系的回归方程。

$$\frac{P}{vh} = a + \frac{b}{r} \tag{1-8}$$

式中　P——激光功率，kW；

　　　v——焊接速度，mm/s；

　　　h——焊接熔深，mm；

　　　a——参数，kJ/mm^2；

　　　b——参数，kW/mm；

　　　r——回归系数。

在式(1-8)中，a、b 的值和回归系数 r 的值见表1-3。

表1-3　几种材料的 a、b、r 值

材料	激光类型	$a/(kJ/mm^2)$	$b/(kW/mm)$	r
304 不锈钢	CO_2	0.0194	0.356	0.82
低碳钢	CO_2	0.016	0.219	0.81
	YAG	0.009	0.309	0.92
铝合金	CO_2	0.0219	0.381	0.73
	YAG	0.0065	0.526	0.99

焊接参数与材料性质的关系也有人进行了研究。图 1.4-12 是不同厚度的 ASTMA36 钢（美国牌号）CO_2激光焊时，熔深 h(m) 与焊接速度 v(m/s)、功率 P(W) 和热导率 λ[W/(m·K)]、热扩散率 a(m^2/s) 之间的无量纲图。用公式可表示为：

$$h = \frac{0.1068P}{\lambda T_m}\left[\frac{vd}{a}\right]^{-1.056} \tag{1-9}$$

式中　d——光束直径，m；

　　　T_m——熔化温度，℃。

$$h = \frac{0.1068P}{\lambda T_m}\left[\frac{vd}{a}\right]^{-1.2056} \tag{1-10}$$

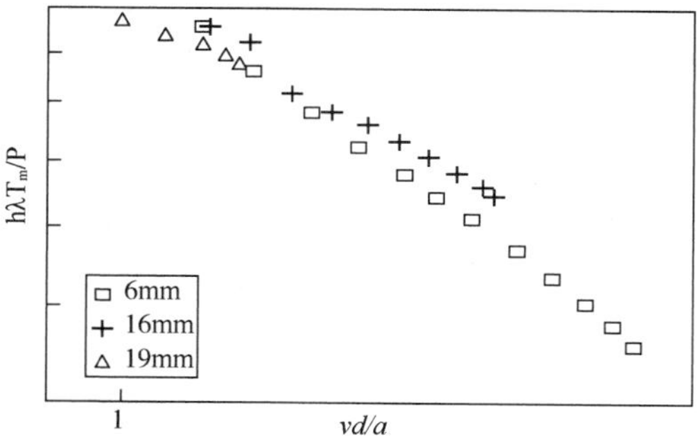

图 1.4-12　熔深与材料热物理性质的关系

1.5　激光焊接设备

激光焊接由激光器、激光传输系统、激光焊接机头、机械执行机构、焊接工件装夹及变位辅助系统、保护气体输送系统、控制与检测系统等组成。如果采用填丝焊或激光电弧复合

焊，还需要配备焊丝输送系统和电弧焊接系统等。其中，激光器是整个激光焊接系统的核心，激光焊接要求激光器具有较高的额定输出功率、较宽的输出功率调节范围。为保证焊缝头尾的质量，希望有功率缓升缓降功能，并在焊接过程中激光输出稳定可靠，激光光束横模通常为低阶模或基模。激光传输系统是指从激光器光源到激光焊接机头的中间环节。激光传输包括激光反射和透射两种机制，根据激光的波长特点，可采用不同的光学镜片或光纤来实现。

激光焊接机头是激光焊接的关键组成部分，可用它对激光进行聚焦，通过调整焦距和工作距离获得适合焊接的光斑尺寸。激光焊接机头中集成了各种功能单元，其中包括激光聚焦和导入单元、保护气导入和分配单元、冷却系统、透镜防护系统等。在具有反馈控制的激光焊接过程中，还具有检测和反馈控制单元。对于填丝激光焊或激光复合焊，包括送丝单元和 MIG/TIG 电弧焊枪单元，通过传输和变换的激光束在激光焊接机头中，还需要通过透镜或抛物面反射镜才能聚焦成可以焊接的光束。

激光焊接系统的机械执行机构，根据焊接过程中激光头的运动方式通常有以下几种形式：

（1）激光焊接机床 激光焊接机头固定，工件置于焊接工作台上随其作多维运动，通常采用数控系统对工作台进行控制，焊接精度决定于工作台的精度。这种结构形式最简单，激光传输过程中没有动的部件，传输可靠，但灵活性较差。

（2）三维龙门架激光焊接系统 激光焊接机头安装于三维龙门架上作运动（通常三维移动+二维转动），工件夹持在工作台上可不动，也可作简单的变位运动。焊接过程中，激光头可随工件表面形状和尺寸变化自动实时调整其位置，保证加工精度和质量，其灵活性较好。

（3）机器人激光柔性焊接系统 激光焊接机头安装于机器人手腕上作全方位运动，工件夹持在工作台上可不动，也可配合机器人作协同变位运动。这种形式的灵活性最好，更适合焊接表面形状或焊缝空间轨迹复杂的工件，且效率高、编程简便，通常采用光纤传输的激光，如 YAG 激光、光纤激光等最适宜采用这种方式。

（4）激光扫描焊接系统 激光扫描焊接机头与传统激光头不同，其内部有两个可转动的平面反射镜，且转轴互相垂直，当激光束照射于平面反射镜时，由于它们的偏转作用使激光在工件上形成 x-y 方向上的扫描。同时，激光焊接机头内还有一个自动变焦系统，以便扫描过程中激光焦点位置随工件上被焊点的位置变化而自动调节，从而实现激光焦点在 xyz 三维方向上的运动。这种扫描运动在计算机的精确控制下进行，其特点是运动部件小、惯性小、反应速度快，可在其扫描可达范围内实现快速定位点焊。焊接时可将激光焊接机头安装于龙门架或机器人手腕上，但龙门架或机器人只将激光头移动至被焊工件上方，焊接过程中激光头保持不动，通过激光束本身的扫描运动完成激光焊接。

激光器的种类很多，但其结构基本相同，即由激励系统、激光活性介质和光学谐振腔 3 部分组成。目前，可用于激光焊接的激光器主要有 CO_2 激光器、YAG 激光器、半导体激光器和光纤激光器。

1.5.1 CO_2 激光器

CO_2 激光器是一种混合气体激光器，以 CO_2、N_2 和 He 为工作物质。激光跃迁发生在 CO_2 分子的两个能级之间，N_2 的作用是提高激光上能级的激励效率，He 的作用是有助于激光下能级的抽空，后两者的作用都是为了增强激光的输出。

目前，微光焊接所用的 CO_2 激光器，通常采用气体热交换器进行散热。根据气体的流动方向，CO_2 激光器可分为轴流式和横流式两种类型。无论是哪种类型，为保证良好的运行效率，运行过程中须保证气体稳定持续的供入。

CO_2 激光器的输出波长为 $10.6\mu m$，电光转换效率通常为 $10\% \sim 15\%$。根据不同的能量输入方式，可将 CO_2 激光器分为直流（DC）与射频（RF）激励激光器。直流激光器是一种成本较低、经济的激光器，电能通过金属电极间的气体放电，被直接耦合进激光气体，其中轴流式激光器沿流动方向放电，而横流式激光器沿着垂直于流动方向和谐振腔中心轴方向放电。射频激励激光器是通过射频将电能转传给激光气体，射频放电垂直于谐振腔中心轴，通过对射频功率进行调制实现较大范围的功率调节。现大多数激光器都采用这种激励方式，这种激励方式可靠性高，基本不需要维护就能够获得较高的激励效果。

1. 横流式 CO_2 激光器

激光气体的流动垂直于谐振腔轴方向的 CO_2 激光器被称为横流式激光器。这种激光器的气体流动速度相对较慢，将热量从放电腔中带走，可产生较高功率的激光。此类激光器价格适中，光束质量较好（多模，$K \geq 0.18$），是激光焊接的理想选择。图 1.5-1 所示为高频激励的横流式 CO_2 激光器的工作原理及其产品外形。

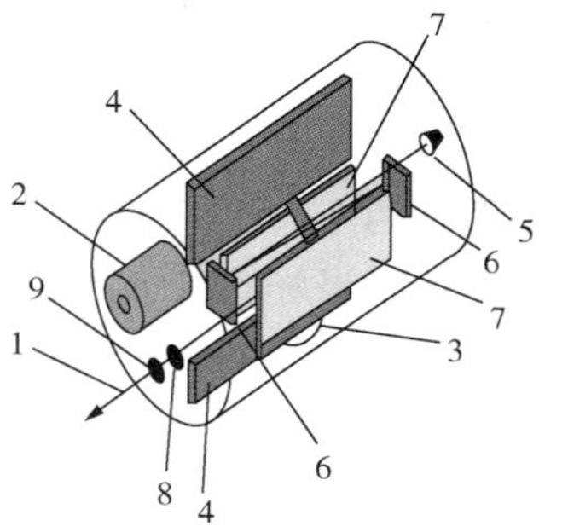

横流式 CO_2 激光器的主要优点是：

（1）使用寿命较长，气体循环系统中使用非石英玻璃管，更换一次可用近 10000h；

（2）激光器同电源集成在一套系统中，结构紧凑、设计简单；

（3）与输出功率相当的轴流式激光器相比，能耗和气耗低，运行费用也相对较低；

（4）激光器设计简单，采用低速切向排风机，可靠性好。

图 1.5-1 横流式激光器工作原理和产品外形

1—激光束；2—切向排风机；3—气流方向；4—热交换器；5—后镜（带功率监测）；6—折叠镜；7—高频电极；8—输出镜；9—输出窗口

2. 轴流式 CO_2 激光器

激光气体的流动沿着谐振腔轴方向的 CO_2 激光器被称为轴流式激光器。根据气流速度的不同分为慢速轴流 CO_2 激光器和快速轴流 CO_2 激光器，其中，慢速轴流的工作气体流动速度为 $0.1 \sim 1.0m/s$，此类激光器因换气率低，散热效率也低，与快速轴流相比，功率不易做大，但光束质量好，模式稳定。快速轴流的气流速度可达几十至几百米每秒，输出功率大大提升，可从几百 W 到 20kW 以上，电光转换率也可达 20%。因气流扰动等因素的影响，快速轴流 CO_2 激光器的光束质量不如慢速轴流 CO_2 激光器，但优于横流式 CO_2 激光器，能够满足焊接、切割等多种激光加工应用，因此，快速轴流 CO_2 激光器也是目前应用最多的 CO_2 激光器形式，图 1.5-2 所示为直流激励快速轴流式 CO_2 激光器工作原理。

大功率快速轴流式 CO_2 激光器的主要优点是：

（1）采用模块化设计原理；

（2）谐振腔的反射镜和光学元件较少，设计简单；

（3）采用光学稳定谐振腔，避免了衍射损耗；

（4）谐振腔采用特殊的反射镜排列方式，功率大于 10kW 时具有额外的光学稳定性；

（5）对于功率大于 10kW 以上的激光器，射频发生器集成到谐振腔中，无须用高电阻电缆传输；

（6）气体和光学系统采用的冷却回路非常简单；

（7）采用常规电源可获得良好的工作效率，运行费用低。

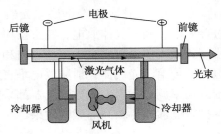

图 1.5-2　直流激励快速轴流式 CO_2 激光器工作原理

3. 扩散冷却式 CO_2 激光器

流动式 CO_2 激光器因只能通过热传导方式冷却，难以造出结构紧凑的高功率激光器。近年来，工业界引入的扩散冷却式（亦称板条式）大功率 CO_2 激光器采用的是大面积的电极放电，即在两个大面积铜电极之间进行射频气体放电，电极之间的间隙很小，通过水冷电极放电腔可达到很好的散热效果，获得较高的能量密度。采用的谐振腔为不稳定谐振腔，其中的柱状反射镜可产生高度聚焦的激光束。在激光器的外部则采用水冷反射式光束整形元件，将矩形光束转换成旋转对称的圆形光束，光束传播系数可达 $K \geqslant 0.8$。图 1.5-3 所示为扩散冷却式 CO_2 激光器的工作原理及其产品外形。

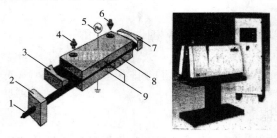

图 1.5-3　扩散冷却式 CO_2 激光器的工作原理和产品外形
1—激光束；2—光束整形单元；3—输出镜；4—冷却水出口；5—射频激励；6—冷却水入口；7—后镜；8—射频激光放电；9—波导电极

与快速轴流式 CO_2 激光器相比，扩散冷却式 CO_2 激光器具有以下优点：

（1）光束质量好；

（2）结构紧凑、坚固；

（3）无气体换热要求；

（4）激光损失小；

（5）热稳定性高；

（6）气体消耗量低，无须外部气体；

（7）没有气体流动，光学谐振腔无污染；

（8）维护工作量少。

表 1-4 所列为上述几种气体激光器的性能比较。

表 1-4　不同类型 CO_2 激光器性能比较

激光器类型	横流式	轴流式	扩散冷却式
输出功率等级/kW	3~4.5	1.5~2.0	0.2~3.5
脉冲能力	DC	DC1kHz	DC5kHz
光束模式	TEM_{02} 以上	$TEM_{00}-TEM_{01}$	$TEM_{00}-TEM_{01}$
光束传播系数/K	≥0.18	≥0.4	≥0.8
气体消耗	小	大	极小
电光转换率/%	≤15	≤15	≤30
焊接效果	较好	好	优良

1.5.2　YAG 激光器

通常所说的 YAG 激光器是指在钇铝石榴石（YAG）晶体中掺入三价钕离子（Nd^{3+}）的 Nd：YAG激光器。它发射的激光波长为 10.64nm，属近红外激光，这是目前在室温下能够连续工作的唯一固体工作物质。YAG 晶体通常呈棒状，当光束质量较高时也可为片状或碟状。YAG 脉冲激光器通常采用氪闪光灯泵浦，而大功率连续（CW）YAG 激光器通常采用氪弧光灯泵浦，新型的连续 YAG 激光器则采用了激光二极管（LD）泵浦。灯泵浦的光电效率约为 3%，采用二极管泵浦能够将光束质量和总效率提高 3 倍左右。

脉冲 YAG 激光器可输出较高的脉冲功率，但平均功率较低，峰值功率可以是平均功率的 15 倍；连续 YAG 激光器的输出功率可达到 6kW 以上。连续 YAG 激光器与脉冲激光器相比具有更高的加工速度，还具有 Q 开关的特殊工作模式。同 CO_2 激光器相比，YAG 激光器主要优势是光束可通过光纤进行传输，且材料对 YAG 激光的波长具有较高的吸收率，可用于加工高反射率的材料。

1. 灯泵浦 YAG 激光器

灯泵浦 YAG 激光器通常将 YAG 晶体棒放在双椭圆反射器的公共焦轴上，而两个泵浦灯放在两个外焦轴上，图 1.5-4 所示为其工作原理图。

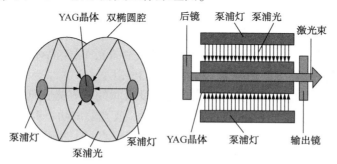

图 1.5-4　灯泵浦 YAG 激光器工作原理图

在大功率激光器中，典型 YAG 棒长 150mm，直径 7~10mm。泵浦过程中激光棒发热，限制了每个棒的最大输出功率，因此，必须保持激光棒晶体内部的产热和外壁冷却造成的温度梯度较低，以确保在晶体棒内形成的残余应力低于晶体的开裂极限。在材料加工中，单棒

YAG 激光器的功率范围为 50~800W，光束质量为 5~50mm·mrad。将几个 YAG 棒串联起来可获得高功率的激光输出。目前，最大输出功率可达 4kW，光束质量为 25mm·mrad。另一种提高功率的办法是通过并行光纤耦合，几个激光器发出的激光通过几根光纤直接供给加工头，或者采用脉冲激光器，多路激光依次进入一根光纤传输。由于同时需要几台激光器，这种方式造价昂贵，目前只能在实验室中使用。灯泵浦 YAG 激光器的主要特点是，YAG 激光可在脉冲和连续两种状态下工作；输出激光波长是 CO_2 激光的 1/10，对聚焦、光纤传输和金属表面吸收均有利；光电转换效率比较低；最大激光输出功率和光束质量受棒状散热条件的限制，进一步提高有一定的困难。

2. LD 泵浦 YAG 激光器

随着大功率激光二极管(LD)制造成本的降低，采用 LD 泵浦取代灯泵浦已成为 YAG 激光器发展的主流趋势。目前，应用到激光器中的 LD 主要是几种铝镓砷酸盐(Al-Ga-As)二极管。LD 泵浦式激光器的装配方法与灯泵浦激光器基本相同，其泵浦方式主要有端面泵浦和侧面泵浦两种。在低功率激光器中，LD 的光耦合以末端泵浦的方式进行，即在光轴上通过后反射镜耦合，这种布局结构紧凑、操作灵活，激光输出功率约为 6W；如果要输出更高的功率，则可使用侧面泵浦方式，即 LD 环绕在晶体表面对称排列。与灯泵浦激光器中的双椭圆反射器不同，二极管泵浦激光器中采用封闭式耦合设计，二极管阵列可以直接排放在激光棒周围。图 1.5-5 所示为 LD 泵浦 YAG 激光器工作原理图。

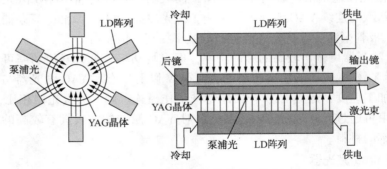

图 1.5-5　LD 泵浦 YAG 激光器工作原理图

选择 LD 作为泵浦源的主要原因是，它可提高元件的使用寿命和激光效率。LD 在连续输出模式下的使用寿命可超过 10000h，且无须任何维护，而灯泵浦激光器的寿命只在 10000h 以内。因 LD 的激光发射与 YAG 吸收波段之间的光谱匹配非常好，所以 LD 泵浦 YAG 激光器总体效率可达 10% 以上，而对灯泵浦产生的光 YAG 晶体只能吸收其中的一小部分光谱，从而导致灯泵浦 YAG 激光器总体效率在 3% 以下。

另一方面，由于 LD 的发射光与 YAG 吸收波段之间的良好光谱匹配，也降低了 YAG 晶体上的热负荷，从而可获得较好的光束质量，提高了激光输出功率和脉冲重复频率。而光束质量的提高更有利于光纤传输，并且可获得较小的焦点直径，提高焊接时光斑的功率密度；或者在焦点直径相同时，由于光束质量的提高，增加了激光焊接机头的工作距离；或者由于瑞利长度的增加使焊接形状公差较大的厚零件时，降低了焦点位置对公差的敏感性。目前，LD 泵浦 YAG 激光器最大输出功率可达 6kW，主要用于切割和焊接。

为了改善 YAG 晶体的冷却条件，避免棒状 YAG 晶体由于存在从棒芯至表面的温度梯度而引起的热透镜效应，进一步提高光束质量，目前有人开发了一种新型的盘状或碟状 Yb:

YAG 激光器，把 YAG 晶体做成盘状，工作过程中采用 LD 对晶体盘面进行泵浦，而冷却介质也对整个盘面进行冷却，使整个盘面的温度保持均匀，从而大大提高了光束质量。一台 3kW 的盘状 YAG 激光器光束质量可达≤10mm·mrad，而同样功率的棒状 YAG 激光器光束质量为 25mm·mrad。图 1.5-6 为盘状 YAG 激光器的原理图。

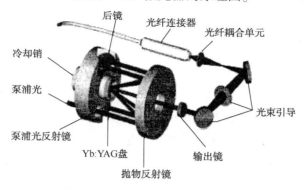

图 1.5-6　盘状 YAG 激光器原理图

1.5.3　半导体激光器

半导体激光器是所有激光器中体积最小的，其工作物质是砷化镓（GaAs）、磷化铟（InP）等半导体材料，采用简单的电流注入方式泵浦，可用高达 GHz 的频率直接调制，输出高速调制的激光束，因此，低功率的半导体激光器已在激光通讯、存储、打印等方面获得广泛应用。典型的半导体激光波长有 808nm、940nm 和 980nm。近年来，半导体激光器的输出功率不断提高，单管的半导体激光二极管（LD）的输出功率已超过 kW 级，通过将多个半导体激光二极管组合起来形成半导体激光二极管阵列（LDA），其输出功率已可达几 kW，电光转换效率可高达 30%以上，从而在材料加工领域，特别在材料的焊接和表面加工中得到实际应用。图 1.5-7 所示是大功率半导体激光器的组合过程，由图可知，先由若干个 LD 组成"激光条"，激光条采用特殊的钎焊方法固定在铜制的冷却器上，激光条可通过微通道冷却器来冷却，在激光条前部安装一个短焦距的微透镜，将发散光转换为平行光。为进一步提高功率，再将多个"激光条"组合成"激光二极管阵列"，采用专门的反射镜，将这样的激光二极管阵列所发出的激光聚合在一起，从而输出可高达 6kW 的激光功率，这也是目前市场上能够见到的半导体激光器最高输出功率。

从透镜中发出的光束通常是非圆形的，散光度较高，且为非相干光束。该光束可通过菱形、圆形或球形光学器件聚焦成几平方毫米的小光斑。由于半导体光束由多个点阵结构的发光源排列组成，其光束能量为均匀分布，光斑形式也可根据材料加工要求设计为矩形、圆形或环形。大功率半导体激光器的光束质量不如常规激光器，这主要是由于几个发射器之间的非相干耦合及发射器内激光条的像散性造成的。

为了提高光束质量并匹配不同的发散度，可采用先进的光束重排系统，如阶梯式反射镜或光束倾斜单元。这些特殊的光学元件可将半导体激光条发出的较宽光束切成小片，再在端部进行重排。这样通过牺牲一个方向的光束宽度和发散度，而使另一个方向的光束宽度和发散度减小。低功率的激光器系统可使聚焦平面的矩形光斑尺寸减小到 0.6mm×0.8mm，甚至可将光束直接传入光纤。

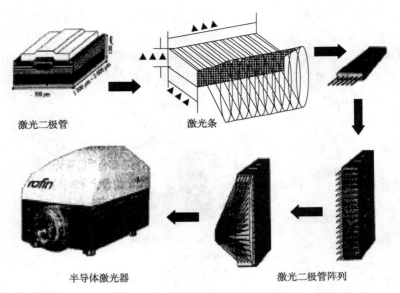

激光二极管　　　　　　　激光条

半导体激光器　　　　　　激光二极管阵列

图 1.5-7　半导体激光器组合过程

1.5.4　光纤激光器

光纤激光器是指用掺稀土元素玻璃光纤作为增益介质的激光器，其基本结构与其他激光器基本相同，主要由泵浦源、耦合器、掺稀土元素光纤、谐振腔等部件构成。泵浦源由一个或多个大功率激光二极管 LD 构成，其发出的泵浦光经特殊的泵浦结构耦合进入作为增益介质的掺稀土元素光纤，泵浦波长上的光子被掺杂光纤介质吸收，形成粒子数反转，受激发射的光波经光栅谐振腔镜的反馈和振荡形成激光输出。

光纤激光器是以掺稀土元素光纤作为增益介质的，常用的掺杂离子有 Nd^{3+}、H_0^{3+}、Era^{3+}、Tm^{3+}、Yb^{3+} 等，其中 Yb^{3+} 具有较宽的吸收带（800～1000nm）和相当宽的激发带（1030～1150nm），使泵浦源选择广，且泵浦光和激光均无受激吸收。

双包层光纤的出现无疑是光纤领域的一大突破，它使得高功率的光纤激光器和高功率光放大器的制作成为现实，成为制作高功率光纤激光器的首选途径。图 1.5-8 所示为一种双包层光纤的截面结构，它由光纤芯、内包层、外包层和保护层等 4 个层次组成。这种结构的光纤不要求泵浦光是单模激光，而且可对光纤的全长度泵浦，因此，可选用大功率的多模激光二极管阵列作泵源，将约 70% 以上的泵浦能量间接地耦合到纤芯内，大大提高了泵浦效率。

包层泵浦的技术基础是利用具有两个同心纤芯的特种掺杂光纤，一个纤芯和传统的单模光纤纤芯相似，专用于传输信号光并对其放大；而大的纤芯则用于传输不同模式的多模泵浦光。可使用多个多模激光二极管同时耦合至包层光纤上，将泵浦光耦合到内包层（一般采用异形结构，有椭圆形、梅花形、六边形等），光在内包层和外包层（一般为圆形）之间来回反射，多次穿过单模纤芯被其吸收。当泵浦光每次横穿过单模光纤纤芯时，就会将纤芯中稀土元素的原子泵浦到上能级，然后通过跃迁产生自发辐射光，通过在光纤内设置的光纤光栅的选频作用，特定波长的自发辐射光被振荡放大后产生激光输出。该技术被称为多模并行包层泵浦技术［图 1.5-8(b)］。

泵浦结构的设计很关键。在初始研究阶段，端面泵浦和侧向泵浦结构被广泛采用，但这两种泵浦结构均无法有效提高泵浦功率。近年来，日本科学家提出了"任意形状激光器"方

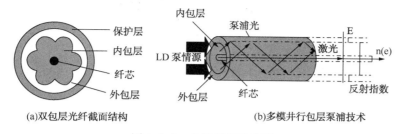

(a)双包层光纤截面结构   (b)多模井行包层泵浦技术

图 1.5-8 光纤激光结构图

案，将掺杂光纤盘成圆盘或圆柱等不同形状，在光纤缝隙间筑充与光纤包层同折射率的材料，泵浦光从边缘注入，使吸收面积比单根双包层光纤内包层的面积大大增加，且泵浦光多次通过掺杂纤芯，使掺杂元素对泵浦光吸收更加充分，这种任意形状的光纤激光器有望实现更高的激光功率输出。

高功率光纤激光器的谐振腔主要有两种，一种是采用二色镜构成谐振腔，该方法一般需在防震光学平台上实现，降低了光纤激光器的稳定性和可靠性，不利于产品的产业化与实用化；另一种是采用光纤光栅做谐振腔，光纤光栅是透过紫外诱导在光纤纤芯形成折射率周期性变化的低损耗器件，具有非常好的波长选择特性。光纤光栅的采用简化了激光器的结构，窄化了线宽，同时提高了激光器的信噪比和可靠性，进而提高了光束质量。另外，采用光纤光栅做谐振腔可以将泵浦源的尾纤与增益光纤有机地融为一体，从而降低了光纤激光器的阈值，提高了输出激光的效率。

与传统的气体和固体激光器相比，光纤激光器具有以下特点：

（1）玻璃光纤制造成本低、技术成熟，且光纤的可绕性带来小型化、集约化的优势；

（2）光纤具有极低的体积面积比，散热快、损耗低，转换效率高，激光阈值低；

（3）通过光纤光栅谐振腔的调节可实现波长选择和可调谐；

（4）光纤激光器谐振腔内无光学镜片，具有免调节、免维护、高稳定性的优点；

（5）光纤导出使激光器能胜任多维任意空间的加工，使机械系统的设计变得非常简单；

（6）不需热电制冷和水冷，只需简单的风冷；

（7）具有高功率和高的电光效率，10kW 的光纤激光器综合电光效率高达 20%以上；

（8）具有优良的光束质量，光斑直径可聚焦到 $10\mu m$ 左右，光束质量达 11.5mm·mrad；

（9）体积小、寿命长、易于系统集成，在高温高压、高震动、高冲击的恶劣环境中皆可正常运转。

由于大功率光纤激光器具有上述优点，其在材料加工领域的应用范围正在不断扩大，有望在不久的将来成为材料加工领域中的主力激光器。

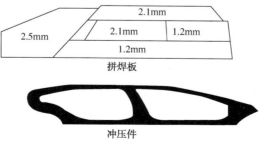

图 1.6-1 用激光焊拼接不同厚度的拼焊板

1.6 激光焊接的应用

早期的激光应用大多采用脉冲固体激光器，进行小型零部件的点焊和由焊点搭接而成的缝焊，这种焊接过程多属传导型传热焊。20世纪70年代，大功率CO_2激光器的出现，开辟了激光应用于焊接及工业领域的新纪元。激光焊在汽车、钢铁、船舶、航空、轻工等行业得到了日益广泛的应用。实践证明，采用激光焊，不仅生产率高于传统的焊接方法，而且焊接质量也得到了显著的提高。

近年来，高功率YAG激光器有突破性进展，出现了平均功率4kW的连续或高重复频率输出的YAG激光器，可以用其进行深熔焊，且因为其波长短，金属对这种激光的吸收率大，焊接过程受等离子体的干扰少，因而有良好的应用前景。

1.6.1 脉冲激光焊的应用

脉冲激光焊已成功地用于焊接不锈钢、铁镍合金、铁镍钴合金、铂、铑、钽、铌、钨、钼、铜及各类铜合金、金、银、铝等。

脉冲激光焊实际应用的成功事例之一就是显像管电子枪的组装。电子枪由数十个小而薄的零件组成，传统的电子枪组装方法是用电阻焊。电阻焊时，零件受压畸变，使精度下降，并且因为电子枪尺寸日益小型化，焊接设备的设计制造越来越困难。采用脉冲YAG激光焊，光能通过光纤传输，自动化程度高，易实现多点同时焊，且焊接质量稳定，所焊接的阴极芯装管后，在阴极成像均匀性与亮度均匀性方面，都优于电阻焊。每个组件的焊接过程仅需几毫秒，每个组件焊接全过程为2.5s，而原用电阻焊需要5.5s。

脉冲激光焊还可用于核反应堆零件的焊接、仪表游丝的焊接、混合电路薄膜元件的导线连接等。用脉冲激光封装焊接继电器外壳、锂电池和钽电容外壳、集成电路等都是很有效的方法。

1.6.2 连续 CO_2 激光焊的应用

1. 汽车制造业

CO_2激光焊在汽车制造业中应用最为广泛。据专家预测，汽车零件中有50%以上可用激光加工，其中切割和焊接是最主要的激光加工方法。世界三大主要汽车产地中，北美和欧洲以激光焊占主要地位，而日本则以切割为主。发达国家的汽车制造业，越来越多地采用激光焊接技术来制造汽车底盘、车身板、底板、点火器、热交换器及一些通用零部件。

以前用电子束焊的拼焊板，现在正逐步被激光焊所取代。用激光焊拼焊冲压成形的板料毛坯，可以减少冲模套数、焊装设备和夹具，可提高部件精度，减少焊缝数量，降低产品成本，减轻车身重量，减少零件个数。如卡迪拉克某型轿车车身侧门板，不同厚度的五块拼焊板采用激光焊拼接后进行冲压成形(图1.6-1)，可优化零件强度和刚度，无需传统工艺必需的加强肋。通过优化设计，充分利用材料，可将材料的废损率降低到10%以下(图1.6-2)。

美国福特汽车公司采用6kW激光加工系统，将一些冲压的板材拼接成汽车底盘，整个系统由计算机控制，可有5个自由度的运动，它特别适于新型车的研制。该公司还用带有视觉系统的激光焊机，将6根轴与锻压出来的齿轮焊接在一起，成为轿车自动变速器齿轮架部件，生产速度为200件/h。意大利菲亚特(Fiat)公司用激光焊焊接汽车同步齿轮，费用只比

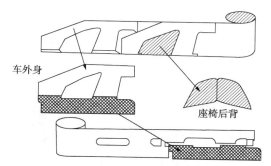

图 1.6-2 嵌套版状部件激光焊

老设备高 1 倍,而生产率却提高了 5~7 倍。日本汽车电器厂用 2 台 1kW 激光器焊接点火器中轴与拨板的组合件,该厂于 1982 年建成两条自动激光焊接生产线,日产 1 万件。德国奥迪(Audi)公司用激光拼接宽幅(1950mm×2250mm×0.7mm)镀锌板,作为车身板,与传统焊接方法相比,焊缝及 HAZ 窄,锌烧损少,不损伤接头的耐蚀性。

目前,国内仅有一汽大众 C3V6 型轿车底板使用激光拼焊板。

用激光焊代替电阻点焊,可以取消或减少电阻焊所需的凸缘宽度,例如,某车型车身装配时,传统的点焊工艺需 100mm 宽的凸缘,用激光焊只需 1.0~1.5mm,据测算,平均每辆车可减轻重量 50kg。

由于激光焊属于无接触加工,柔性好,又可在大气中直接进行,故可以在生产线上对不同形状的零件进行焊接,有利于车型的改进及新产品的设计。

现代汽车车身等结构件均采用电镀锌层厚度在 3~20μm 之间的镀锌钢板。锌可在表面形成致密的保护层,同时还具有阴极保护作用,能防止镀锌层破损处腐蚀,可以有效地保护板材的切口、冷加工造成的微裂纹,以及近焊缝的锌烧损区。锌的熔点大约为 420℃,沸点约为 960℃,电弧一引燃锌就开始挥发,锌蒸汽和氧会对焊接产生不良影响,导致气孔、未熔合、裂纹缺陷和电弧不稳,因而镀锌材料最好的方法是使用热输量低的焊接工艺。采用激光钎焊焊接镀锌板时,焊缝因采用铜基钎料,本身不会腐蚀;由于热输入能量低,焊缝的两侧只有约 0.1mm 区域会产生锌的挥发,阴极保护作用可以保护此区域母材不受腐蚀。

基于以上特点和优势,激光钎焊比传统的焊接工艺更具有吸引力,尽管其填充的材料比普通焊丝贵很多,但这种新的钎焊方法可以满足高质量要求。图 1.6-3 是激光钎焊工艺的原理图。一般激光纤焊采用铜基材料作填充材料,如 CuSi3(熔点 950~1050℃)、CuAl8 和 CuSn 等。激光纤焊过程中,如果焊丝先行预热(热丝激光钎焊),可以增加钎焊的填充量,从而提高钎焊速度。

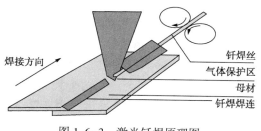

图 1.6-3 激光钎焊原理图

激光-电弧复合热源焊接技术为汽车工业提供了一种全新的焊接技术，尤其是能满足激光焊无法实现或在经济上不可行的装配间隙要求。以 VW Phaeton（德国大众高档新款车）的车门焊接为例（见图 1.6-4），为了在保证强度的同时又减轻车门的质量，大众公司采用冲压、铸件和挤压成形的铝件，车门的焊缝总长 4980mm，现在的工艺是 7 条 MIG 焊缝（总长 380mm），11 条激光焊缝（总长 1030mm），48 条激光-MIG 复合焊缝（总长 3570mm）。

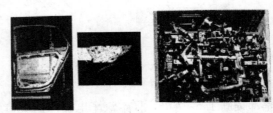

(a)Phaeton车的车门 (b)激光复合焊接头　(c)车门的夹持工装

图 1.6-4　车门焊接

也就是说，由于接头型式各异，激光复合焊并不适用于车门上的所有焊缝。在接头装配间隙很大的位置，具有良好搭接能力的 MIG 焊比激光焊或复合焊更有优势；反之，对于接头间隙非常小的焊缝，热能集中、焊速快的纯激光焊是最好的方案。需要强调的是，laserHybrid 系统装置同时可实现上述 MIG 焊、激光焊、激光-MIG 复合焊 3 种工艺，关闭 MIG 焊时系统就成为激光焊，反之关闭激光则就成为 MIG 焊。如果没有激光复合焊系统，VW 大众集团就不得不更多采用厚而重的铝铸件。激光复合焊另一特点就是具有很宽的焊速调整范围。例如，复合焊在焊接 Phaeton 车门的对接接头时，焊接速度 1.2~4.8m/min 都是可行的，焊丝送丝速度为 4~9m/min，激光功率为 2~4kW；最优化的焊速是 4.2m/min，送丝速度 6.5m/min，激光功率 2.9kW。激光复合焊同样用于新型奥迪 A8 汽车的生产。在 A8 侧顶梁上各种规格和型式的接头就采用激光复合焊工艺，焊缝共计 4.5m 长。

与传统的激光焊和 MIG 焊比较，激光复合焊能结合两者的优点（见表 1-5）。

表 1-5　激光复合焊与 MIG 焊、激光焊比较

与 MIG 焊相比优点	与激光焊相比优点
焊接速度更高	焊接过程更稳定
熔深更大	焊接桥连性更好
热输入低	熔深和熔宽更大
抗拉强度高	节省激光能量，更低投资成本
焊缝窄	更好的柔性或适应性

激光复合焊是将两个热源进行复合，两个热源相互影响和支持，不仅焊接过程更稳定，并且形成的熔池比单用激光束焊要大，因而搭接能力更好，允许更大的焊接装配间隙；同时激光复合焊的熔池比 MIG 焊的要小，热输入低，热影响区小，工件变形小，大大减少了焊后校正焊接变形的工作。激光-MIG 复合焊接会产生两个独立的熔池，而后面的电弧输入的热量同时起到了焊后回火处理的作用，降低焊缝硬度。由于激光复合焊的焊速非常高，因此，可以降低生产时间和生产成本。

激光复合焊是一项全新的技术，已在汽车制造业得以应用。激光复合焊可以很轻松地达

到激光焊无法满足的焊接要求，因此，研究和开发激光-MIG电弧机器人智能焊接系统对促进汽车工业的发展具有非常重要的作用。

2. 钢铁行业

CO_2激光焊在钢铁行业中主要用于以下几个方面，钢带的焊接及连续酸洗线上的应用。

（1）硅钢板的焊接　生产中半成品硅钢板，一般厚为0.2~0.7mm，幅宽为50~500mm，常用的焊接方法是TIG焊，但焊后接头脆性大，用1kW的CO_2激光器焊接这类硅钢薄板，最大焊接速度可达10m/min，焊后接头的性能得到了很大改善。

（2）冷轧低碳钢板的焊接　板厚为0.4~2.3mm、宽为508~1270mm的低碳钢板，用1.5kW的CO_2激光器焊接，最大焊接速度为10m/min，投资成本仅为闪光对焊的2/3。

（3）酸洗线用CO_2激光焊接　酸洗线上板材最大厚度为6mm，最大板宽为1880mm，材料种类多，从低碳钢到高碳钢、硅钢、低合金钢等，一般采用闪光对焊。但闪光对焊存在一些问题，如焊接硅钢时接头里形成SiO_2薄膜，HAZ晶粒粗大；焊高碳钢时有不稳定的闪光及硬化，造成接头性能不良。用激光焊可以焊最大厚度为6mm的各种钢板，接头塑性、韧性比闪光对焊有较大改进，可顺利通过焊后的酸洗、轧制和热处理工艺而不断裂。例如，日本川崎钢铁公司从1986年开始应用10kW的CO_2激光器，焊接8mm厚的不锈钢板，与传统焊接方法相比，接头反复弯曲次数增加2倍。

3. 镀锡板罐身的激光焊

镀锡板俗称马口铁，其主要特点是表层有锡和涂料，是制作小型喷雾罐身和食品罐身的常用材料。用高频电阻焊工艺，设备投资成本高，并且电阻焊焊缝是搭接，耗材也多。小型喷雾罐身由约0.2mm厚的镀锡板制成，用1.5kW的激光器，焊接速度可达26m/min，用0.25mm厚镀锡板制作的食品罐身，用700W的激光器进行焊接，焊接速度为8m/min以上，接头的强度不低于母材，没脆化倾向，具有良好的韧性。这主要是因为激光焊焊缝窄（约有0.3mm），HAZ小，焊缝组织晶粒细小。另外，由于净化效应，使焊缝含锡量得到控制，不影响接头的性能。焊后的翻边及密封性检验表明，无开裂及泄漏现象。英国CMB公司用激光焊罐头盒纵缝，每秒可焊10条，每条焊缝长120mm，并可对焊接质量进行实时监测。

4. 组合齿轮的焊接

在许多机器中常常用到组合齿轮(塔形齿轮)，当两个齿轮相距很近时，机械方法难以加工，或是因为需留退刀槽而增大了坯料及齿轮的体积。因此，一般是分开加工成两个齿轮，然后再连成整体。这类齿轮的连接方法通常是胶接或电子束焊。前者用环氧树脂把两个零件粘在一起，其接头强度低，抗剪强度一般只有20MPa，而且，由于胶接时间隙不均匀，齿轮的精度不高。电子束焊则需要真空室。用激光焊焊接组合齿轮，具有精度高，接头抗剪强度大(约300MPa)等特点，焊后齿轮变形小，可直接装配使用。因为不需要真空室，上料方便，生产效率高。

此外，在电厂的建造及化工行业，有大量的管-管、管-板接头，用激光焊可得到高质量的单面焊双面成形焊缝。

在舰船制造业，用激光焊焊接大厚板(可加填充金属)，接头性能优于通常的电弧焊，能降低产品成本，提高构件的可靠性，有利于延长舰船的使用寿命。

激光焊在航空航天领域也得到了成功的应用。如美国PW公司配备了6台大功率CO_2激光器(其中最大功率为15kW)，用于发动机燃烧室的焊接。

激光焊还应用于电动机定子铁心的焊接，发动机壳体、机翼隔架等飞机零件的生产，航空涡轮叶片的修复等。

激光焊接还有其他形式的应用，如激光钎焊、激光–电弧焊、激光填丝焊、激光压焊等几种。激光钎焊主要用于印制电路板的焊接，激光压焊则主要用于薄板或薄钢带的焊接。其他两种方法则适合于厚板的焊接。

第2章　电子束焊接

电子束焊一般是指在真空环境下，利用汇聚的高速电子流轰击工件接缝处所产生的热能，使被焊金属熔合的一种焊接方法。电子轰击工件时，动能转变为热能。电子束作为焊接热源有两个明显的特点：

（1）功率密度高　电子束焊接时，常用的加速电压范围为 30~150kV，电子束电流为 20~1000mA，电子束焦点直径为 0.1~1mm。这样，电子束的功率密度可达$10^6W/cm^2$以上，属于高能束流。

（2）精确、快速的可控性　作为物质基本粒子的电子具有极小的质量（$9.1×10^{-31}$kg）和一定的负电荷（$1.6×10^{-19}$C），电子的荷质比高达 $1.76×10^{11}$C/kg，通过电场、磁场对电子束可作快速而精确的控制。电子束的这一特点明显地优于同为高能束流的激光，后者只能用透镜和反射镜控制。

基于电子束的上述特点和焊接时的真空条件，真空电子束焊接具有下列主要优缺点。

1. 优点

（1）电子束穿透能力强，焊缝深宽比大，可达到 50：1。图 2.0-1 所示的是电子束焊缝的特点。图 2.0-1(a)是电子束焊接过程的示意图，上部是电子枪的出口，中部的亮带就是高速的电子流，下部是电子束焊接后在铝合金活塞上形成焊缝的截面金相照片。标尺显示焊缝深度为70mm，焊缝的宽度仅为1mm左右，焊缝深宽比大。图 2.0-1(b)是工程应用中常用的优质电子束焊缝形状的金相照片，焊缝自上到下宽度均匀，称"平行焊缝"。图 2.0-1(c)是 25mm 等厚度钢材电子束焊焊缝和开双面坡口的弧焊焊缝横断面对比的金相照片，电子束焊接时可以不开坡口，实现单道大厚度焊接，比弧焊可以节省辅助材料和能源的消耗数十倍。

（2）焊接速度快，热影响区小，焊接变形小。电子束焊接速度一般在 1m/min 以上，从图 2.0-1(b)可以看出，电子束焊缝热影响区很小，有时几乎不存在。焊接热输入小，以及"平行焊缝"的特点使得电子束焊接的变形小。因此，对于精加工的工件，电子束焊可用作最后的连接工序，焊后仍保持足够高的精度。

(a)电子束焊接过程　　(b)电子束焊缝形状　　(c)电子束焊缝形状与弧焊焊缝的比较

图 2.0-1　电子束焊缝的特点

（3）真空环境有利于提高焊缝质量。真空电子束焊接不仅可以防止熔化金属受到氢、氧、氮等有害气体的污染，而且有利于焊缝金属的除气和净化，因此特别适于活性金属的焊接。也常用电子束焊接真空密封元件，焊后元件内部保持在真空状态。

（4）焊接可达性好。电子束在真空中可以传到较远的位置上进行焊接，只要束流可达，就可以进行焊接。因而能够进行一般焊接方法的焊炬、电极等难以接近部位的焊接。

（5）电子束易受控。通过控制电子束的偏移，可以实现复杂接缝的自动焊接。可以通过电子束扫描熔池来消除缺陷，提高接头质量。

2. 缺点

（1）设备比较复杂，费用比较昂贵。

（2）焊接前对接头加工、装配要求严格，以保证接头位置准确。

（3）真空电子束焊接时，被焊工件尺寸和形状常常受到真空室的限制。

（4）电子束易受杂散电磁场的干扰，影响焊接质量。

（5）电子束焊接时产生的 X 射线需要严加防护，以保证操作人员的健康和安全。

由于有上述的优势，电子束焊接技术可以焊接难熔合金和难焊材料，焊接深度大，焊缝性能好，焊接变形小，焊接精度高，并具有较高的生产率。因此，在核、航天、航空、汽车以及工具制造等工业中得到了广泛的应用。

2.1 电子束焊的基本原理

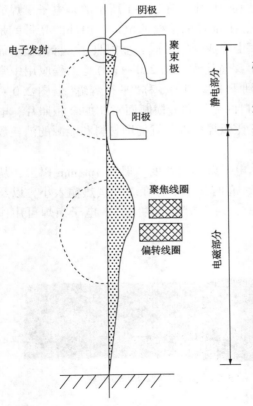

图 2.1-1　电子束产生原理

2.1.1 电子束的产生

高压加速装置形成的高功率电子束流，通过磁透镜汇聚，得到很小的焦点（其功率密度可达 $10^4 \sim 10^9 \mathrm{W}/10\mathrm{cm}^2$），轰击置于真空或非真空中的焊件时，电子的动能迅速转变为热能，熔化金属，实现焊接过程。图 2.1-1 所示为电子束产生原理图。在高压加速装置中，电子束发生段由阴极、阳极、聚束极、聚焦透镜、偏转系统和合轴系统等组成。其各部分的作用如下：

（1）阴极通常由钨、钽以及六硼化镧等材料制成，在加热电源直接加热或间接加热下，其表面温度上升，发射电子。

（2）阳极为了使阴极发射的自由电子定向运动，在阴极上加上一个负高压，阳极接地，阴、阳极之间形成的电位差加速电子定向运动，形成束流。

（3）聚束极（控制极、栅极）只有阴、阳两极的电子枪叫作二极枪。为了能控制阴、阳两极间的电子，进而控制电子束流，在电子枪上又加上一个聚束极，也叫作控制极或栅极，具有阴极、阳极和聚束极的枪，称为三极枪。

（4）聚焦透镜 电子从阴极发射出来，通过聚束极和阳极组成的静电透镜后，向焊件方向运动，但这时的电子束流功率并不十分集中，在所经过的路径上产生发散。为了得到可用于焊接金属的电子束流，必须通过电磁透镜将其聚焦，聚焦线圈可以是一级，也可以是两级，经聚焦后的电子束流功率密度可达到$10^7 W/cm^2$以上。

（5）偏转系统 电子束流在静电透镜和电磁透镜作用下，径直飞向焊件。但是有时焊接接头是T形或其他类型，或者加工工艺需要电子束具有扫描功能，因而电子枪中采用偏转系统对电子束进行偏摆。偏转系统由偏转线圈和函数发生器以及控制电路等组成。

（6）合轴系统 电子束经过静电透镜、电磁透镜所组成的电子光学系统以及偏转系统后，往往产生像差、球差等，因此，电子束到达焊件时，其斑点可能不符合要求。为了得到满意的电子束斑点，在电子枪系统中，往往加上一套合轴系统。合轴线圈与偏转线圈类似，它既可放在静电透镜上部，也可放在其下部。

2.1.2 电子束束流特性的测定

电子束束流特性的测定可采用两种方法：一种是日本荒田吉明（Y. Arata）教授发明的Arata测束法（AB-试验）；另一种是近年德国阿亨大学焊接研究所（iSF）开发的 DIABEAM 测束系统。

1. Arata 测束法

该方法的优点是简单易行，在日本工业界使用得较多，在世界范围内也较通用。其原理是：用电子束直接切割金属板条，然后通过测量被电子束切割熔化的金属板条的宽度，确定电子束焦点附近的形态。

在 Arata 试验中（见图 2.1-2），试件可采用不锈钢材料，做成带齿的梳子形状板条。试件与焊接方向成 30°角放置，采用"上坡"焊的焊接方式，熔化金属沉积后不再产生二次熔化，可得到清晰的切口。这样，束流经过之后，即可按板条熔化宽窄，测出电子束轴向的能量分布。

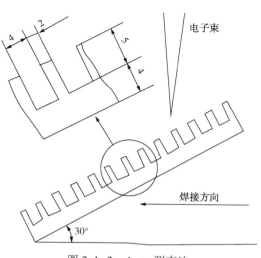

图 2.1-2　Arata 测束法

2. DIABEAM 方法

为了测试电子束能量分布，阿亨大学焊接研究所（iSF）研制出了适合工业应用的标准仪器——DIABEAM 测束系统。此系统原理是：电子束扫描一个带缝或带孔洞的膜片，膜片连接在一个传感器的壳体上，通过缝隙或孔洞的电子被收集在位于传感器下方的法拉第筒内。缝隙（宽 25μm）测试是对会聚角进行简单快速的估算；用小孔法（直径 20μm）测试是确定电子束能量的局部分布。通过一个由计算机控制的偏转发生器，电子束发生偏转，不同的电子束功率，采用的偏转速度不同。偏转速度范围在 200～1200m/s 之间自动变化。一个短暂记名卡以最大（100MHz）的扫描频率测试信号，每次电子束通过传感器时，测试信号都将被实时地显示在监视器上，给出电子束的能量分布。

图 2.1-3 所示为一组不同功率密度分布的电子束形态，A 代表功率密度分布的投影面积，P_{dmax} 代表最大的功率密度。

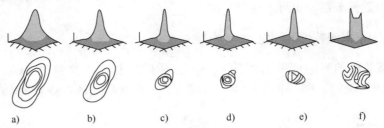

图 2.1-3　不同功率密度分布的电子束形态

a）$A = 2.35\text{mm}^2$，$P_{dmax} = 2.42\text{kW/mm}^2$；b）$A = 1.86\text{mm}^2$，$P_{dmax} = 5.09\text{kW/mm}^2$；

c）$A = 1.03\text{mm}^2$，$P_{dmax} = 12.36\text{kW/mm}^2$；d）$A = 0.97\text{mm}^2$，$P_{dmax} = 13.69\text{kW/mm}^2$；

e）$A = 0.92\text{mm}^2$，$P_{dmax} = 8.25\text{kW/mm}^2$；f）$A = 1.60\text{mm}^2$，$P_{dmax} = 3.17\text{kW/mm}^2$

研究结果表明，Arata 与 DIABEAM 测试法两者之间误差很小，平均功率密度越高，它们之间的误差越小。由于受通常电子束焊机焊接速度的限制，Arata 试验局限在功率小于 12kW 的范围，而 DIABEAM 方法几乎适用于现有的所有电子束焊机的功率密度测定。

2.1.3　电子束深熔焊

电子束焊时，在几十到几百千伏加速电压的作用下，电子可被加速到 1/2～2/3 的光速，高速电子流轰击焊件表面时，被轰击的表层温度可达到 10^4℃ 以上，表层金属迅速被熔化。表层的高温还可向焊件深层传导，由于界面上的传热速度低于内部，因而焊件呈现出图 2.1-4所示的趋向深层的等温线。

苏联科学院院士雷卡林教授根据这一热传导理论，推算出了一个简化的等效公式：

$$P_d = \frac{P_i}{\pi R_b^2} \tag{2-1}$$

$$T_c = \left(\frac{1}{\lambda}\right) P_d R_b \tag{2-2}$$

式中　P_d——功率密度；

T_c——被加热区中心点的温度；

R_b——电子束加热区的半径；

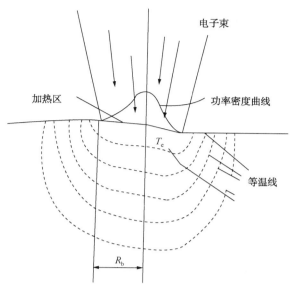

图 2.1-4　电子束轰击金属热传导等温线示意图

P_i——输入功率；

λ——与材料有关的常量。

在输入功率不变时，缩小束斑尺寸将使功率密度 P_d 按平方倍增加，从而增加加热区中心点的温度 T_c。在束斑直径缩得足够小时，功率密度分布曲线变得窄而陡，热传导等温线便向深层扩散，形成窄而深的加热模式，如图 2.1-5 所示。

由此可以得出一个基本结论：提高电子束的功率密度可以增加穿透深度。

在大厚度焊件的焊接中，焊缝的深宽比可高达 60：1，焊缝两边缘基本平行，似乎温度横向传导几乎不存在，这种情况完全用热传导的原理就很难解释清楚。现在被公认的一个理论是，在电子束焊中存在小孔效应。小孔的形成过程是一个复杂的高温流体动力学过程。一个基本的解释是：高功率密度的电子束轰击焊件，使焊件表面材料熔化并伴随着液态金属的蒸发，材料表面蒸发走的原子的反作用力是力图使液态金属表面压凹，随着电子束功率密度的增加，金属蒸气量增多，液面被压凹的程度也增大，并形成一个通道。电子束经过通道轰击底部的待熔金属，使通道逐渐向纵深发展，如图 2.1-6 所示。液态金属的表面张力和流体静压力是力图拉平液面的，在达到力的平衡状态时，通道的发展才停止，并形成小孔。小孔和熔池的形貌与焊接参数有关，如图 2.1-7 所示。

可见，形成深熔焊的主要原因是金属蒸气的反作用力。金属蒸汽的反作用力的增加与电子束的功率密度成正比。实验证明，电子束功率密度低于 $10^5 W/cm^2$ 时，金属表面不产生大量蒸发的现象，电子束的穿透能力很小。在大功率焊接中，电子束的功率密度可达 $10^8 W/cm^2$ 以上，足以获得很深的穿透效应和很大的深宽比。但是，电子束在轰击路途上会与金属蒸气和二次发射的粒子碰撞，造成功率密度下降。液态金属在重力和表面张力的作用下对通道有浸灌作用和封口作用，如图 2.1-6 所示。从而使通道变窄，甚至被切断，干扰和阻断了电子束对熔池底部待熔金属的轰击。在焊接过程中，通道不断地被切断和恢复，达到一个动态平衡。由此可见，为了获得电子束焊的深熔焊效应，除了要增加电子束的功率密度外，还要设法减轻二次发射和液态金属对电子束通道的干扰。

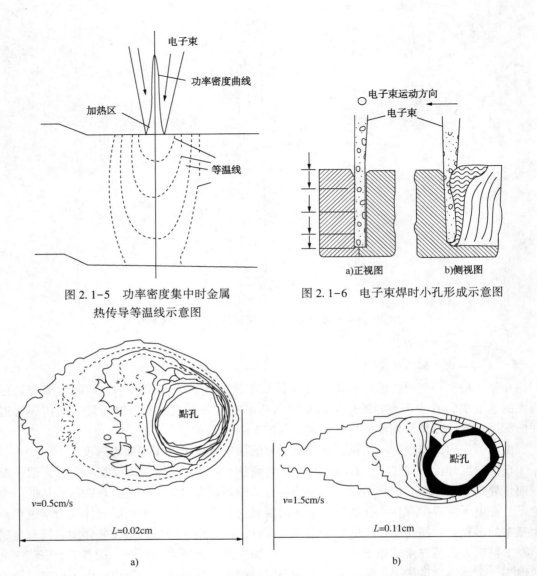

图 2.1-5　功率密度集中时金属
热传导等温线示意图

图 2.1-6　电子束焊时小孔形成示意图

图 2.1-7　相同功率不同焊接速度下，小孔与熔池的形貌

2.1.4　真空电子束焊与激光焊的比较

（1）真空电子束焊可获得比激光焊更高的功率密度。

（2）真空电子束焊一次焊透的深度以及焊缝的深宽比都比激光焊大。加速电压为 150kV 的电子束焊机焊不锈钢，熔深可达 80mm，深宽比可达 50∶1。

（3）真空电子束焊特别适宜于活泼金属、高纯金属以及铝合金、铜合金等。高真空中没有气体污染，并能使析出的气体迅速从焊缝中逸出，提高了焊缝金属的纯度，提高了接头质量。

（4）真空电子束焊的不足之处是，被焊金属工件的大小受真空室尺寸的限制，需要抽真空，效率低。

（5）激光焊接时，不需进行 X 射线屏蔽，不需要真空室，观察及焊缝对中方便。

（6）脉冲激光焊接在微细零件的点焊、缝焊方面具有特别的优势。

（7）激光焊接可通过透明介质对密闭容器内的工件进行焊接，YAG 激光可用光纤传输，可达性好。

（8）激光束不受磁场影响，特别适宜于磁性材料的焊接。

（9）激光焊的不足之处是，导电性好的材料，如铝、铜等对其反射率高，施焊比较困难。

2.2 电子束焊设备

电子束焊的焊接设备一般可按真空状态或加速电压分类。按真空状态可分为真空型、局部真空型、非真空型；按加速电压可分为高压型(>80kV)、中压型(40~60kV)和低压型(≤30kV)。在实际应用中，真空电子束焊机居多，图 2.2-1 所示是真空电子束焊机组成图。其主要组成部分有：电子枪、真空室、工作台、高压电源、控制及调整系统、真空系统和焊接夹具。

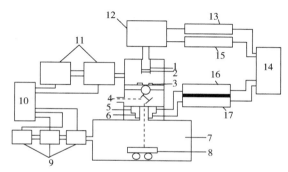

图 2.2-1　真空电子束焊机组成图

1—阴极；2—聚束极；3—阳极；4—光学观察系统；5—聚焦线圈；6—偏转线圈；
7—真空工作室；8—工作台及转动系统；9—工作室真空系统；10—真空控制及监测系统；
11—电子枪真空系统；12—高压电源；13—阴极加热控制器；
14—电气控制系统；15—束流控制器；
16—聚焦电源；17—偏转电源

2.2.1 电子枪

电子枪是电子束焊机的核心部件，前已述及电子枪有二极枪和三极枪之分。图 2.2-2 是一种典型的三极电子枪剖面图。

电子枪是产生电子使之加速、会聚成电子束的装置。电子枪的稳定性、重复性直接影响焊接质量。影响电子束稳定性的主要原因是高压放电，特别是在大功率电子束焊接过程中，由于金属蒸气等的干扰，使电子枪产生放电现象，有时甚至造成高压击穿。为了解决高压放电，往往在电子枪中使电子束偏转，避免金属蒸气对束源段产生直接的影响。在大功率焊接时，将电子枪中心轴线上的通道关闭，而被偏转的电子束从旁边通道通过。另外还可以采用电子枪倾斜或焊件倾斜的方法，避免焊接时产生的金属蒸气对束源段污染。

电子枪的重复性由电子枪的设计精度、制造精度以及控制技术保证。

电子枪一般安装在真空室外部，垂直焊时，放在真空室顶部，水平焊时，放在真空室侧

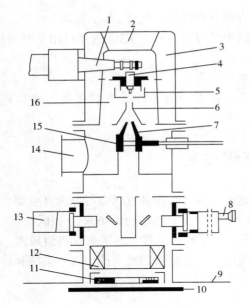

图 2.2-2 电子枪剖面图

1—高压电缆；2—电子枪上盖，打开后可更换阴极；3—高压绝缘子；4—阴极组件；5—聚束极（控制栅）；6—阳极；7—气阻；8—观察系统；9—真空室顶；10—热保护隔板；11—电子束偏转系统；12—聚焦透镜；13—光学观察照明；14—电子束真空管道连接处；15—柱阀；16—束源级

面，根据需要可使电子枪沿真空室壁在一定范围内移动。

有时电子枪安装在真空室内部可运动的传动机构上，即所谓的动枪。大多数动枪属中低压型，近年也开发出了 150kV 的高压动枪。

2.2.2 高压电源

高压电源为电子枪提供加速电压、控制电压及灯丝加热电子流。高压电源内有高压变压器，其一次侧连接到三相 380V 主电源上，其二次侧产生的交流电压连接到整流器上，整流后需要滤波。图 2.2-3 所示是高压电源控制原理图。

高压电源应密封在油箱内，以防止对人体的伤害及对设备其他控制部分的干扰。近年来，半导体高频大功率开关电源已应用到电子束焊机中，工作频率大幅度提高，用很小的滤波电容器，即可获得很小的纹波系数；放电时所释放出来的电能少，减少了其危害性。另外，开关电源通断时间比接触器要短得多，与高灵敏度微放电传感器联用，为抑制放电现象提供了有力手段。该类电源体积小，质量轻，如 15kW 的高压油箱，外形尺寸仅 1100mm× 500mm×100mm，质量仅 600kg。

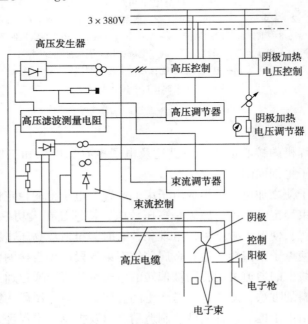

图 2.2-3 高压电源控制原理图

2.2.3　控制系统

早期电子束焊机的控制系统仅限于控制束流的递减、电子束流的扫描及真空泵阀的开关。目前，可编程控制器及计算机数控系统等已在电子束焊机上得到成功应用，使之控制范围和精度大大提高。

2.2.4　抽真空系统

真空电子束焊机的工作室尺寸由焊件大小或应用范围而定。真空室的设计一方面应满足气密性要求(视真空水平而定)，另一方面应满足刚度要求，此外，还要满足 X 射线防护需要。真空室上通常开一个或几个窗口，用以观察内部焊件及焊接情况。观察窗采用一定厚度的铅玻璃以隔绝 X 射线。

电子束焊机的真空系统一般分为两部分：电子枪抽真空系统和工作室抽真空系统。电子枪的高真空可通过机械泵与扩散泵配合获得。但目前的新趋势是采用涡轮分子泵，其极限真空度更高，无油蒸气污染，不需预热，节省抽真空时间。

工作室真空度可在 $10^{-3} \sim 10^{-1}\,Pa$ 之间。较低真空可用机械泵加罗茨泵获得，高真空则采用机械泵与扩散泵系统。

不同真空度得到的焊缝形状及熔深是不同的，如图 2.2-4 所示。

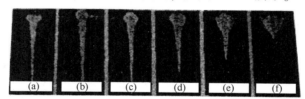

图 2.2-4　真空度对熔深和焊缝形状的影响

(材料：304 不锈钢；焊接参数：$U_a = 150\,kV$，$I_b = 30\,mA$，$v_b = 25.4\,mm/s$，$H = 406\,mm$)

(a)$p = 1.33 \times 10^{-6}\,Pa$；(b)$p = 1.33 \times 10^{-5}\,Pa$；(c)$p = 6.65 \times 10^{-4}\,Pa$；

(d)$p = 1.33 \times 10^{-3}\,Pa$；(e)$p = 2.66 \times 10^{-3}\,Pa$；(f)$p = 3.99 \times 10^{-3}\,Pa$

目前，全世界约有近万台电子束焊机在工业部门及实验室中应用，下面举例说明几种焊机类型：

(1)大型真空电子束焊机　通常该类焊机的真空容积从几十立方米到几百立方米。日本的 MHI 公司和 Hitachi 公司分别有一台 280 m³ 和 110 m³ 的真空电子束焊机，乌克兰巴顿电焊研究所有一台 400 m³ 的真空电子束焊机，法国的 Techmeta 公司则建造了一台 800 m³ 的真空电子束焊机。

(2)局部真空电子束焊机　该类焊机节省抽气时间，适合连续产品的焊接。

(3)通用型电子束焊机　该类电子束焊机在实验室及一些加工车间常见。它可以通过不同工装夹具及运动工作台的配合，完成不同类型零件的焊接，也可以进行多种电子束焊工艺研究试验。

(4)批量生产用小型真空电子束焊机　欧美及日本、中国等均有一些小型真空电子束焊机用于批量生产汽车等零件。近年，柔性制造系统的引入使该类电子束焊机更加灵活，不仅适合一种产品的大量生产，而且能满足多个品种产品批量生产的需求。图 2.2-5 是真空电子束焊机以及柔性制造系统的俯视图。

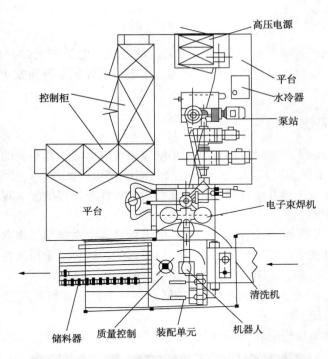

图 2.2-5　真空电子束焊机以及柔性制造系统的俯视图

2.3　电子束焊接工艺

2.3.1　电子束焊的焊接参数

电子束焊的主要焊接参数是加速电压 U_a、电子束流 I_b、聚焦电流 I_f、焊接速度 V_b 和工作距离 H。

1. 加速电压

在大多数电子束焊中，加速电压参数往往不变，根据电子枪的类型（低、中、高压）通常选取某一数值，如 60kV 或 150kV。在相同的功率、不同的加速电压下，所得焊缝深度和形状是不同的。提高加速电压可增加焊缝的熔深。当焊接大厚件并要求得到窄而平行的焊缝或电子枪与焊件的距离较大时可提高加速电压。

2. 电子束流（简称束流）

束流与加速电压一起决定着电子束的功率。在电子束焊中，由于电压基本不变，所以为满足不同的焊接工艺需要，常常要调整束流值。这些调整包括以下几方面：

（1）在焊接环缝时，要控制束流的递增、递减，以获得良好的起始、收尾和搭接处的质量；

（2）在焊接各种不同厚度材料时，要改变束流，以得到不同的熔深；

（3）在焊接大厚件时，由于焊接速度较低，随着焊件温度的增加，焊接电流需逐渐减小。

3. 焊接速度

焊接速度和电子束功率一起决定着焊缝的熔深、焊缝宽度以及被焊材料熔池行为(冷却、凝固及焊缝熔合线形状等)。

4. 聚焦电流

电子束焊时,相对于焊件表面而言,电子束的聚焦位置有上焦点、下焦点和表面焦点三种,焦点位置对焊缝形状影响很大。根据被焊材料的焊接速度、焊缝接头间隙等决定聚焦位置,进而确定电子束斑点大小。

当焊件厚度大于 10mm 时,通常采用下焦点焊(即焦点处于焊件表面的下层),且焦点在焊缝熔深的 30% 处。当焊件厚度大于 50mm 时,焦点在焊缝熔深的 50% ~ 75% 之间更合适。

5. 工作距离

焊件表面与电子枪的工作距离会影响到电子束的聚焦程度,工作距离变小时,电子束的压缩比增大,使电子束斑点直径变小,增加了电子束功率密度。但工作距离太小,会使过多的金属蒸气进入枪体造成放电,因而,在不影响电子枪稳定工作的前提下,可以采用尽可能短的工作距离。

2.3.2 深熔焊的工艺

电子束焊的最大优点是具有深穿透效应。为了保证获得深穿透效果,除了选择合适的电子束焊焊接参数外,还可以采取如下的一些工艺方法:

(1)电子束水平入射焊 当焊接熔深超过 100mm 时,往往可以采用电子束水平入射、侧向焊接方法进行焊接。因为水平入射侧向焊接时,液态金属在重力作用下,流向偏离电子束轰击路径的方向,其对小孔通道的封堵作用降低,此时的焊接方向可以是自下而上或是横向水平施焊。

(2)脉冲电子束焊 在同样功率下,采用脉冲电子束焊,可有效地增加熔深。因为脉冲电子束的峰值功率比直流电子束高得多,使焊缝获得高得多的峰值温度,金属蒸发速率会以高出一个数量级的比例提高。脉冲焊可产生更多的金属蒸气,蒸气反作用力增大,小孔效应增加。

(3)变焦电子束焊 极高的功率密度是获得深熔焊的基本条件。电子束功率密度最高的区域在其焦点上。在焊接大厚度焊件时,可使焦点位置随着焊件的熔化速度变化而改变,始终以最大功率密度的电子束来轰击待焊金属。但由于变焦的频率、波形、幅值等参数是与电子束功率密度、焊件厚度、母材金属和焊接速度有关的,所以手工操作起来比较复杂,宜采用计算机自动控制。

(4)焊件焊前预热或预置坡口 焊件在焊前被预热,可减少焊接时热量沿焊缝横向的热传导损失,有利于增加熔深。有些高强度钢焊前预热,还可以减少焊后裂纹倾向。在深熔焊时,往往有一定量的金属堆积在焊缝表面,如果预开坡口,则这些金属会填充坡口,相当于增加了熔深。另外,如果结构允许,尽量采用穿透焊,因为液态金属的一部分可以在焊件的下表面流出,以减少熔化金属在接头表面的堆积,减少液态金属的封口效应,增加熔深,减少焊根缺陷。

2.4 电子束焊的应用

2.4.1 大厚件的电子束焊

焊接大厚件，电子束焊具有得天独厚的优势。大功率电子束可一次穿透钢板 300mm。表 2-1 列出的是一些用电子束焊焊接大厚件的实例。

表 2-1 大厚件电子束焊的焊接实例

名　　称	母材金属	焊接参数	最大焊接深度/mm	说明
JT-60 反应堆的环形真空槽 [图 2.4-1(a)]	Incone1625	1. $U_a = 150kV$ $I_b = 170mA$ $v_b = 270mm/min$ 2. $U_a = 150kV$ $I_b = 190mA$ $v_b = 200mm/min$	65	10 个波纹管连成直径 $\phi10m$ 的空心环，最大管径为 $\phi3m$，全部采用电子束焊，焊后不加工
核反应堆大型线圈隔板[图 2.4-1(b)]	14Mn 18Mn-N-V	$U_a = 150kV$ $I_b = 270mA$ $v_b = 100mm/min$	150	全部采用电子束焊，焊后不加工
日本 6000m 级潜水探测器球体观察窗[图 2.4-1(c)]	T_i-6Al-4V	$U_a = 55kV$ $I_b = 400mA$ $v_b = 275mm/min$	80	采用电子束焊，焊后不加工
大型传动齿轮 [图 2.4-1(d)]	535C 8NC22	—	100	焊前氩弧焊定位并用电子束预热，电子束焊后不加工

2.4.2 电子束焊在航空工业中的应用

1. 电子束焊在飞机重要受力构件上的应用(表 2-2)

F-14 战斗机钛合金中央翼盒是典型的电子束焊焊接结构。该翼盒长 7m、宽 0.9m，整个结构由 53 个 TC₄钛合金件组成，共 70 条焊缝，用电子束焊焊接而成。焊接厚度为 12~57.2mm，全部焊缝长达 55m。电子束焊使整个结构减轻 270kg。

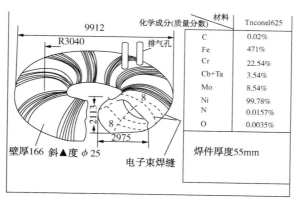

(a)JT60杆形槽

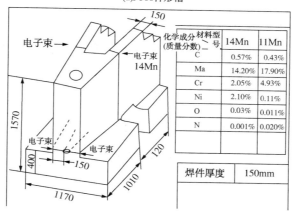

(b)核反应堆线圈隔板

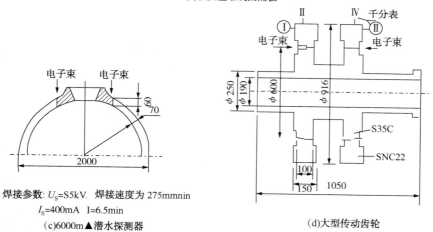

焊接参数: U_s=S5kV. 焊接速度为 275mmnin

I_s=400mA I=6.5min

(c)6000m▲潜水探测器

(d)大型传动齿轮

图 2.4-1 大厚件电子束焊应用实例

表 2-2 电子束焊在飞机重要受力构件上的应用

国别及公司	机种型号	电子束焊焊接的重要受力构件
格鲁门公司(美)	F-14	钛合金中央翼盒
帕纳维亚公司(英、德、意合作)	狂风	钛合金中央翼盒
波音公司(美)	B727	300M 钢起落架

国别及公司	机种型号	电子束焊焊接的重要受力构件
格鲁门公司(美)	X-29	钛合金机翼大梁
洛克希德公司(美)	C-5	钛合金机翼大梁
达索·布雷盖公司(法)	幻影-2000	钛合金机翼壁板 大型钛合金长桁蒙皮壁板
伊留申设计局(苏联)	ИЛ-86	高强度钢起落架构件
英法合作	协和	推力杆
英法合作	美洲虎	尾翼平尾转轴
通用动力公司格鲁门公司(美)	F-111	机翼支承结构梁

C-5 是美国空军使用的大型运输机,该机的许多部件在设计时均未采用整体锻件,主起落架的设计精度高,因此,电子束焊就成为一种可行的、经济的制造工艺方法,起落架减振支柱、肘支架、管状支架等均为 300M 钢(美国钢号)电子束焊焊接件。

F-22 是美国近年发展的战斗机,其机身段中经电子束焊焊接的钛合金焊缝长度达 87.6m,厚度在 6.4~25mm 之间。

2. 电子束焊在发动机转子部件上的应用(表2-3)

表2-3　电子束焊焊接发动机整体转子的实例

公司	发动机	部件	母材金属
罗罗公司	Abour RB199 RB211	高压盘 风扇盘 中压/高压转子	IMI685 —
惠普公司	F100 PW2037 PW4000 F100-PW-229	风扇转子 高压转子 风扇及低、 高压转子 风扇转子	Ti6242 钛合金及镍基合金
涡轮联合公司(英、德、意)	RB199	中压转子	Ti-6Al-4V
斯奈克玛公司	CFM56 M53	风扇转子 高压转子	钛合金 钛合金
莫斯科发动机生产联合体	РД-33(米格-29) Ал-31Ф(苏-27)	转子 1—9级转子 10—11级	ВТ25 钛合金 高温合金
乌航空发动机制造厂	Д-36	低压3级转子 高压11级	钛合金 高温合金

从 20 世纪 80 年代开始,我国在航空发动机的制造中应用了电子束焊焊接技术,主要的零部件有高压压气机盘、燃烧室机匣组件、风扇转子、压气机匣、功率轴、传动齿轮、导向叶片组件等,涉及的材料有高温合金、钛合金、不锈钢和高强度钢等,还进行过飞机起落架、飞机框梁的电子束焊焊接研究。

2.4.3 在电子和仪表工业中的应用

在电子和仪表工业中，有许多零件要求用精密焊接方法制造。这些零件除材料特殊、结构复杂且紧凑外，有时还有特殊的技术要求，如需焊后形成真空腔，不能破坏温敏元件等。真空电子束焊在解决这些焊接难题时，起到了独特的作用。表2-4所列出的是在电子及仪表工业中，采用电子束焊的一些例子。

表2-4　在电子和仪表工业中电子束焊的应用

序号	名称	母材金属及对焊缝的要求	焊接质量
1	电子管钡钨阴极 [见图2.4-2(a)]	钨+钽(或钼)母材金属熔点高，要求焊缝变形小、无污染、焊缝光滑	电子束焊得到满意焊缝
2	管式应变计传感器 [见图2.4-2(b)]	不锈钢管内装有应变丝和MgO绝缘粉。要求焊缝半穿透、变形小	严格的电子束焊焊接工艺与合适的工装配合，得到满意的焊接质量
3	陶瓷与金属焊接试件 [见图2.4-2(c)]	陶瓷+铌要求焊缝不加第三种材料，且保证气密	严格的电子束焊工艺，要经过预热及焊后退火
4	光电器件管壳封口焊 [见图2.4-2(d)]	高铬钢+可伐合金金属管壳与玻璃管壳已封接完毕，要求最后封口焊对纤维屏与玻璃焊料不能产生热冲击，且保证气密性	电子束焊输入热量小，功率集中，严格控制操作，可得到满意的焊缝
5	振动筒传感器 [见图2.4-2(e)]	弹性合金3J53。要求焊缝将内外筒组成一个真空腔体	真空电子束焊提高材料利用率，焊缝质量好，且满足焊后得到一个真空腔体的要求
6	遥测压力传感器 [见图2.4-2(f)]	1Cr18Ni9Ti+可伐合金4J29 此组件结构紧凑，要求焊后壳体内部是真空状态。焊缝A不损伤内部元器件，焊缝B不能使芯柱上的玻璃炸裂，焊孔C起排气作用后熔封	合适的工装及恰当的真空电子束焊焊接工艺，保证了焊缝气密等要求

2.4.4 在汽车零件生产中的应用

早在20世纪60年代，美国就将非真空电子束焊引入了批量汽单零件的生产中。近几年，欧洲汽车制造商也开始采用该项技术。一方面是因为非真空电子束焊成本低、效率高，可在汽车生产线上连续进行；另一方面为减轻结构质量，节省燃料及减少废气的排放。汽车上采用了一些铝合金零件，非真空电子束焊焊接汽车用铝合金可得到良好的接头。几种非真空电子束焊焊接的典型汽车组件是：

（1）汽车扭矩转换器　该组件上部与底部壳体采用搭接形式，采用填丝的非真空电子束焊焊接工艺。电子束焊机是多工位的，目前，在世界范围内每天焊接的汽车转换器达25000个以上。

（2）汽车变速箱齿轮组件　一些汽车的变速箱齿轮及一些载重汽车、公共汽车等的离合器组件，采用非真空电子束焊。通常焊接这些齿轮组件采用对接接头，材料是中碳钢和合金钢。

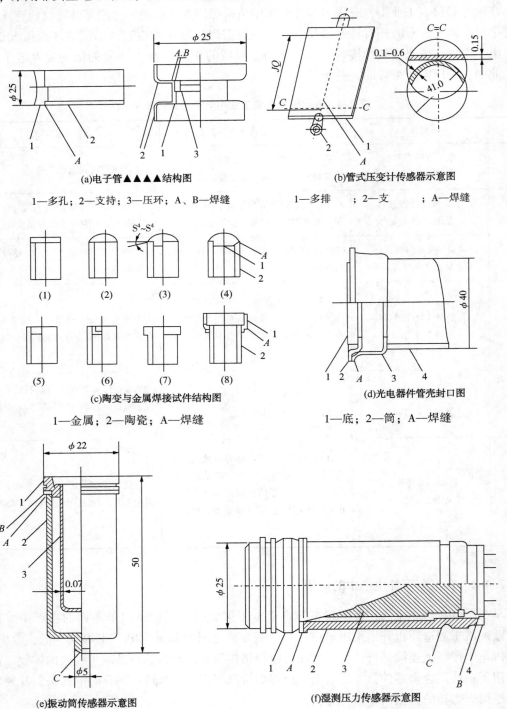

(a)电子管▲▲▲▲结构图

1—多孔；2—支持；3—压环；A、B—焊缝

(b)管式压变计传感器示意图

1—多排　；2—支　　；A—焊缝

(c)陶变与金属焊接试件结构图

1—金属；2—陶瓷；A—焊缝

(d)光电器件管壳封口图

1—底；2—筒；A—焊缝

(e)振动筒传感器示意图

1—上缝；2—焊接；3—内筒；A、B、C—焊缝

(f)湿测压力传感器示意图

1—本体；2—外壳；3—敏感元器件；4—芯柱；A、B、C—焊缝

图 2.4-2　电子束焊的应用实例

（3）铝合金仪表板的焊接 汽车上仪表板等采用铝合金焊接结构，接头形式往往是卷边的。

近年来，国外对电子束焊及其他电子束加工技术的研究主要在于完善超高能密度电子束热源装置；掌握电子束品质及与材料的交互行为特性，从而改进加工工艺技术；通过计算机及 CNC 控制提高设备柔性以扩大其应用领域。

2.5 电子束其他加工技术

2.5.1 电子束打孔

电子束打孔开始于 1938 年，当时德国用电子束加工电子显微镜的光阑。K. H. Steigerwald 博士经过 20 年的努力，在 1958 年左右生产了 10 台第一代电子束打孔机。

近年来，德国的 igm 公司（前身为 Steigerwald 创办的公司）开发了具有特殊电子光学系统的新型电子枪，装备在电子束打孔机上，加上 PLC、CNC 等控制技术的应用，使得电子束打孔机的技术水平有了新的阶跃。

高功率密度的电子束（比焊接所用密度高约 100 倍）以脉冲方式冲击到带有易蒸发汽化的背衬材料的焊件上，背衬材料爆炸汽化使熔化的金属从孔中喷射出来，这样加工出的孔，孔壁光滑、无毛刺、再铸层小。其孔的尺寸及几何形状由电子束参数决定。图 2.5-1 所示是电子束加工出的几种典型孔的形状。

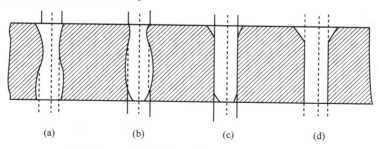

(a)   (b)   (c)   (d)

图 2.5-1 电子束加工出的几种典型孔的形状

电子束打孔适合有大量孔的零件，且不需考虑零件材料的硬度及表面特性。与激光打孔相比主要优点是：

（1）柔性好——只是改变电的参数。

（2）打孔速度高——每秒最多可打 3000 个孔，电子束打孔共用时间 16min，而用 Nd：YAG 激光加工同样厚、同样直径、同样孔数的零件需 213min。

（3）电子束的入射角变化范围大——电子束与表面之间的倾角最大可达 70°。

目前，电子束打孔的工作范围是：

① 生产中：直径为 0.1~0.8mm，最大深度为 5mm。

② 实验室中：直径为 0.05~1.5mm，最大深度为 10mm。

电子束打孔的典型产品是：

（1）玻璃纤维或纤维玻璃整流罩，孔数约为 30000 个（直径 0.6~0.8mm，深 5mm），如图 2.5-3 所示。

（2）离心分离器筐，孔数约为 50000 个（直径 0.2mm，深 3mm）。

（3）卫星燃料系统中多孔钛板，孔数约为 20×10^6 个$/cm^2$（直径 0.07mm，深 0.25mm）。

2.5.2 电子束表面改性

近年来，电子束表面改性处理也得到了引人注目的发展。它的方法主要包括电子束表面淬火、表面回火/退火、表面重熔、表面合金化、表面弥散和表面涂层等。

（1）电子束表面淬火 用电子束直接轰击需要硬化的焊件表面（0.1~2.0mm 深度上），使表面温度迅速上升，当达到焊件材料的相变温度以上时，持续加热 0.5~1s，然后突然切断电子束流，焊件表面温度急速下降，在自淬火条件下，被加热的部分就产生具有压应力的马氏体组织。

（2）电子束表面回火/退火 用电子束加热材料到一定深度，然后冷却，控制马氏体的转变。

（3）电子束表面重熔 用电子束加热焊件表面（0.1~0.3mm 深度），使其达到工件的熔化温度 T_s 以上，切断电子束流后，由于自冷却作用，使得熔化的表面金属快速凝固，从而改变了表层成分的微观结构和组织。急速冷却，甚至可形成非晶态表层组织。

（4）电子束表面合金化 用电子束加热材料表层和辅加材料（可事先沉积上或在电子束处理过程同时加上）到基体材料和辅加材料熔化点温度 T_s 以上，随后的自淬火引起的快速凝固产生冶金过程，导致表层化学成分、微观组织及结构的变化。

（5）电子束表面涂层 用电子束加热焊件材料表面及辅加材料（事先沉积上或在加工过程中加入）达到两者的熔化温度 T_s 以上，焊件表层材料和辅加材料完全转化成液相，从而在随后的快速冷却过程中，在焊件表层形成化学成分、微观结构、组织形状均不同，并与基体牢固结合的涂层。

电子束作为一种热源，在散焦状态可用于钎焊。表 2-5 为电子束表面改性处理的原理及应用。图 2.5-2 是 TiAl6V4 合金电子束表面合金化后的相关性能。

表 2-5 电子束表面改性处理的原理及应用

| 名称 | 电子束表面改性处理 | | | 电子束对工作作用原理示意图 |
	电子束扫描方式	转换示意图	电子束处理工件表层形钻示意图	
电子束降火（图相处理）	焊扫（电束束振面）			在一个热循环中电子束处理（许火和图火）平面工件
	面扫层（x，y 所方向控制电子束）			在一个热循环中电子束处理（液火和图火）轴类零件

名称	电子束表面改性处理			电子束对工作作用原理示意图
	电子束扫描方式	转换示意图	电子束处理工件表层形钻示意图	
电子束重熔（液相处理）	多机速扫描（程序控制电子束重点）			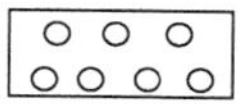 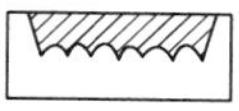 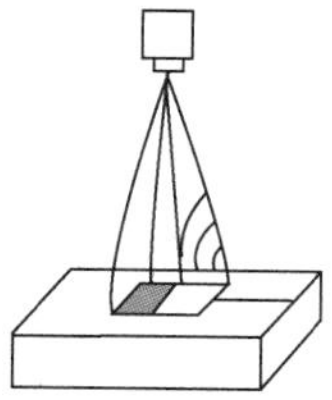 在一个热箱环中电子束重熔平面工作（多轨连扫描）
	控制扫描（用的束发生器 程序控制电子束点扫描或围扫描）			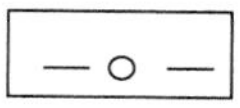 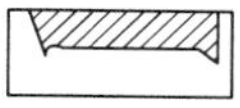 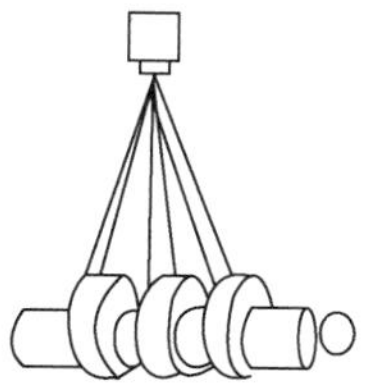 在一个热循环中电子束重熔曲轴零件（转递扫描）

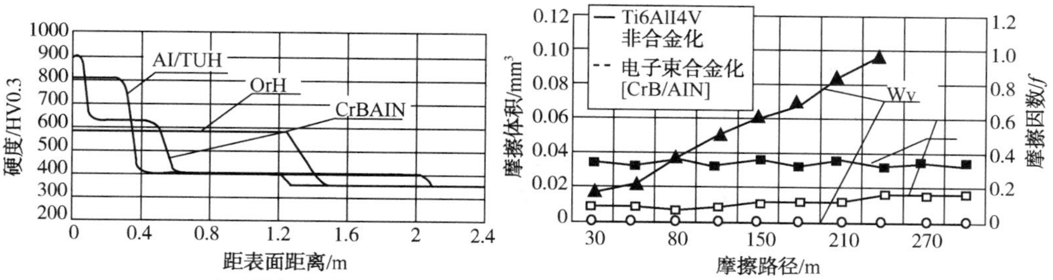

(a)表面硬度-深度曲线　　(b)抗研磨性能

图 2.5-2　TiA16V4 合金电子束表面合金化后的有关性能

2.5.3　电子束物理气相沉积(EB-PVD)

70 年代开始，苏联(现乌克兰)巴顿电焊研究所开始了电子束物理气相沉积(EB-PVD)设备及工艺的研究。随后，美国、德国等也开展了这方面的研究。EB-PVD 设备功率一般在 40~200kW 之间，加速电压为 20kV 左右。EB-PVD 设备的研究处于世界领先的是乌克兰巴顿电焊研究所，现已开发了实验室型、中试生产型及批量生产型的系列产品，其实验室有 16 台 EB-PVD 设备，该设备还出口到美国、中国等。

图 2.5-3 为该所制作的生产型 EB-PVD 设备示意图。该设备全长 10m，由一个主真空室及两个预真空室组成，共配备有 6 个电子枪，每个电子枪的功率为 60kW(电子束电流<3A)，其中 3 个枪用于蒸发，1 个枪用于加热焊件，2 个枪用于预热工件。主真空室中有 3 个水冷铜坩埚，尺寸为 70mm×200mm，蒸发源材料(棒材)可在下部传动部件的推动下缓慢上升。3 个枪可分别加热 3 个坩埚，亦可几个枪同时加热同一坩埚。该设备主要用于燃气涡轮发动机叶片涂层的制备。EB-PVD 方法制备的涂层，涂层厚度最大可达 300um，EB-PVD 涂层与等离子弧喷涂相结合，可大大提高热喷涂层的抗热振性能。美国普惠公司利用 EB-

PVD 法沉积的 PW2040 发动机第一级涡轮叶片涂层，经 150h 耐久性的地面运行后，涂层仍处于良好状态。在 JT9D 第一级涡轮叶片上，EB-PVD 陶瓷涂层在飞行试验中经 1500h 后仍处于良好状态。

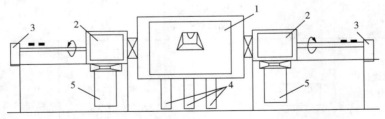

图 2.5-3　生产型 EB-PVD 设备示意图

1—主真空室；2—预真空室；3—工作水平传递及旋转机构；4—材料传递机构；5—真空系统

将上述设备两边的水冷铜坩埚改成可旋转的多坩埚式(16 个坩埚)后，形成如图 2.5-4 所示的多坩埚式生产型 EB-PVD 设备示意图。多个坩埚通过绕轴旋转，分别加热蒸发不同坩埚中的材料。

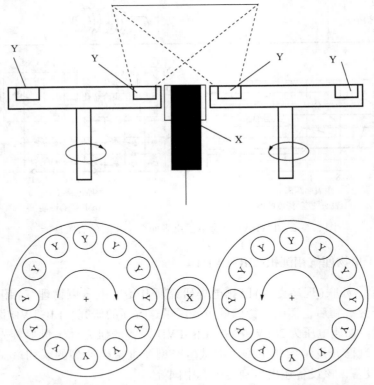

图 2.5-4　多坩埚式生产型 EB-PVD 设备示意图(X、Y 分别为不同蒸发材料)

图 2.5-5 为多功能中试型 EB-PVD 设备示意图。主真空室中配备有 6 个电子枪及 4 个水冷坩埚。与生产型不同的是，该设备只有一个预真空室，设备上除配备有可绕水平轴旋转的工件支撑架外，还配有可绕垂直轴旋转的焊件支撑架及在水平方向上用于真空熔炼的送料架。因此，该设备不仅可用于叶片涂层的制备，还可以用于制备多层膜及各种涂层，包括在 C/C 纤维上沉积涂层，在常规导线上沉积超导涂层，也可用于制备具有特殊功能的新型多层复合合金板材，或用于金属及合金的电子束熔炼。

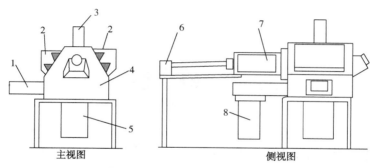

图 2.5-5 中试型多功能 EB-PVD 设备示意图

1—水平传递结构；2—电子枪及电子枪室；3—工件垂直旋转机构；4—主真空室；
5—蒸发源材料传递结构；6—工件水平及旋转机构；7—预真空室；8—真空室

第3章 摩 擦 焊

摩擦焊是在压力作用下，通过待焊界面的摩擦使界面及其附近温度升高、材料的变形抗力降低、塑性提高、界面的氧化膜破碎，伴随着材料产生塑性变形与流动，通过界面上的扩散及再结晶冶金反应而实现连结的固态焊接方法。

3.1 摩擦焊原理

3.1.1 摩擦焊原理

在压力作用下，被焊界面通过相对运动进行摩擦时，机械能转变为热能，所产生的摩擦加热功率

$$N = \mu k P V \tag{3-1}$$

式中 μ——摩擦系数；

　　k——系数；

　　P——摩擦压力；

　　V——摩擦相对运动速度。

对于给定的材料，在足够的摩擦压力和足够的运动速度条件下，被焊材质温度不断上升，伴随着摩擦过程的进行，工件亦产生一定的变形量，在适当的时刻，停止工件间的相对运动，同时施加较大的顶锻力并维持一定的时间（称为维持时间），即可实现材质间的固相连接。连续驱动摩擦焊过程可分为如下 6 个阶段；

（1）初始摩擦阶段　焊接表面总是凸凹不平，加之存在有氧化膜、锈、油、灰尘以及吸附的气体等，所以，显示出的摩擦系数很小，随着接触后摩擦压力的逐渐增加，摩擦加热功率也逐渐增加。

在初始摩擦阶段，凸凹不平互相压入的表面迅速产生塑性变形和机械挖掘现象，表面不平会引起振动，空气也可能进入摩擦表面。

（2）不稳定摩擦阶段　摩擦破坏了待焊面的原始状态，未受污染的材质相接触，真实的接触面积增大，材质的塑性、韧性有较大提高，摩擦系数增大，摩擦加热功率提高，达到峰值后，又由于界面区温度的进一步升高，塑性增高和强度下降，加热功率又迅速降低。在这个阶段中，摩擦变形量开始增大，并以飞边的形式出现。

在不稳定摩擦阶段，机械挖掘现象减小，振动消除，表面逐渐平整，出现高温塑性状态金属颗粒的"黏结"现象，而黏结在一起的金属又受扭力矩而剪断，并相互过渡。接触良好的塑性金属封闭了摩擦表面，使之与空气隔绝。

（3）稳定摩擦阶段　在这个阶段，材料的粘结现象减少，分子作用现象增强，摩擦系数很小，摩擦加热功率稳定在较低的水平。变形层在力的作用下，不断从摩擦表面挤出，摩擦变形量不断增大，飞边也增大，与此同时，又被附近高温区的材料所补充而处于动态平衡之中。

（4）停车阶段　在这个阶段，伴随工件间相对运动的减慢和停止，摩擦扭矩增大，界面附近的高温材料被大量挤出，变形量亦随之增大，具有顶锻的特点，为了得到牢固的结合，刹车时间要严格控制。

（5）纯顶锻阶段　指从工件停止相对运动到顶锻力上升到最大值所对应的阶段顶锻压力、顶锻速度和顶锻变形量对焊接质量具有关键性的影响。

（6）顶锻维持阶段　指顶锻压力达到最大值到压力开始撤除所对应的阶段。

从停车阶段开始到顶锻维持阶段结束，变形层和高温区的部分金属被不断地挤出，焊缝金属产生变形、扩散以及再结晶，最终形成了结合牢固的接头。

3.1.2　摩擦焊特点

1. 摩擦焊的优点

（1）接头质量高　摩擦焊属固态焊接，在正常情况下，接合面不发生熔化，焊合区金属为锻造组织，不产生与熔化和凝固相关的焊接缺陷；压力与扭矩的力学冶金效应使得晶粒细化、组织致密、夹杂物弥散分布，接头质量高。

（2）适合异种材质的连接　对于通常认为不可组合的金属材料，诸如铝-钢、铝-铜、钛-铜等都可进行焊接。一般来说，凡是可以进行锻造的金属材料都可以进行摩擦焊接。

（3）生产效率高　发动机排气门双头自动摩擦焊机的生产率可达 800～1200 件/h。对于外径 $\phi127mm$、内径 $\phi95mm$ 的石油钻杆接头的焊接，连续驱动摩擦焊仅需十几秒，如果采用惯性摩擦焊，所需时间还要短。

（4）尺寸精度高　用摩擦焊生产的柴油发动机预燃烧室，全长误差为±0.1mm；专用机可保证焊后的长度公差为±0.2mm，偏心度为 0.2mm。

（5）设备易于机械化、自动化，操作简单。

（6）环境清洁　工作时不产生烟雾、弧光以及有害气体等。

（7）节能省电　与闪光焊相比，电能节约 5～10 倍。

2. 摩擦焊的缺点

（1）对非圆形截面焊接较困难，所需设备复杂；对盘状薄零件和薄壁管件，由于不易夹固，施焊困难。

（2）焊机的一次性投资较大，大批量生产时才能降低生产成本。

3.1.3　摩擦焊的分类

根据焊件的相对运动和工艺特点进行分类，见图 3.1-1。

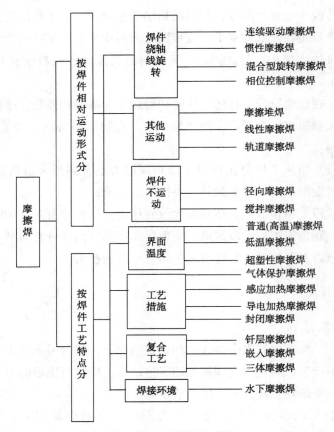

图 3.1-1　摩擦焊的分类

3.2　摩擦焊设备

3.2.1　连续驱动摩擦焊机

图 3.2-1 是普通型连续驱动摩擦焊机组成图，主要由主轴系统、加压系统、机身、夹头、检测与控制系统以及辅助装置等六部分组成。

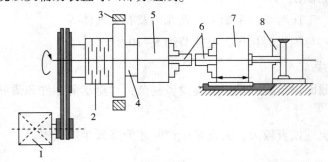

图 3.2-1　普通型连续驱动摩擦焊机组成图
1—主轴电动机；2—离合器；3—制动器；4—主轴；
5—旋转夹头；6—工件；7—移动夹头；8—轴向加压油缸

（1）主轴系统　主要由主轴电动机、传动皮带、离合器、制动器、轴承和主轴等组成，主轴系统传送焊接所需的功率，承受摩擦扭矩。

（2）加压系统　主要包括加压机构和受力机构。加压机构的核心是液压系统，液压系统分为夹紧油路、滑台快进油路、滑台工进油路、顶锻保压油路以及滑台快退油路等五个部分。夹紧油路主要通过对离合器的压紧与松开完成主轴的启动、制动以及工件的夹紧、松开等任务。当工件装夹完成之后，滑台快进；为了避免两工件发生撞击，当接近到一定程度时，通过油路的切换，滑台由快进转变为工进；工件摩擦时，提供摩擦压力；顶锻回路用以调节顶锻力和顶锻速度的大小；当顶锻保压结束后，通过油路切换实现滑台快退，达到原位后停止运动，一个循环结束。

受力机构的作用是平衡轴向力（摩擦压力、顶锻压力）和摩擦扭矩以及防止焊机变形，保持主轴系统和加压系统的同心度。轴向力的平衡可采用单拉杆或双拉杆结构，即以工件为中心、在机身中心位置设置单拉杆或以工件为中心、对称设置双拉杆；扭矩的平衡常用装在机身上的导轨来实现。

（3）机身　机身一般为卧式，少数为立式。为防止变形和振动，它应有足够的强度和刚度。主轴箱、导轨、拉杆、夹头都装在机身上。

（4）夹头　夹头分为旋转和移动（固定）两种。旋转夹头又有自定心弹簧夹头和三爪夹头之分，如图3.2-2所示，弹簧夹头适宜于直径变化不大的工件，三爪夹头适宜于直径变化较大的工件。移动夹头大多为液压虎钳。如图3.2-3所示，简单型液压虎钳适于直径变化不大的工件，自动定心型液压虎钳则适宜于直径变化较大的工件。为了使夹持牢靠，不出现打滑旋转、后退、振动等，夹头与工件的接触部分硬度要高、耐磨性要好。

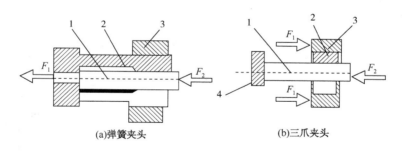

(a)弹簧夹头　　　　　(b)三爪夹头

图3.2-2　旋转夹头

1—工件；2—夹爪；3—夹头体；4—挡铁；

F_1—预夹紧力；F_2—摩擦和顶锻时的轴向压力

（5）检测与控制系统　参数检测主要涉及时间（摩擦时间、刹车时间、顶锻上升时间、顶锻维持时间）、加热功率、压力（摩擦压力—含一次压力、二次压力和顶锻压力）、变形量、扭矩、转速、温度、特征信号（如摩擦开始时刻、功率峰值及所对应的时刻）等。控制系统包括程序控制和工艺参数控制。程序控制用来完成上料、夹紧、滑台快进、滑台工进、主轴旋转、摩擦加热、离合器松开、刹车、顶锻保证、车除飞边、滑台后退、工件退出等顺序动作及其联锁保护等。工艺参数控制则根据方案进行相应的诸如时间控制、功率峰值控制、变形量控制、温度控制和变参数复合控制等。

（6）辅助装置　主要包括自动送料、卸料以及自动切除飞边装置等。

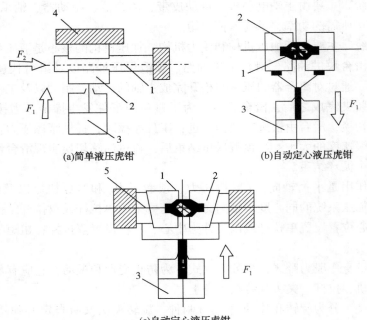

(a)简单液压虎钳   (b)自动定心液压虎钳

(c)自动定心液压虎钳

图 3.2-3 移动(固定)夹头

1—工件；2—夹爪；3—油缸；4—支座；5—档铁

F_1—夹紧力；F_2—摩擦压力/顶锻压力

2. 摩擦焊机的技术数据

表 3-1 是国产的几种连续驱动摩擦焊机的技术数据。

表 3-1   国产的几种连续驱动摩擦焊机的技术数据

型号	最大顶锻力/kN	主轴转速/(r/min)	焊棒料直径/mm	整机重量/t	可变型
C-0.5A	5	6000	4~6.5	3	
C-1A	10	5000	4.5~8	3	
C-2.5D	25	3000	6.5~10	3	Q
C-4D	40	2500	8~14	3	Q.L
C-4C	40	2500	8~14	4	I
C-12A-3	120	1000	10~30	6.8	
C-20	200	2000	12~34	5.2	A.B.L
C-12A-3	250	1350	18~40	6.8	K
C-50A	500	1000	30~50	8	
C63	630	950	35~60	8.5	A.G

型号	最大顶锻力/kN	主轴转速/(r/min)	焊棒料直径/mm	整机重量/t	可变型
C-80A	800	850	40~75	17	
C-120	1200	580	50~85	16	A. G
CG-6.3	63	5000	8~20	5	
CT-25	250	5000	18~40	8	
RS45	450	1500	20~70	8.5	POS

3.2.2 惯性摩擦焊机

图 3.2-4 是惯性摩擦焊机原理图。它由电动机、主轴、飞轮、夹盘、移动夹具、液压缸等组成。工作时，飞轮、主轴、夹盘和工件都被加速到与给定能量相应的转速时，停止驱动，工件和飞轮自由旋转，然后，使两工件接触并施加一定的轴向压力，通过摩擦使飞轮的动能转换为摩擦界面的热能，飞轮转速逐渐降低，当变为零时，焊接过程结束。

表 3-2 是 MTI 公司惯性摩擦焊机的型号和技术规格。这些焊机可以有不同的组合和改动，所有焊机均可配备自动装卸装置、除飞边装置和质量控制监测器，转速均可由 0 调节至最大。

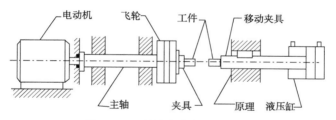

图 3.2-4 惯性摩擦焊机原理图

表 3-2 MTI 公司惯性摩擦焊机的型号和技术规格

型号	最大转速/(r/min)(转速可调)	最大飞轮/lb·ft²(kg·m²)	最大焊接力/lbf(kN)	最大管形焊缝面积/in²(mm²)	变型
40	45000/60000	0.015(0.00063)	500(222)	0.07(45.2)	B. D. V
60	12000/24000	2.25(0.094)	9000(40.03)	66(426)	B. BX. D. V
90	12000	50(0.20)	13000(57.82)	1.0(645)	B. BX. D. T. V
120	8000	25(0.21)	28000(124.54)	1.7(1097)	B. BX. D. T. V
150	8000	50(2.11)	50000(222.4)	2.6(1677)	B. BX. T. V
180	8000	100(42)	80000(355.8)	4.6(2968)	B. BX. T. V

型号	最大转速/ (r/min)(转速可调)	最大飞轮/ lb·ft²(kg·m²)	最大焊接力/ lbf(kN)	最大管形焊缝面积/ in²(mm²)	变型
220	6000	600(25.3)	130000 (578.2)	6.5(4194)	B. BX. T. V
250	4000	2500 (105.4)	200000 (889.6)	10(6452)	B. BX. T. V
300	3000	5000 (210)	250000 (1112.0)	12(7742)	B, BX
320	2000	10000 (421)	350000 (1556.8)	18 (11613)	B, BX
400	2000	25000 (1054)	600000 (2668.8)	30 (19355)	B, BX
480	1000	250000 (10535)	850000 (3780.8)	42(27097)	B, BX
750	1000	100000 (21070)	1500000 (6672.0)	75(48387)	B, BX
800	500	1000000 (42140)	4500000 (20000)	225(145160)	B, BX

3.3 摩擦焊工艺

3.3.1 接头设计

1. 接头设计原则

（1）对旋式摩擦焊，至少有一个是圆形截面。

（2）为了夹持方便、牢固，保证焊接过程不失稳，应尽量避免设计薄管、薄板接头。

（3）一般倾斜接头应与中心线成 30°~45°的斜面。

（4）对锻压温度或热导率相差较大的材料，为了使两个零件的锻压和顶锻相对平衡，应调
整界面的相对尺寸。

（5）对大截面接头，为了降低摩擦加热时的扭矩和功率峰值，采用端面侧角的办法可使
焊接时接触面积逐渐增加。

（6）如要限制飞边流出（如不能切除飞边或不允许飞边暴露时），应预留飞边槽。

（7）对于棒—棒和棒—板接头，中心部位材料被挤出形成飞边时，要消耗更多的能量，
而焊缝中心部位对扭矩和弯曲应力的承担又很少，所以，如果工作条件允许，可将一个或两
个零件加工成具有中心孔洞，这样，既可用较小功率的焊机，又可提高生产率。

（8）采用中心部位突起的接头（图 3.3-1），可有效地避免中心未焊合。

（9）摩擦焊应避免渗碳、渗氮等。

（10）为了防止由于轴向力(摩擦力、顶锻力)引起的滑退，通常在工件后面设置挡块。

（11）工件伸出夹头外的尺寸要适当，被焊工件应尽可能有相同的伸出长度。

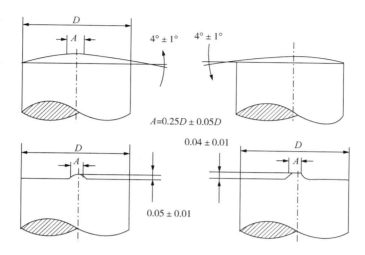

图 3.3-1　接头表面突起设计标准

2. 接头形式

表 3-3 和表 3-4 分别是摩擦焊接头的基本形式和一些特殊形式。

表 3-3　摩擦焊接头的基本形式

接头形式	简图	接头形式	简图
棒–棒		管–板	
管–管		管–管板	
棒–管		棒–管板	

接头形式	简图	接头形式	简图
棒－板		矩形和多边形型材－棒或板	

表 3-4　摩擦焊接头的特殊形式

接头形式	示　意　图	特　　点
等断面接头		将焊接接头置于远离应力集中的部位，也有利于热平衡，便于顶锻和清除飞边
带飞边槽的接头	飞边槽　飞边槽　飞边槽	不允许露出飞边或无法切除飞边的工件可用飞边槽，保持工件外观和使用性能
复式接头 （同心管－棒、板） （同心管、板-棒）		同时将两个接头焊成
端面倒角接头		用于大截面的棒、管件的摩擦焊，以减少工件外缘的摩擦热量，锥形部分长度不得超过缩短量的 50%
（棒－棒）（管-管）		用于大截面的棒、管件的摩擦焊，以减少工件外缘的摩擦热量，锥形部分长度不得超过缩短量的 50%
锥形接头（管-管） （棒-棒）		锥形面与中心线成 30°～45°，最小可为 8° 的斜面，但角度选择须防止其中一工件从孔中挤出

接头形式	示意图	特点
异种材料锥形接头 (棒-棒)	钢　钢　　铝　钢·钢	异种材料摩擦焊时,其中一件较软,可选用锥形接头和硬规范
焊后锻压成形 (棒-棒)	去飞边 锻造	将棒材对接焊,用锻压方法再制成所需形状
焊后展开轧制成形 (管-管)	去飞边 展开 滚轧	将管一管对接焊后,去飞边,展开滚轧成板材,用于不适合转动的板件摩擦焊

3.3.2　连续驱动摩擦焊工艺

可以控制的工艺参数有转速、摩擦压力、摩擦时间、摩擦变形量、停车时间、顶锻延时、顶锻时间、顶锻压力和顶锻变形等。其中,摩擦变形量和顶锻变形量(总和为缩短量)是其他参数的综合反映。

(1)转速与摩擦压力　转速和摩擦压力直接影响摩擦扭矩、摩擦加热功率、接头温度场、塑性层厚度以及摩擦变形速度等。

当工件直径一定时,转速代表摩擦速度。实心圆截面工件摩擦界面上的平均摩擦速度是距圆心为 2/3 半径处的摩擦线速度。稳定摩擦扭矩与平均摩擦速度、摩擦压力的关系见图3.3-2。摩擦变形速度与平均摩擦速度、摩擦压力的关系见图3.3-3。转速 n 对热影响区和飞边形状的影响见图3.3-4。

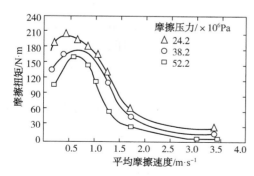

图 3.3-2　摩擦扭矩与平均摩擦速度、
摩擦压力的关系曲线
(低碳钢管 ϕ19mm×3.15mm)

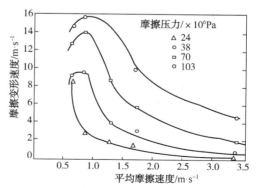

图 3.3-3　摩擦变形速度与
平均摩擦速度、摩擦压力的关系曲线
(低碳钢管 ϕ19mm×3.15 mm)

转速和摩擦压力的选用范围很宽，它们不同的组合可得到不同的规范，常用的组合有两种——强规范和弱规范。强规范时，转速较低，摩擦压力较大，摩擦时间短；弱规范时，转速较高，摩擦压力较小，摩擦时间长。

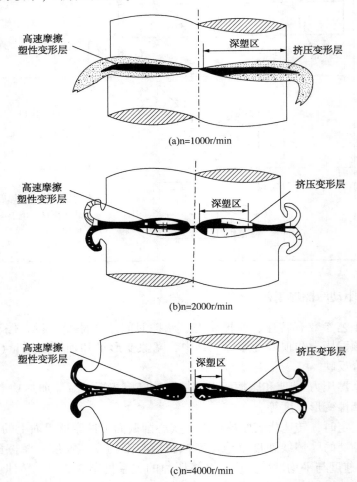

图 3.3-4　转速对热影响区和飞边形状的影响（低碳钢棒 ϕ19mm，压力 86MPa）

对于大多数碳钢而言，推荐的圆周表面速度为 1.25～3.75m/s。对低碳钢和低合金钢的摩擦压力一般为 41～83MPa；对中、高碳钢，摩擦压力一般为 41～103MPa。焊接大截面工件时，为了不使摩擦焊加热功率超过焊机容量，可采用二级、三级加压。

（2）摩擦时间　摩擦时间影响接头的温度、温度场和质量。如果时间短，则界面加热不充分，接头温度和温度场不能满足焊接要求；如果时间长，则消耗能量多，热影响区大，高温区金属易过热，变形大，飞边也大，消耗材料多。碳钢工件的摩擦时间一般在 1～40s 范围内。

（3）摩擦变形量　摩擦变形量与转速、摩擦压力、摩擦时间、材质的状态和变形抗力有关，要得到牢靠的接头，必须有一定的摩擦变形量，通常选取的范围为 1～10mm。

（4）停车时间和顶锻延时　停车时间是转速由给定值下降到零所对应的时间，当其从短到长变化时，摩擦扭矩后峰值从小到大（图 3.3-5）。停车时间还影响接头的变形层厚度和焊接质量，当变形层较厚时，停车时间要短；当变形层较薄而且希望在停车阶段增加变形层厚度时，则可加长停车时间，选取范围通常为 0.1~1s。

顶锻延时是为了调整摩擦扭矩后峰值和变形层厚度。

（5）顶锻压力、顶锻变形量和顶锻变形速度 顶锻压力的作用是挤出摩擦塑性变形层中的氧化物和其他有害杂质，并使焊缝得到锻压，结合牢靠，晶粒细化。

顶锻压力的选择与材质、接头温度、变形层厚度以及摩擦力有关。材料的高温强度高时，顶锻压力要大，温度高、变形层厚度小时，顶锻压力要小；摩擦压力大时，相应的顶锻压力要小一些。顶锻压力一般选取摩擦压力的 2~3 倍，对于低碳钢和低合金钢，可选取 80~170MPa；对于中、高碳钢，可选取 100~400MPa。

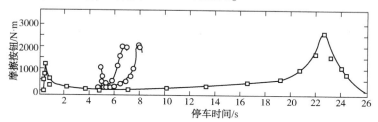

图 3.3-5　停车时间和摩擦扭矩后峰值的关系

（碳钢棒 ϕ19mm，初始转速 2000r/min，摩擦压力 44×10^{6}Pa）

顶锻变形量是顶锻压力作用结果的具体反映，顶锻变形量一般选取 1~6mm。顶锻速度反映了"趁热顶锻"的响应品质，如果顶锻速度慢，则达不到要求的顶锻变形量，顶锻速度一般为 10~40mm／s。

表 3-5 是几种典型材料的摩擦焊工艺参数。

3.3.3　惯性摩擦焊工艺

惯性摩擦焊的工艺参数有三个：起始转速、转动惯量和轴向压力。

（1）起始转速 对每一种材料组合，都有与之相应的获得最佳焊缝的起始转速，图 3.3-6 示出了起始转速对钢一钢工件焊缝深度和形貌的影响。起始转速具体反映在工件的线速度上，对钢一钢焊件，推荐的速度范围为 152~456m/min。低速（<91m/min）焊接时，中心加热偏低，飞边粗大不齐，焊缝成漏斗状；中速（91~273m/min）焊接时，焊缝深度逐渐增加，边界逐渐均匀；高速（274~364m/min）焊接时，焊缝边界均匀；如果速度大于 360m/min 时，焊缝中心宽度大于其他部位。

（2）转动惯量 飞轮转动惯量和起始转速均影响焊接能量。在能量相同情况下，大而转速慢的飞轮产生顶锻变形量较小，而转速快的飞轮产生较大的顶锻变形量。飞轮能量从小变大时，对钢一钢工件焊缝形貌和尺寸的影响见图 3.3-6。

（3）轴向压力 轴向压力对焊缝深度和形貌的影响几乎与起始转速的影响相反，见图 3.3-6。典型材料惯性摩擦焊工艺参数见表 3-6。

表 3-5　几种典型材料的摩擦焊工艺参数

序号	焊接材料	接头直径/mm	焊接规范				备注
			转速/（r/min）	摩擦压力/MPa	摩擦时间/s	顶锻压力/MPa	
1	45 钢+45 钢	16	2000	60	1.5	120	...

序号	焊接材料	接头直径/mm	焊接规范				备注
			转速/(r/min)	摩擦压力/MPa	摩擦时间/s	顶锻压力/MPa	
2	45 钢+45 钢	25	2000	60	4	120	…
3	45 钢+45 钢	60	1000	60	20	120	…
4	不锈钢+不锈钢	25	2000	80	10	200	…
5	高速钢+45 钢	25	2000	120	13	240	…
6	铜+不锈钢	25	1750	34	40	240	采用模子
7	铝+不锈钢	25	1000	50	3	100	采用模子
8	铝+铜	25	208	280	6	400	采用模子
9	GH4169	20	2370	90	10	125	采用模子
10	GH22	20	2370	65	16	95	…
11	7A04	20	1500	29	1	52	…
12	TI17	20	2370	40	1	40	…
13	30CrMnSiNi2A	20	2370	30	6	55	…
14	40CrMnSnMoVA	20	2370	35	3	78	…
15	1Crl8Ni9Ti	25	2000	40	10	100	…

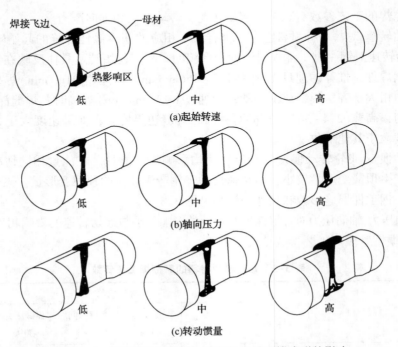

图 3.3-6　焊接参数对熔深、均匀性以及顶锻成形的影响

表 3-6　典型材料惯性摩擦焊工艺参数

材料	转速/(r/min)	转动惯量/kg·m^{-2}	轴向压力/kN
20	5730	0.23	69
45	5530	0.29	83
合金钢 20CrA	5530	0.27	76
不锈钢 ZgoCr17Ni4Cu3Nb	3820	0.73	110
超高强钢 40CrNi2Si2MoVA	3820	0.73	138
纯钛	9550	0.06	18.6
钛合金 7A04	9550	0.07	20.7
铝合金 2A12	3060~7640	0.41~0.08	41
铝合金 7A04	3060~7640	0.41~0.08	89.7
镍基合金 GH600	4800	0.60	117
GH4169	2300	2.89	206.9
GH901	3060	1.63	206.9
GH738	3060	1.63	206.9
GH141	2300	2.89	206.9
GH536	2300	2.89	206.9
镁合金 MB7	3060~11500	0.41~0.03	51.7
镁合金 MB5	3060~11500	0.22~0.02	40.0

3.3.4 影响摩擦焊焊接性的因素

材料的摩擦焊焊接性是指形成和母材等强度、等塑性摩擦焊接头的能力。

表 3-7 是影响材料摩擦焊焊接性的因素。

对于不适宜摩擦焊的同种或异种材质，可采用过渡材料进行连接。材料的摩擦焊焊接性也随着工艺的发展而变化，有些原来不能焊接的同种或异种材料，随着新工艺的出现而变为可焊材质。

表 3-7　影响材料摩擦焊焊接性的因素

特性	对焊接性的影响
互溶性	两种材料是否互相溶解和相互扩散，同种材料通常比异种材料更易焊接
氧化膜	被焊材料表面上的氧化膜是否容易破碎
力学与物理性能	高温强度高，塑性低，导热好的材料较难焊接，异种材料的性能差别大，不容易焊接
碳当量	碳当量高、淬透性好的钢材不容易焊接
高温活性	材料高温的氧化倾向大时，以及某些活性金属难以焊接
脆性相的产生	凡是形成脆性合金的异种金属，须降低焊接温度，或减少加热时间
摩擦系数	摩擦系数低的材料，则摩擦加热效率低，难于焊接
材料脆性	脆性材料难于焊接

3.4 搅拌摩擦焊

3.4.1 搅拌摩擦焊原理

搅拌摩擦焊（friction stir welding，简称 FSW）1991 年发明于英国焊接研究所，是一项创新的铝合金摩擦焊技术（图 3.4-1）。经过 30 多年的发展，搅拌摩擦焊技术已日趋完善，并成功应用于航空、航天、汽车、造船和高速铁路列车等诸多轻合金（主要是铝、镁、铜、锌及其合金）结构制造领域，其单面焊可焊厚度 2~50mm。对于常规熔焊方法难以焊接的铝合金及异种金属间的连接，采用搅拌摩擦焊均可获得满意的接头性能。

搅拌摩擦焊本质上是利用搅拌工具轴肩、搅拌针与母材结合面之间的金属摩擦热加热周围被封闭的金属，在机械搅动的作用下，将前方的被加热金属转移到搅拌针的后方并层层堆叠，在随后的冷却过程中，经过动态再结晶和扩散连接过程而形成焊缝。搅拌摩擦焊焊缝的表面成形机制主要表现为搅拌工具轴肩在平动和高速转动状态下的摩擦强制成形（图 3.4-1）

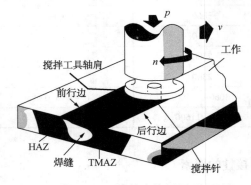

图 3.4-1　搅拌摩擦焊原理

搅拌摩擦焊相对于熔焊具有下述优点：

（1）变形小，即使是焊接长焊缝，变形也比熔焊时小得多；

（2）力学性能良好，经疲劳、断裂、弯曲等试验，力学性能比熔焊优异得多；

（3）无烟尘、飞溅，工作环境好；

（4）搅拌工具属于非消耗性材料，已经证明，一个搅拌工具可以连续焊接 $1000m^2$ 铝合金焊缝而不需要更换新的搅拌工具；

（5）无须填丝、无保护气体，节省能源；

（6）焊接过程操作简便，工人不需要特别的培训就可胜任；

（7）不需要特别的焊前准备，薄层氧化皮可以在焊接过程中自动去除；

（8）易实现自动焊接和机器人焊接。

搅拌摩擦焊不足之处：

（1）需要刚性固定支撑，工艺柔性不好；

（2）目前仅适于焊接铝合金、镁合金和铜合金构件。

3.4.2 铝合金搅拌摩擦焊

搅拌摩擦焊可以实现铝、镁、铜、钛等多种合金材料的焊接，特别适于高强铝合金、铝锂合金等轻合金材料的焊接，包括熔焊方法难以焊接的铝合金，如 5XXX 和 6XXX 系列铝合金，甚至是 2xxx 和 7xxx 系列铝合金间的焊接。焊接时无须保护气体和填充材料，避免了熔焊时容易产生的气孔、夹杂和裂纹等多种缺陷。

研究表明，搅拌摩擦焊具有良好的工艺重复性和较宽的工艺裕度。在搅拌头转速波动-20%～40%和焊接速度波动-30%～100%的条件下，也能得到优良的接头。搅拌摩擦焊的焊后变形很小，长度为1500mm的7xxx系列铝合金挤压型材对接板件搅拌摩擦焊的最大变形量仅仅为2mm；对其接头进行X射线和相控阵超声波扫描无损检查，没有发现气孔和裂纹。

就工业应用前景而言，铝合金、镁合金和铜合金结构件（尤其是板件）的焊接是搅拌摩擦焊的主要应用领域。目前，TWI已开发出可焊厚度1.2～75mm的铝合金搅拌头和相应的搅拌摩擦焊机。

1. 铝及铝合金 FSW 接头的性能。

研究表明，FSW 焊缝焊核的强度要大于热影响区的强度。对于退火状态的铝合金，拉伸试验的破坏通常发生在远离焊缝和热影响区的母材上。对于形变强化和热处理强化的铝合金，搅拌摩擦焊后热影响区的硬度和强度最低，可以通过控制热循环，尤其是通过焊缝热影响区的退火和时效来改善焊缝的性能。为获得最佳的性能，焊后热处理是提高强化铝合金焊缝性能的最好选择，但在许多工况下，焊后无法进行热处理。

表 3-8 为国产 2A14 合金（相当于美国的 2014 铝合金）、2B16 合金（相当于美国的 2219 铝合金）和 2195 铝锂合金搅拌摩擦焊缝的拉伸性能。由表可知，2A14 和 2B16 铝合金 FSW 接头的常温强度系数均达到 0.8 以上，均高于常规熔焊的 0.65；2195 铝锂合金的 FSW 接头强度系数也达到了 0.75，远高于熔焊的 0.55，而延伸率均比熔焊接头提高将近 1 倍。

表 3-8　三种航天贮箱结构铝合金的 FSW 接头性能

材料	σ_b/MPa	δ_5/%	$\sigma_b^w/\sigma b$
2A14-T6 母材	422	8	
2A14-T6 接头	350	5	0.83
2B16-T87 母材	425	6	
2B16-T87 接头	340	7.5	0.8
2195-T8 母材	550	13	
2195-T8 接头	410	8～11	0.75

表 3-9 为 5xxx、6xxx、7xxx 系列铝合金搅拌摩擦焊接头的拉伸性能。数据表明，对于固溶处理加人工时效的 6082 铝合金，其搅拌摩擦焊接头的拉伸强度焊后经热处理可达到与母材等强，而延伸率有所降低；T4 状态的 6082 铝合金试件，焊后经常规时效可以显著提高接头性能；7108 铝合金焊后室温下自然时效，其拉伸强度可达母材的 95%；采用 6mm 厚的 5083-O 和 2014-T6 铝合金焊件进行疲劳试验，当使用循环特征系数 $r = 0.1$ 进行疲劳实验时，5083-O 铝合金搅拌摩擦焊对接试件的疲劳性能与母材相当。试验结果表明，摩擦焊对接接头的疲劳性能大都超过相应熔焊接头的设计推荐值。疲劳试验数据显示，搅拌摩擦焊缝的疲劳性能与相应熔焊接头相当；而在大多数情况下，搅拌摩擦焊缝的疲劳性能数据要高于熔焊。

表 3-9　铝合金搅拌摩擦焊对接接头的力学性能

材料	σ_a/MPa	σ_b/MPa	δ_5/%	$\sigma_b^w/\sigma b$
5083-O 母材	148	298	23.5	
5083-O 接头	141	298	23.0	1.00
5083-H321 母材	249	336	16.5	
5083-H321 接头	153	305	22.5	0.91
6082-T6 母材	286	301	10.4	
6082-T6 接头	160	254	4.85	0.83
6080-T6 接头+失效	274	300	6.4	1.00
6082-T4 母材	149	260	22.9	
6082-T4 接头	138	244	18.8	0.93
6082-T4 接头+失效	285	310	9.9	1.19
7108-T79 母材	295	370	14	
7108-T79 接头	210	320	12	0.86
7108-T79 接头+ 自然失效	245	350	11	0.95

要获得优异的疲劳性能，对接焊缝的根部必须完全焊透，与其他焊接工艺一样，避免根部缺陷对搅拌摩擦焊同样至关重要。如果搅拌探头的长度相对于试件的厚度太短，那么在工件厚度方向上仅是大部分锻造在一起而没有完全焊透，则未焊透部分对接面上的氧化层无法搅拌去除，无损检验方法很难检测到这类缺陷。把工件的底边机加工成倒角或在垫板上磨削一道沟槽可以避免出现根部缺陷。为填充接头间的间隙，接头区稍微加大厚度是非常有益的。

2. 铝合金搅拌摩擦焊焊机

搅拌摩擦焊设备主要由主体部分和辅助部分组成。搅拌摩擦焊设备的主体部分分为机械部分、电气控制部分；辅助部分主要指搅拌头和工装夹具以及加热系统。机械部分主要包括床身、立柱、横梁、工作台、主轴头和传动系统等。

搅拌摩擦焊设备按焊缝位置不同可分为立焊设备和平焊设备。平焊设备是指被焊接工件水平放置，搅拌头处于垂直状态；立焊设备是指被焊接工件处于垂直位置，搅拌头处于水平状态。目前，大多数搅拌摩擦焊设备都属于平焊设备，少数大型筒体件以及超大型筒体件的焊接，为了设备整体结构的简化以及操作方便，采用立焊设备。

搅拌摩擦焊设备按床身结构形式可以分为 C 型焊机、龙门式焊机和悬臂式焊机和其他类型焊机。C 型焊机的床身结构与英文"C"相似，所以以此命名，传统的铣床设备都采用该类型结构，龙门式焊机又可以分为静龙门和动龙门。每种焊机的结构形式不同，可实现的焊缝型式也不同。悬臂式搅拌摩擦焊机分为悬臂内部焊接式和悬臂外部焊接式，主要用于筒体结构纵缝的焊接。其他类型是指立式纵缝焊机、落地式环缝焊机、便携式搅拌摩擦焊机以及水平横焊式纵缝焊机等机型。

迄今，已有多种商用搅拌摩擦焊机投入试验研究和工业应用。如美国 MTS 系统公司已开发出带有自动伸缩搅拌头的液压驱动搅拌摩擦焊机，该设备的搅拌头可在 ±15° 范围内自动倾斜，使用可伸缩式搅拌探头可以对焊缝施加 90kN 的焊接压力；使用常规搅拌头可以对焊缝施加 130kN 的焊接压力；可焊厚度 30mm；搅拌头转速 2000r/min 时，输出扭矩 340N·m。

3.4.3 搅拌摩擦焊接头缺陷

1. 搅拌摩擦焊接头缺陷分类

搅拌摩擦焊是一种新型的固态焊接工艺，尤其适于焊接铝、镁等轻合金。搅拌摩擦焊虽然可避免熔焊缺陷，工艺裕度也比熔焊宽松得多，但在焊接过程中出现工艺波动或装配不良时，也会产生自身固有的焊接缺陷。由于搅拌摩擦焊在我国的开发与应用才刚刚起步，在工艺机制、缺陷特征表征和产生机制等方面尚存在研究空白，所以，相关的国家标准和行业标准到目前为止尚未建立。本文仅从工艺角度对其焊接缺陷进行分类。

试验表明，搅拌头的形状设计不适当或焊接参数匹配不好时，搅拌摩擦焊缝极易出现犁沟（焊缝未完全填充）、切削填充以及以下 5 类缺陷：

第一类未焊透；

第二类虫孔；

第三类吻接；

第四类摩擦面缺陷；

第五类根趾部缺陷。

2. 搅拌摩擦焊缺陷特征

（1）犁沟缺陷

这种缺陷的特征是沿搅拌头的前行边形成一道肉眼可见的沟槽。其形成原因主要是由于焊接速度太快，因而造成焊接线能量输入偏低，搅拌头周围的金属塑性软化程度不完全，搅拌转移困难所致。

（2）切削填充

这种缺陷是由于搅拌头的设计不合理，如型面过渡不圆滑、螺纹外形设计太尖锐或太密等造成。切削填充的焊缝是典型的疏松组织，严重损害接头的性能，必须予以避免。

（3）未焊透

这是搅拌摩擦焊缝背面最常见的焊接缺陷。由于搅拌摩擦焊采用长度略小于接头厚度的搅拌头压入焊缝结合面，利用肩台与焊缝表面的摩擦热进行加热、搅拌而形成连接，所以，总是存在一定厚度的未焊透。当装配状态良好时，搅拌头所产生的向下的金属塑性流动可以完全填充未焊透处而形成连接。但当装配状态出现偏差变化时，焊缝背面极易形成可见的未焊透。

（4）虫孔

类似于熔焊焊缝中的虫形气孔，主要是由于搅拌摩擦焊过程中，摩擦热输入不够，焊缝金属因搅拌所形成的塑性流动不充分而形成的。常见于搅拌摩擦焊缝前行边一侧的根趾部位。焊接速度过快、搅拌头转速过低、搅拌头设计不合理等都会在焊缝中形成虫形孔。在进行搅拌头的外形设计时，一定要遵循"增强搅拌、旋压作用"的原则进行设计。

（5）吻接

吻接是搅拌摩擦焊特有的焊接缺陷，其典型的特征是被连接材料间紧密接触，但并未形成有效的物理化学结合。

在搅拌摩擦焊过程中。由于摩擦热输入不够或焊接速度过快，造成前一层转移金属与后一层转移金属之间或者焊缝的转移金属与前行边之间虽然在宏观形成紧密接触，但在微观并未形成可靠连接。这种缺陷会严重降低结构的可靠性，是搅拌摩擦焊最致命的缺陷。

搅拌头外形设计不合理、焊接速度过快或者焊缝线能量输入过低，都会造成这类缺陷的产生。由于常规的检测方法很难发现此类缺陷，必须采用相控阵超声波检测技术才能有效地检测，所以危害性很大。通过优化搅拌摩擦焊工艺可以完全避免此类缺陷的产生。

（6）摩擦面缺陷

指焊缝表面因搅拌头肩台的摩擦作用而造成的表面不均匀、不连续现象。这类缺陷危害性较轻，对于表面成形要求较高的焊缝可以进行适当的人工表面修整。对于大多数铝合金，搅拌摩擦焊焊缝的表面成形良好。对于疲劳性能要求较高的焊缝，必须进行适当的表面修磨处理。

（7）根趾部缺陷

它是指进行搭接或"T"型接头的搅拌摩擦焊时，由于无法实现搭接面的等宽度焊接，接头的根部和趾部均因未焊透而存在缺口，即形成所谓的根趾缺陷。

对接接头搅拌摩擦焊时，如果背面出现未焊透现象，也属于根部缺陷。发生于搅拌头端部的未填充缺陷，也属于根部缺陷。此类根部缺陷主要是由于焊接过程中摩擦热输入不够（如搅拌头转速较低、焊接速度过大等），搅拌头周围金属没有达到较好的塑性状态，其流动性差，所以易在根趾部位形成未填充。厚板铝合金搅拌摩擦焊，由于在板厚方向存在明显的温度梯度，产生根趾部缺陷的倾向较大。

3.4.4 搅拌摩擦焊的应用

1. 船舶工业

铝合金的应用日益扩大成为造船业的新趋势，欧洲、澳大利亚、美国、日本等国的多家造船公司都在积极采用铝合金结构取代原来的钢结构。如挪威的船舶铝业公司，瑞典的Sapa公司，荷兰的 Royal Huisman 造船厂，美国的范库弗峰造船公司、联合造船厂、Point Hope 造船所，澳大利亚的 Incat Tasmania Pty 造船有限公司等。建造的铝合金船舶包括快艇、高速渡轮、双体船、游轮、高速巡逻船、穿波船、海洋观景船、运载液化天然气的铝罐船等。

1996 年，世界上第一台商业化 FSW 设备安装在挪威的 Marine Aluminum 公司，最初该公司用它来生产渔船用的冷冻中空板和快艇的一些部件，后来又用它来生产大型游轮、双体船的舷梯、侧板、地板等部件，同时也生产直升机降落台。这台 FSW 设备为全钢结构，质量 63 t，尺寸 20m×11m。到现在已焊接的焊缝，几乎没发现过任何焊接缺陷，质量非常稳定。

2. 航天工业

目前，美国航天贮箱所采用的材质为 2195-T8 铝锂合金和 2219-T87 铝铜合金，由于这些高强铝合金的熔焊焊接性较差，如何连接成为困扰工程技术人员的主要问题。采用搅拌摩擦焊可以显著提高这类铝合金焊缝的质量，减小焊接残余应力和变形，增强结构的可靠性。

波音公司在搅拌摩擦焊诞生初期就积极与英国焊接研究所合作，成功实现了 Delta 系列火箭结构件的搅拌摩擦焊制造，有效提高了接头的质量并降低了焊接生产成本。1999 年 8 月 17 日，中间舱段采用搅拌摩擦焊制造的 Delta II 火箭成功发射。2001 年 4 月 7 日，带有首次采用搅拌摩擦焊制造的低温贮箱的 Delta II 火箭成功发射"火星探索号"探测器。该型火箭使用了 3 个采用搅拌摩擦焊制造的燃料贮箱。该次发射也是搅拌摩擦焊首次应用于低温压力容器，采用搅拌摩擦焊连接的燃料贮箱工作温度为 $-195 \sim +183℃$。

波音公司的技术总结表明，采用搅拌摩擦焊技术，助推舱段焊接接头的强度提高了 30% ~50%，制造成本下降了 60%，制造周期由 23 天减少至 6 天。鉴于上述搅拌摩擦焊突出的高效、低成本制造优势，波音公司后来在阿拉巴马州的 Decatur 工厂装备了两台大型立式搅拌摩擦焊机专门用于 Delta IV 型火箭贮箱纵缝的焊接。洛·马公司已将搅拌摩擦焊成功应用于航天飞机助推器的制造。该助推器直径 27.5ft（1ft = 0.3048m），材料为 2195-T8，搅拌摩擦焊用于焊接筒体 6 条 8mm 厚的纵缝和 2 条变截面纵缝（其厚度为 8~16.5mm）。

Fokker Space 公司采用搅拌摩擦焊制造 Ariane5 助推器的发动机框架（图 3.4-2）。该框架由 12 块整体加工构件装配而成，材料为 7075-T7351 的铝合金，熔焊焊接性差，所以原产品采用铆接工艺。研究表明，搅拌摩擦焊搭接接头能完全满足性能的使用要求。尽管 FSW 搭接接头的强度略小于对接接头的强度，但已达到取代铆接的标准。在装配过程中还发现，采用搅拌摩擦焊方法为装配提供了更大的工艺裕度，使装配更加容易。

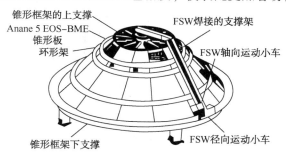

图 3.4-2　Ariane5 助推器框架结构

3. 航空工业

欧洲航空工业公司在十几年前就开展了两项有关搅拌摩擦焊的研究工作。项目之一是"飞机框架结构的搅拌摩擦焊（简称 WAFS），该项目历时 3 年，由欧州 13 个主要的飞机制造公司和研究机构合作承担。其内容涉及 FSW 的标准化、1~6mm 薄板 FSW 焊接、6~25mm 厚板 FSW 焊接、FSW 焊接过程仿真与模拟和飞机 FSW 零部件的设计与开发。

"宇航工业近期商业目标技术应用"（简称 TANGO）是其第二个 FSW 研究项目，由空客工业公司负责，历时 4 年，由 12 个国家 34 个合作伙伴参加，主要研究飞机结构的 FSW 焊接问题。这些结构包括金属材料机身、复合材料机身、中心和侧部翼箱。

在飞机制造领域，新材料、新工艺的应用也是提高飞机性能、降低制造成本的一种有效途径，所以，国际上的飞机制造公司除了参与完成许多搅拌摩擦焊的基础研究外，还针对飞机的特殊零部件展开了搅拌摩擦焊应用研究，如飞机机身的纵向环预成形件的搅拌摩擦焊连接，飞机起落架传动支承门、飞机方向翼板、飞机中心翼盒盖板、飞机机翼蒙皮结构的修理，飞机地板的搅拌摩擦焊，以及新型商业飞机的搅拌摩擦焊。

美国 Eclipse 航空公司于 1997 年投资 3 亿美元用于开发搅拌摩擦焊在飞机制造上的应

用，并力求通过 FSW 技术的应用能够造出高性价比的商务客机。

4. 轨道交通

铝合金因其密度小、可回收性好等优点，在各种列车制造中得到越来越广泛的应用。例如，列车车厢、壁板以及底板等均可采用铝合金材料制造。但是，铝合金焊接是铝合金应用的一个主要障碍，采用熔焊方法焊接铝合金容易产生气孔、裂纹等缺陷。

日本日立公司在铝合金列车制造领域取得了突破性进展，提出了 A-Train 概念，即采用搅拌摩擦焊技术拼接双面铝合金型材来制造自支撑结构的铝合金车厢。现在，以 A-Train 概念为蓝本的列车已广泛服务于日本轨道交通业。A-Train 概念列车比普通列车运行速度更快，车厢内环境更安静，并且抗冲击性更好。

日立公司对采用的搅拌摩擦焊技术有以下评价：

（1）基本无变形、无收缩，焊后金属无变色，是精确的车体制造技术；

（2）不需要填丝、不需要保护气，无飞溅、无烟尘、无紫外射线辐射、无缺陷；

（3）搅拌摩擦焊接头强度优于 MIG 焊接头，变形是 MIG 焊的 1/12；

（4）中空铝合金挤压型材减少了车体制造零件，可以实现大尺寸（整体）内壁模板安装；

（5）低成本、低维修费用、低操作要求、低能源消耗。

5. 电力工业

目前，铝合金已成为工业应用的第二大金属材料，仅次于钢铁。随着科学技术的进步，铝合金优良性能不断地被认识和利用，铝合金结构件的工业应用日益扩大。输变电设备素来有着高效、低应力、无变形优质焊接需求。例如，高压输变电站整流塔上使用的电力设备散热器为铝合金构件，通过内部循环冷却液将元器件产生的热量带走，起到对元器件散热的作用。该产品全部采用 6063 铝合金，分为 1 个本体和 3 个盖板共 4 部分，盖板与本体间采用焊接连接。产品焊后精加工至最终尺寸后，要求焊缝能承受 2 MPa 压力。若采用熔化焊接技术，不仅焊缝变形大，而且熔化焊对工件焊前制备要求很高，工件表面质量稍差就会产生焊缝缺陷，导致产品报废。而搅拌摩擦焊施工过程中各参数均靠机床保证，一旦工艺规范确定，焊缝的一致性极强。

铝质母线是高压输变电站整流塔中的重要导电器件，它的连接焊缝为对接形式，对接面一侧是 15 mm 厚的铝板（6063），另一侧为 30 层 0.5mm 厚的纯铝铝板叠加组成。整个组件要求能承受通断电流 2 000~4 000 A，使用寿命 30 年。采用熔化焊工艺焊接母线焊缝时，焊缝极易产生熔合不良、气孔和夹杂缺陷，导致母线的成品率很低。而搅拌摩擦焊技术恰好可以弥补熔化焊的上述缺陷。

3.5　线性摩擦焊

线性摩擦焊接是在旋转摩擦焊的基础上发展起来的。线性摩擦焊打破了旋转式只限于圆柱截面或管截面焊件的限制，可以焊接长方形、圆形、多边形截面的金属或塑料焊件。它是通过两工件线性往复运动使机械能部分转化为热能，并在轴向压力的作用下将高温并且产生了较大的局部塑性变形的材料连接起来。

在线性摩擦焊中，结合面的热量的产生更加有规律，从而可进行质量更高的一体化焊接。

线性摩擦焊焊接过程是：待焊的一对工件，一件夹持于往复运动机构中，称为线性往复运动工件；另一件夹持于尾座夹具中，称为移动工件。

世界上第一台线性摩擦焊机，由英国焊接研究所及其合作伙伴于 1990 年研制成功，该设备往复运动机构频率 75Hz，位移幅度为 1 3mm。线性摩擦焊接可用于非圆形截面构件的焊接，配置工装夹具可焊接不规则的工件，因而应用前景广泛。据 TWI（英国焊接研究所）的有关资料介绍，线性摩擦焊的潜在用途包括齿轮、链环、汽车保险杠、行李箱盖和地板块等塑料部件，双金属叶片以及金属与塑料的复合连接等。

线性摩擦焊接优点在于：

（1）焊接温度低，一般常低于材料的熔点，属于固相连接；

（2）可用于非圆形截面构件的焊接，配置工装夹具可焊接不规则的工件；

（3）焊接质量高、稳定、可靠，焊件尺寸精度高；

（4）耗能低，节能效果显著；

（5）节约原材料；

（6）无须添加保护气和焊料；

（7）可进行异种材料的焊接，尤其适用于高温合金和贵金属的连接；

（8）焊接过程无烟尘、飞溅、辐射等产生，安全性好，比较环保。

线性摩擦焊接最初应用于塑料焊接，20 世纪 80 年代后期，开始把线性摩擦焊接用于航空发动机钛合金整体叶盘的制造。德国学者还研究了带有单晶叶片的涡轮叶盘结构的线性摩擦焊接。英国焊接研究所已经用其焊接了 C-Mn 钢、不锈钢、铝合金、钛合金和镍合金。对焊件试样所做的摆锤冲击、拉伸、弯曲和金相试验结果令人满意，其接头的强度、塑性达到母材性能，大多数材料的弯曲角度可达 180°。钛合金线性摩擦焊接时不需要任何气体保护。对于金属间化合物、快速凝固铝合金、MMC 铝合金同样可以实现优良连接。近年来，线性摩擦焊接工艺在喷气发动机的制造和维修方面取得了令人瞩目的进展。喷气发动机制造商对这种先进的连接方法尤其感兴趣，因为其他焊接方法很难保证发动机零部件所用材料的焊接质量。

国内亦对这项先进制造技术开展了研究。如北京航空制造工程研究所和西北工业大学摩擦焊接重点实验室均研制成功了线性摩擦焊接设备，并进行了工艺方面的研究。

3.5.1 线性摩擦焊原理

线性摩擦焊接的原理如图 3.5-1 所示。在线性摩擦焊接中，往复运动工件相对于移动工件做相对运动，在轴向压力作用下，随着摩擦运动的进行，摩擦表面被清理并产生摩擦热，摩擦表面的金属逐渐达到塑性状态并产生变形。然后，停止往复运动并施加顶锻力，完成焊接。

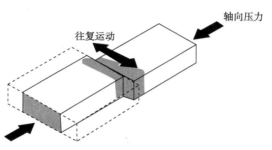

图 3.5-1　线性摩擦焊接原理图

在焊接时，往复运动工件在动力源驱动下开始高频、小振幅往复运动；移动工件在液压作用下逐步向往复运动工件靠拢，当工件接触后，在摩擦界面上的凸起部分首先发生摩擦、黏接与剪切，并产生摩擦热。随着摩擦的进行，实际接触面积增大，摩擦力迅速升高，摩擦界面温度也随之上升，摩擦界面逐渐被一层高温黏塑性金属所覆盖。此时，工件的相对运动实际上已发生在这层黏塑性金属层的内部，产热机制已由初期的干摩擦产热转变为黏塑性金属层内的塑性变形产热。在热激活作用下，这层黏塑性金属发生动态再结晶。随摩擦热量由摩擦面向工件的传导，焊接面两侧温度逐渐升高，在压力作用下，焊合区金属发生塑性流动，随工件往复运动被挤出结合面，从而形成飞边。焊接过程中缩短量逐渐增大。当热影响区的温度分布、变形达到一定程度后，两工件对中并施加顶锻压力，此时缩短量急剧增大。在顶锻过程中，焊合区金属通过相互扩散与再结晶，使两侧金属牢固连接在一起，从而完成整个焊接过程。在整个焊接过程中，摩擦界面温度低于熔点，属于固相焊连接。其焊接接头质量高，再现性好，是焊接航空发动机转子部件最为可靠和最可信赖的焊接技术之一。

根据焊接过程中的产热机制变化以及塑性金属的排出过程，可以将线性摩擦焊接分为较为明显的四个阶段，如图 3.5-2 所示。

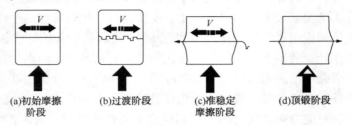

(a)初始摩擦阶段　　(b)过渡阶段　　(c)准稳定摩擦阶段　　(d)顶锻阶段

图 3.5-2　线性摩擦焊接过程

1. 初始摩擦阶段

两个工件在压力作用下接触在一起，通过摩擦产生热量，真实接触面积逐渐增大，摩擦界面平均剪切应力与界面平均温度急剧上升。在此阶段，摩擦界面没有宏观塑性变形产生，试件缩短量几乎为零。

2. 过渡阶段

随着摩擦的进行和界面温度的升高，摩擦界面区域的材料开始软化，并产生塑性变形，热影响区逐渐形成并增大。此时真实的接触面可以认为是 100% 的工件横截面，摩擦界面平均剪切应力也逐渐达到峰值又迅速降低，相应温度上升速率减小，工件开始在压力方向上发生缩短。

3. 准稳定摩擦阶段

摩擦界面间产热机制已由初期的摩擦产热转变为黏塑性金属层内的塑性变形产热，此时产热功率趋于稳定。随着热传导不断进行，摩擦界面附近产生了一个塑性区，在摩擦压力和工件往复运动的共同作用下，黏塑性金属从摩擦界面向边缘挤出。此时，摩擦界面平均剪切应力稳中有降，摩擦界面温度稳中有升并趋于恒定，工件压力方向的缩短量呈线性增大，焊接过程处于动态平衡状态。

4. 顶锻阶段

当摩擦界面区的温度和变形达到一定程度后开始刹车，使相对运动急速停止，并控制工件精确对中，同时施加顶锻压力。在此阶段，工件的缩短量继续增大，摩擦界面温度急剧降低，焊合区金属通过相互扩散和再结晶使两侧金属牢固焊接在一起，从而完成整个线性摩擦焊接过程。在顶锻保压过程中，温度持续降低，工件的缩短量不变。焊接结束后，工件缩短量略有降低。

3.5.2 线性摩擦焊接头缺陷

摩擦焊是固相连接，接头中不会出现与熔化、凝固有关的缺陷。但当材料焊接性差、焊接参数不当或表面清理不好时，在摩擦焊连接界面上也会出现一些"非理想结合"的缺陷，如灰斑、裂纹、未焊合、夹杂和金属间化合物等，这些缺陷一般具有二维、平面、弥散分布的特征。

1. "灰斑"

"灰斑"是一种焊接缺陷在断口上的表现形式，它在断口上一般表现为暗灰色平斑状，无金属光泽，为近似圆形、椭圆形或长条形，与周围金属有明显的分界，无显著塑性变形，具有明显的沿焊缝断裂的特征。微观上看，"灰斑"是从焊合区破碎或未破碎的夹杂物与基体金属的界面为空穴形成核心，在外力作用下不断扩展，最终聚合成密集细小的浅韧窝，在宏观上表现为脆性断裂。

根据扫描电镜分析和 X 射线能谱分析，"灰斑"缺陷系由以 Si、Mn 为主的低塑性物质组成。一般认为其形成机理为：由于焊接部位母材内部存在的一些夹杂物，在摩擦加热、顶锻加压时被碎化而进入焊接面，但又未被完全挤出，从而形成"灰斑"。

2. 焊接裂纹

摩擦焊接的裂纹主要出现在焊合区边缘飞边缺口部位、焊合区内部、近缝区及飞边上。飞边缺口裂纹沿焊合区向内扩展，其产生与材料的淬硬性及焊接参数有关。分析表明，当焊合区两侧塑性区较宽、顶锻力过大时，会在焊合区周边部位产生较大的拉应力，这是形成飞边缺口裂纹的主要原因。异种材料焊接时，可能在焊合区周边部位产生裂纹。脆性材料或易淬硬材料与其他异种材料焊接时，在焊后或热处理后会产生由飞边缺口部位起裂并向脆性材料一侧扩展的环状裂纹，这类裂纹的产生与焊接接头内部的残余应力分布及焊接过程中脆性材料的损伤有关。飞边裂纹是指飞边上沿径向或环向开裂的裂纹，其产生的原因主要是焊合区温度不当，飞边金属塑性低，以及焊接变形速度过快。

3. 未焊合

未焊合一般产生于焊接接头的焊合面上，其表面宏观特征呈氧化颜色。在断口上表现为摩擦变形特征及其上分布的氧化层，氧化物主要是焊接过程中高温形成的氧化铁。另外，结合表面上的氧化物、油污、杂质、凹坑等也会在焊合面上造成"未焊合"缺陷。它的产生与摩擦加热不足、顶锻力过小及原始表面状态等因素有关。

此外，摩擦焊接头中还会出现焊缝脱碳、过热和淬火组织等缺陷。

线性摩擦焊的缺陷检测与其他类型的摩擦焊缺陷检测类似，通常并无特别的要求。

3.5.3 线性摩擦焊设备

线性摩擦焊机按其振动方式可以分为机械式线性摩擦焊机和电磁式线性摩擦焊机。

机械式线性摩擦焊机是利用旋转式电机加上一套将旋转转换为往复运动的传动机构，能够焊接各种金属和非金属，但焊接振动的实现比较复杂。国外针对这种运动的实现方法已经申请了多项专利。

　　电磁式线性摩擦焊机是利用交流电磁振动直接产生往复运动，焊机的最高频率可达到240Hz，焊接时间短。但由于磁体结构限制，焊机往复牵引力小，目前只能焊接塑料制品和较软的金属制品。

　　线性摩擦焊机通常由往复运动的机械部分、固定工件的夹持器、液压机构以及控制部分等组成。不同的焊接对象，焊接的机械部分、夹持器以及控制部分也不同。

　　图 3.5-3 是西北工业大学研制的线性摩擦焊机结构图。它利用旋转式电动机加上曲柄滑块机构，将电动机的旋转运动转化为往复运动。该系统中电动机与振动台都与焊机机身固定连接。静止工件固定在夹具上，振动工件在曲轴连杆的驱动下以一定的频率和振幅相对静止工件做线性往复运动。

　　该线性摩擦焊机对振动频率的调节是通过一个交流变频调速装置来改变电动机转速实现的。调节的范围为 0～50 Hz。

　　该焊机采用双薄膜式气压传动加压机构，在 4 个大气压之内可以保证压力的稳定性。

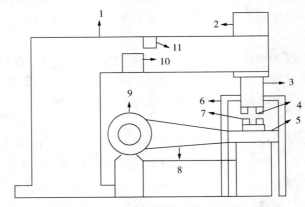

图 3.5-3　线性摩擦焊机结构图

1—机体；2—气缸；3—电极；4—上夹具；5—振动台；6—固定装置；
7—下夹具；8—传动装置；9—电动机；10—调频装置；11—调压装置

该焊机的主要参数如下：

最大摩擦压力	15t；
最大顶锻力	20t；
振动频率	0～70Hz 连续可调；
振幅	0～2.58mm 连续可调；
摩擦时间	0～200s 连续可调；
控制方式	时间、变形量及功率峰值控制
焊机回位精度	±0.01mm；
构件焊接尺寸精度	±0.03mm。

3.5.4　线性摩擦焊的应用

1. 航空发动机"整体叶盘"

　　近年来，在航空发动机结构设计中出现了一种称之为整体叶盘的结构，它把发动机转子的叶片和轮盘焊接成一体，省去了传统连接用的榫头、榫槽和锁紧装置，转子的质量轻，零件数目大大减少，使发动机结构大为简化，推重比和可靠性进一步提高。因此，整体叶盘结构在新研制的高推重比航空发动机上得到了推广应用。

钛合金整体叶盘用该技术焊接要比从实体毛坯加工更加经济，而且可将制造周期减至最短，该技术具有工艺简单、成本低、综合性能高的特点，深受生产厂家的欢迎。采用该技术还可以将被鸟撞损坏的叶片拆换下来进行修理，能适应性能和结构需要，在材料选择和性能组合上具有更大的灵活性。与整体铸造和铣削加工的涡轮相比，叶片材料可根据不同需要选用细晶、定向、单晶及纤维增强材料等，以满足高的持久蠕变性能要求。盘件可选用具有高屈服强度和良好的低周疲劳性能的粉末高温合金，以实现盘件与叶片的最佳组合。

目前，线性摩擦焊接已经成为全球制造业，尤其是航空发动机制造中一项关键的制造技术和修复技术，其应用前景非常广阔。国外已经为此申请了数项专利，其研究也投入了大量的人力、物力。

整体叶盘的加工和焊接过程是：首先将单个叶片与轮盘分别做出，轮盘的轮缘处已做好连接叶片的凸座，而叶片根部处做有较厚的裙边，且由于轮缘上已有一段叶片的凸座，所以叶片比正常的叶片要短；第二步，将叶片紧压在轮盘轮缘的凸座上，使其高频振荡，造成叶片底部表面与凸座表面间高速摩擦，产生了足以使两者之间原子相互移动所需的高温，当达到所需的高温后，停止振荡并保持将叶片紧压在轮盘轮缘上，直到两者结合成一体为止；最后再在数控铣床上用棒铣刀将多余材料铣掉。线性摩擦焊还能够能对损坏的单个叶片进行修理。能否对整体叶盘进行修理是要考虑的一个重要问题，因为发动机在使用中不可避免地会发生被外物（特别是鸟）打伤叶片的情况，线性摩擦焊可以将损坏的叶片切去后再焊上新叶片。

2. 汽轮机叶片

汽轮机叶片工作在高温状态下，其材质一般为耐热钢或高温合金，采用线性摩擦焊工艺的优点与航空发动机"整体叶盘"的制造相似，其优点是显而易见的。

如前所述，线性摩擦焊的应用及其潜在的应用包括齿轮、链环、汽车保险杠、行李箱盖、地板块塑料部件、双金属叶片以及金属与塑料的复合连接等。

3.6　其他摩擦焊

3.6.1　连续驱动摩擦焊

连续驱动摩擦焊是最典型的摩擦焊方法，其焊机结构与焊接过程的参数变化如图3.6-1和图3.6-2所示。在焊接过程中，电动机连续驱动主轴，使旋转焊件以设定的转速恒速转动。当摩擦加热结束时，需要用制动装置使主轴迅速刹车。连续驱动摩擦焊一般均有顶锻保压阶段。

相对于下面所提到的惯性摩擦焊而言，连续驱动摩擦焊具有如下优点：实心焊件所需的焊接压力较小，可用相同吨位的焊机焊接更大的焊件；使用制动器后，可减小焊接扭矩，对夹具的要求较低；焊接实心焊件时，可采用较低的转速；对于焊接前公差较大的焊件（±1.27mm），可以直接焊接成长度公差为±0.38mm的成品焊接件。

3.6.2 惯性摩擦焊

惯性摩擦焊是另外一种典型的摩擦焊工艺。惯性摩擦焊机的主要结构及焊接过程中的参数变化见图3.6-3及图3.6-4。

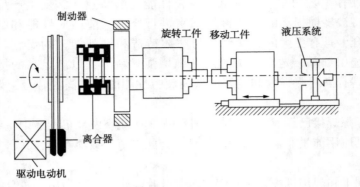

图3.6-1　连续驱动摩擦焊机结构图

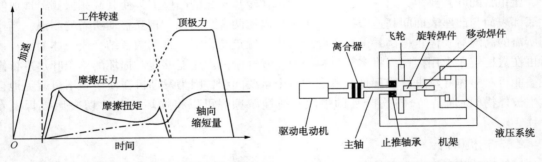

图3.6-2　连续驱动摩擦焊参数随时间变化规律　　　图3.6-3　惯性摩擦焊焊机结构图

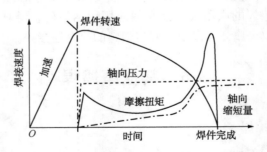

图3.6-4　惯性摩擦焊焊接过程中的参数变化

在惯性摩擦焊过程中，旋转焊件与一个飞轮相连。焊接时，飞轮首先被加速到设定的转速，以动能形式储存所需的能量，随后电动机通过离合器与主轴脱离。当移动焊件在轴向压力作用下向旋转焊件靠拢、压紧后，储存在飞轮中的动能通过摩擦逐渐转换为热能，而飞轮转速则不断降低，直至主轴停止转动。保压一段时间后，焊接结束。在焊件表面速度降低到约1 m/s时，会出现一个比连续驱动摩擦焊大得多的后峰值扭矩，该扭矩与轴向压力一起，使轴向缩短量急剧增大，从而起到顶锻作用。

惯性摩擦焊具有如下特点：控制参数少（只有压力和转速），便于实现自动控制；焊接参数稳定性好，接头质量稳定；能在短时间内释放较大能量，适于焊接大截面结构；焊接周期短，热影响区窄；不需用制动装置，焊机结构简单。

3.6.3 嵌入摩擦焊

嵌入摩擦焊是利用摩擦焊原理把相对较硬的材料嵌入到较软的材料中。如图3.6-5所示，两个焊件之间相对运动所产生的摩擦热在软材料中产生局部塑性变形，高温塑性材料流入预先加工好的硬材料的凹区中。拘束肩迫使高温塑性材料紧紧包住硬材料的连接头。当转动停止、焊件冷却后，即形成可靠接头，并且两侧焊件形成机械连接。

异种金属接头在共晶温度区对形成脆性的金属间化合物非常敏感，而该技术提供了一定程度的机械连接，有利于降低焊件服役中产生灾难性事故的可能性。延长的和不规则的结合面及热影响区也对裂纹造成了阻碍。

这种方法特别对电力行业中的过渡接头有用。采用常规旋转摩擦焊方法制造的接头的电性能和力学性能受到结合面尺寸和垂直于承载方向接头的局限。而嵌入摩擦焊接产生了一个相当大的结合面，可以有效地降低电阻，同时结合面既有垂直于承载方向的部分，又有平行于承载方向的部分。研究表明，嵌入摩擦焊接头的力学性能优异，接头中无缺陷，嵌入的、相对较硬的材料被相对较软材料的再结晶区所包围。

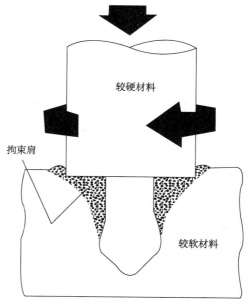

图3.6-5 嵌入摩擦焊原理图

目前，已研究了在电力、真空和低温等行业非常重要的材料匹配，如铝-铜、铝-钢和钢-铜。嵌入摩擦焊可用于制造发动机阀座、连接端头、压盖和管板过渡接头，也可用于连接热固性材料和热塑性材料。

3.6.4 第三体摩擦焊

对于难以焊接的材料组合，诸如陶瓷-陶瓷、金属-陶瓷（粉末冶金材料）、热固性塑料-热塑性塑料基复合材料等，可以利用第三体摩擦焊方法形成高强度接头。如图3.6-6所示，低熔点的第三种物质在轴向压力和扭矩用下，在被连接部件之间间隙中摩擦生热和塑性变形。相对摩擦运动通常可以产生足够的清理效果，因而不需要焊剂和可控保护气氛。冷却后，第三体材料固化，从而把两个部件锁定，形成可靠接头。根据材料之间的相容性，第三体与一侧或两侧部件之间可能是冶金结合，也可能根本不结合。两侧部件一般没有变形。另外，由于第三体材料不熔化，避免了常规钎焊伴随的许多凝固问题。这种新方法可提供很大的第三体横截面积，以承受所需的轴向和

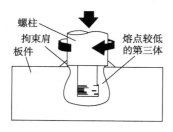

图3.6-6 第三体摩擦焊原理图

扭转载荷。接头强度可超过部件材料的抗拉强度，这与一些钎焊接头只能达到钎料强度形成明显的对比。

3.6.5 相位控制摩擦焊

在焊接有相对相位要求的焊件时，如方钢、汽车操纵杆、花键轴、拨叉、两端带法兰的轴等，需要采用有相位控制功能的摩擦焊机进行焊接。典型的相位控制摩擦焊机的结构如图3.6-7所示。

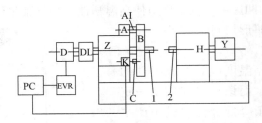

图 3.6-7 相位控制摩擦焊机结构图

D—电动机；Z—主轴箱；DL—电磁离合器；EVR—变频器；
A1—定位销；A—定相位发动机构；
B—定相位法兰盘；H—滑台；Y—油缸；1，2—焊件；
K—霍尔开关；C—磁钢；PC—计算机

相位控制摩擦焊机通常采用两种定位方式：电子机械强制定位和电子直流制动定位。电子机械强制定位是在刹车阶段，当主轴转速降到定值时，计算机发出命令，起动定相位机构，将定位销插入到定位法兰盘的定位孔内，使第二个焊件被强迫定位于某一相对位置。这种方法定位精度可高于±0.3°。电子直流制动定位是当主轴转速降到定值时，计算机发出命令，由变频器进行直流制动，实现定相位。这种定位方法无冲击，定位精度高于±1°。

上述两种定位方法的共同点是，都要控制主轴按某一特定曲线进行减速，并且主轴转速降低到某值时进行定相位。因此，为了准确地进行相位控制，必须解决的技术关键是：①在焊接过程中及制动阶段，随时检测出两焊件的相对位置及转速；②确定最佳的定相位时机（瞬时转速）；③确定快速定相位的机构。相位及转速的检测可采用霍尔开关、圆光栅类型的传感器。最佳的相位时机（瞬时转速）与主轴转动惯量、定位机构吸收能量的能力有关，定相位时的瞬时转速约为100~200r/min，具体值由实验确定。

3.6.6 径向摩擦焊

在石油与天然气输送管道连接方面，径向摩擦焊具有广阔的应用前景。径向摩擦焊的基本原理如图3.6-8(a)、(b)所示。一对开有坡口的管子紧紧地压接在一起，内部有个可膨胀的垫圈，起对中及平衡焊接时径向压力的作用。管子接头处套上一个带有斜面的圆环。焊接时，圆环在径向力及扭矩作用下高速旋转，摩擦界面上产生的摩擦热把接头区域加热到焊接温度。在径向力与高温作用下，利用圆环将两侧管子焊接在一起。在焊接过程中，管子本身并不转动，管子内部不产生飞边，焊接过程很短（焊接外径100mm、壁厚12.7mm的管子只需13s），因此，这种方法适用于长管的现场焊接，可用于陆地和海上管道铺设、水下修复和连接。目前，国外已研制出焊接$\phi89$~$\phi168$mm管子的径向摩擦焊机。

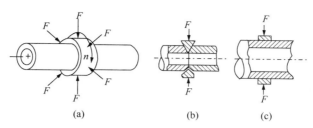

图 3.6-8 径向摩擦焊原理图

径向摩擦焊的另一种应用形式如图 3.6-8(c) 所示，它是将一个圆环或薄壁套管焊接到轴类或管类焊件上。在兵器行业中，采用该项技术实现了薄壁纯铜弹带与钢弹体的连接，更新改造了传统的弹带装配及加工工艺。

3.6.7　摩擦堆焊

在制造工业中，一个迅速崛起的行业是利用表面工程来提高构件的强度、质量、通用性和使用寿命。由于摩擦焊是固态连接，适合于异种材料的焊接，特别是摩擦焊焊缝金属具有高的晶格畸变、晶粒细化、强韧性能好，可以形成几乎不被稀释的冶金结合的堆焊层，热影响区很窄，故摩擦焊工艺适于进行表面堆焊。

摩擦堆焊的基本原理如图 3.6-9 所示。堆焊金属棒首先相对于焊件高速旋转，在一定的轴向压力下与静止的构件接触，发生摩擦，在接触面上产生黏塑性变形金属层，由于构件体积大，导热好，冷却速度快，摩擦界面两侧的导热性能不同，导致摩擦界面由金属棒与构件的交界面向堆焊金属棒一侧内部转移，从而使堆焊金属过渡到构件上形成堆焊层，当构件相对于堆焊金属棒转动或移动时，就会在构件上形成堆焊焊缝。

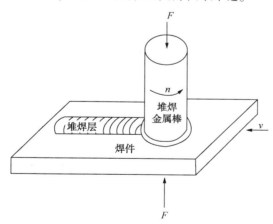

图 3.6-9　摩擦堆焊的原理图

苏联、日本、英国对摩擦堆焊有过较多的研究。日本对不锈钢与碳素钢堆焊层结合处的温度进行了深入分析，英国目前可以在小于 2mm 的基底上堆焊 0.2~2.5mm 厚的硬质合金，堆焊层面质量较高，堆焊后加工深度 ≤0.1mm。摩擦堆焊已用在回收的钢轴上堆焊 45 钢，在钢制农具上堆焊镍基、钴基和铁基硬质合金，修复轴承轴套和轧辊轴肩时，将青铜堆焊在钢上，将铸铁堆焊在钢件上增加耐磨性，在耐热钢气门上堆焊司太立(Stellite)合金增加硬度及耐磨性等。另外，人们针对修复、提高耐磨性、耐蚀性等的需要，还系统地进行了钢对钢、不锈钢对钢、不锈钢对不锈钢、镍基和钴基合金对钢或不锈钢、铝合金对铝合金等的堆焊实验。利用摩擦堆焊原理还可焊接开有 V 形、U 形坡口的对接接头，进行表面改性等。但由于受到堆焊金属的进给方法及长度尺寸的限制，目前，摩擦堆焊尚未在大面积堆焊上应用。

3.6.8 超塑性摩擦焊

超塑性摩擦焊是苏联学者在 20 世纪 80 年代末、90 年代初提出来的，其核心是通过严格控制摩擦焊过程，使得焊合区金属处于超塑性状态，利用金属在超塑性状态下的优异性能，实现低温高质量焊接的摩擦焊方法。

在采用摩擦焊方法连接异种金属或者焊前已经过最终热处理的材料或部件时，焊接过程中产生的高温会促使焊合区形成硬脆的金属间化合物相，或者破坏被连接材料的热处理状态，使接头性能降低。如高速钢与 45 钢摩擦焊时，摩擦过程中的高温会促使碳化物在摩擦界面上聚集，从而在结合面上形成"光亮圆环"缺陷。焊接及热处理过程中的高温还会在结构钢一侧形成脱碳区。

1990 年，苏联学者首先提出在高速钢的超塑性温度区间进行高速钢与 45 钢的摩擦焊。由于排除了形成"光亮圆环"的条件，明显地改善了高速钢塑性变形状态，排除了"光亮圆环"缺陷，提高了焊接接头强度。同时，由于焊接过程中高速钢不会发生硬化，省去了焊后退火热处理工序，也消除了退火过程中形成的脱碳区软化缺陷，使接头抗拉强度提高了 2 倍，冲击韧性提高了 1 倍，而焊合区高速钢的硬度与钢的退火硬度一致。考虑到在实际生产条件下，由于表面毛刺、氧化膜、不平整或其他因素的影响，使得在相同摩擦压力及旋转速度条件下，达到 800℃时的加热时间会产生波动，苏联学者还按照自然热电偶原理，根据高速钢与 45 钢的热电势和温度的变化规律，研制了一套温度控制装置，以保证在摩擦界面温度达到 800℃时能准确地停止摩擦并开始顶锻。

苏联学者对 Ni+Ni 与 Cu+Cu 摩擦焊过程中的晶粒结构、应变速率进行了研究并指出，可以通过焊接参数的优化组合，使接头区加热到超塑性温度，焊件的变形速率 ε 选到 $1.2 \times 10^{-2} \sim 2.5 \times 10^{-4} \mathrm{s}^{-1}$，可得到超细化的晶粒组织。此时，摩擦区内的金属可以转变为超塑性状态，即可以认为焊接是按超塑性规范进行的。直径为 18mm 的 HⅡ2（俄罗斯牌号）镍棒的焊接参数为转速 $n = 1450\mathrm{r}/\min$，轴向压力 $P_f = 60\mathrm{MPa}$，轴向压缩量 $L_f = 1.2\mathrm{mm}$，测定出的摩擦界面温度 $T = 820 \sim 940$ ℃，$\varepsilon = 1.2 \times 10^{-2} \sim 2.5 \times 10^{-4} \mathrm{s}^{-1}$，焊后接头区中未产生气孔、缩孔以及分层等类型的缺陷。上述焊接过程无顶锻，故文中称为无顶锻摩擦焊。该工艺使焊接参数由通常的 5 个减至 3 个，明显地简化了操作过程，减小了焊接循环时间以及焊接缩短量，从而可获得稳定的长度（误差为 ±0.1mm）。

第4章 高效电弧焊

在工业化国家中，约有 50% 的国民经济生产总值来自与焊接相关的工厂。随着工业生产的发展和市场竞争的日益激烈，各生产厂家为增强市场竞争能力，越来越强烈地要求提高生产效率，降低成本。焊接作为工业生产的重要环节，其效率的提高对总的生产率提高有着举足轻重的作用。

提高焊接生产效率主要包括两个方面：一是以提高焊接材料的熔化速度为目的的高熔敷率焊接，即要求在单位时间内熔化更多的焊接材料（主要用于厚板焊接），熔敷速率可达 30kg/h；二是以提高焊接速度为目的的高速焊接，它的基本出发点是，在提高焊接速度的同时提高焊接电流，以维持焊接线能量大体上保持不变，主要用于薄板的焊接，最常见的焊接速度为普通 CO_2 焊的 3~8 倍。

从目前研究和应用的情况看，提高焊接熔敷率和焊接速度有以下途径：

（1）利用保护气体的不同匹配，使最高焊丝熔化速度大幅提高，从而提高焊接熔敷率。如 TIME 焊、LINFAST 焊接等；

（2）采用复合多热源提高焊接效率，如多丝气保护焊、多丝埋弧焊、激光复合焊等；

（3）利用活性元素独特作用提高电弧熔深能力，减少焊缝截面尺寸，提高焊接效率，如 A-TIG 工艺、A-LASER 工艺；

（4）采用焊接电源的特殊输出波形提高焊接速度，如 Lincoln 公司的 RapidArc^{TM} 焊接速度可达 2.5m/min。

目前，高效 MAG 焊的定义为：对于直径 1.2mm 焊丝，送丝速度超过 15m/min，或熔敷率大于 8kg/h 的 MAG 焊称为高效 MAG 焊。某些高效 MAG 焊的最高熔敷率可达 20 kg/h。

4.1 高熔敷率 MAG 焊

为了提高 MAG 焊的生产效率，可采用多元保护气体、新型电子焊接设备、超常焊接参数、焊丝的改进和多电弧焊接等多种途径来实现，其中，采用多元保护气体途径方法提高熔敷率，国际上先后出现了 TIME、RAPID 、ARC、RAPID MELT 和 LINFAST 等焊接方法。

4.1.1 TIME 焊接

1. TIME 焊接工艺

TIME 焊接工艺（Transfer ionized molten energy process）是由 Canada Weld Proces 公司的 J. Church 在 1980 年研究成功的。这种新的高性能焊接工艺在 20 世纪 80 年代首先应用于日本和加拿大。1990 年 6 月在维也纳焊接商贸博览会上，TIME 焊接工艺被首次引入欧洲。同年，Fronius 公司在欧洲市场接管了这项专利技术。

TIME 焊接为 MAG 焊范畴，它与普通 MAG 不同的是：其一，保护气体为 Ar(65%)+He

（26.5%）+CO_2（8%）+O_2（0.5%）；其二，采用大干伸长。采用此保护气体成分在高送丝速度下可以实现稳定焊接，突破了传统 MAG 焊电流极限。

四元保护气体混合起到相互补充的作用，He 具有高电离能，可提高弧压和电弧能量，电弧挺度好，熔深大；Ar 电离能较低，保证电弧燃烧稳定，维弧容易；CO_2 分解成 CO 和自由氧，使电弧冷却，促使弧压增高并具有清洁作用；O_2 的存在有利于电弧的稳定，同时能够降低熔池的表面张力，改善润湿性。各种保护气体综合作用的结果，能够增加电弧电压，提高射流过渡临界电流值，以便在大电流下得到稳定的熔滴过渡方式，同时还能保证焊缝成形良好。

采用上述混合气体保护，再辅以合适的干伸长（长度可达 35~40mm），能够显著提高焊丝熔化速度。而且，TIME 焊接一般采用直径 2mm 或直径 1.6mm 的细焊丝，在 500~700A 的大电流下进行焊接，使焊丝干伸长上的电阻热增大，送丝速度突破了 MAG 焊最高速度 15 m/min 的限制，送丝速度最高达 50m/min，大大提高了熔敷效率（熔敷效率是传统 MAG 焊的 3 倍）。表 4-1、表 4-2 是传统 MAG 焊与 TIME 焊的比较。

表 4-1　传统 MAG 焊与 TIME 焊的不同点

焊接方法	保护气体	焊丝干伸长/mm	送丝速度/（m/min）
传统 MAG 焊	Ar，CO_2，O_2	10~15	2~16
TIME 焊	0.5% O_2，8% CO_2 26.5%He 65%Ar	20~35	2~50

表 4-2　传统 MAG 焊与 TIME 焊性能比较

焊接方法	焊丝直径/mm	需用最大电流/A	最高送丝速度/（m/min）	最大熔敷率/（g/min）
传统 MAG 焊	1.2	400	16	144
TIME 焊	1.2	700	50	450

TIME 焊接工艺与传统的 MAG 焊工艺相比具有明显的优点：

（1）大幅度地提高了焊丝熔敷率。传统 MAG 焊采用直径 1.2mm 的低碳钢焊丝，许用最大电流 400A，最高送丝速度为 16m/min，熔敷速度最高可达 144m/min；而 TIME 工艺采用直径 1.2mm 的低碳钢焊丝，许用电流高达 700A，最高送丝速度为 50m/min，熔敷速度最高可达 450m/min。

（2）改善熔敷金属和焊接接头的质量。由于熔滴在有良好保护性的弧柱内进行短距离、挺直的射流过渡，所以，熔敷金属不受空气侵害和其他污染。加拿大研究人员用 TLME 工艺对潜艇用钢 HY80 进行了全方位焊接试验，结果表明，在熔敷金属中磷的含量为 MAG 焊时的 60%~70%，硫的含量为 MAG 焊时的 65%~80%，焊件的低温韧性得到明显改善。例如，16 mm 厚的 HY80 平焊焊件在−29℃下进行冲击，接头的动态撕裂能可达 1300 J。

（3）焊接工艺性能好。由于熔滴能进行短距离、挺直性好的射流过渡，故可不受重力的影响进行全方位焊接。

（4）焊缝平滑美观，余高小，飞溅小。当采用逆变式 TIME 电源焊接时，其熔滴直径在 0.05 ~ 0.4mm 的范围内。由于电弧挺度好，熔滴呈稳定的轴向射流过渡，飞溅量可降至 0.3g/min，同时熔滴很小，其热量小，因而不会粘在焊件表面上，节省了焊后清理的时间。由于飞溅量大大减少，过渡到焊缝中的熔敷金属量大大增加，节省了焊丝用量，降低了焊丝成本。采用四元保护气体，降低了熔池的表面张力，使熔池成形良好，减小了焊缝余高。

随着 TIME 焊研究的深入，新成分的保护气体不断涌现，如德国 LINDE 公司推出的 LINFAST 焊接工艺，特别是二元或三元保护气体也能获得优质的焊缝。

2. TIME 焊接设备

TIME 焊工艺需配以专用高性能焊接电源，其外特性为恒压型，并具有电压反馈校正功能，以保证弧压的变动量不大于 0.2 V。此外，因 TIME 焊气体中含有 He，弧压高达 48 V，故电源的输出电压较高，最好采用逆变式电源，并按 100% 负载持续率来设计。送丝装置的电动机功率需要适当增大，一般为 250 W，该装置除应能在 0.5 ~ 50m/min 的范围内调节送丝外，还应具备输送速度偏差的反馈校正功能。TIME 焊比传统 CO_2 焊和 MAG 焊的电弧热大得多，所以，不论导电嘴还是喷嘴都需要采用水冷方式。

目前，TIME 焊接设备除奥地利公司生产的 TIME 高速 MAG 焊机外，针对 TIME 焊接设备还很少。TIME 5000 是在工业领域大幅度提高生产效率的背景下产生的数字化 TIME 焊接设备，它是以 MAG 焊为基础的一种新设备，在焊接质量明显改善的同时将熔敷效率提高了 2 ~ 3 倍。TIME 5000 可以满足各种不同的焊接要求，应用范围很广，适用于小型车间到大型船只以及潜水艇制造等领域。

3. TIME 焊接应用

TIME 焊工艺主要用于焊接低碳钢和低合金钢，还应用于细晶结构钢（抗拉强达到 890N/ mm^2 ）、高温耐热材料（13CrMo44）、低温钢、特种钢和高屈服强度钢（HY80）等材料。

目前，TIME 焊工艺主要应用领域有造船业、钢结构工程、汽车制造业（对焊接接头抗冲击性能有需求的地方）、机械工程、罐结构和军工产品（可焊接坦克装甲板和潜艇）等。

4.1.2　LINFAS 焊接

虽然 TIME 焊性能卓越，但是，相对昂贵的保护气体是否是实现高熔敷焊接的必要条件成为焊接研究的热点之一。为此，国内外焊接工作者为了降低富含 He 的 TIME 焊成本，试图采用二元或三元混合气体获得稳定的高效焊接工艺，通过研究得出了其他焊接保护气体成分可成功替代 TIME 焊保护气体的研究结论。在这方面有代表性的研究成果是德国 LINDE 司推出的 LINFAST 焊接工艺。

LINFAST 焊接工艺的基本原理是在保护气体的选择上除了具有保护功能之外，还要使得焊接电弧的形态以及熔滴过渡过程得到有效的控制，从而实现稳定的熔滴过渡，满足提高焊接效率、改善焊接质量的要求，即通过慎重添加活性气体组元 CO_2 和 O_2 使电弧类型得到控制。

LINFAST 根据不同焊接规范区间和不同应用场合选择不同的保护气体，以降低气体的成本。例如，在较低的送丝速度范围 15 ~ 20m/min 区间内，LINFAST 采用 82%Ar+ 18%CO_2 气体，CO_2 气体的加入可以提高焊接电弧的挺直度，使电弧收缩，熔深加大，同时，对焊缝金属还有清洁作用。如果为了提高焊缝的熔深，则可以加入 20% ~ 30% 的 He，但在送丝速度 20 ~ 30m/min 的范围内出现电弧不稳定现象，为避免电弧不稳定，可通过改变保护气体成分来实现稳定焊接，如 CORGON He25S、CORGON He25C 等保护气。保护气体 CORGON

He25C 是为焊缝气孔要求极高(无气孔)的情况开发的，这种气体因较高的 CO_2 含量，在送丝速度高达 27 m/min 的情况下，能获得可靠稳定喷射过渡电弧，电弧的旋转在消除侧壁未熔合缺陷的应用方面有优势。保护气体 CORGON He25S 是为送丝速度超过 20m/min(焊丝直径 1.2 mm)时，能得到绝对稳定的旋转电弧，同时能避免产生高速短路电弧开发的。另外，采用该保护气体焊接不再有飞溅，在焊缝表面只有少量焊渣。常用的高效焊接 LINFAST® 保护气体成分如表 4-3 所示。

表 4-3　常用的高效焊接 LINFAST® 保护气体成分　　　　　　　　　　%

气体类型	Ar	He	CO_2	O_2
CORGON He30	平衡	30	10	0
CORGON He25S	平衡	25	0	3.1
CORGON He5C	平衡	25	25	0
TIME Ⅱ	平衡	26.5%	25%	2%

其中，CORGON He30 保护气体用于脉冲焊和喷射过渡焊，有较好的焊接润湿性，熔深增大，小变形，少飞溅，少氧化；CORGON He25S 保护气体用于脉冲焊、喷射过渡焊和旋转过渡焊，焊缝成形性好，有较高的熔敷率；CORGON He25C 保护气体用于高速喷射过渡焊，有低的气孔形成率，较高熔深。图 4.1-1 为不同保护气体的 MAG 焊接 LINFAS® 焊缝成形情况。图 4.1-2 为 CORGON He25S 保护气体与 TIME 焊焊缝成形对比试验，图中右焊缝用 CORGON He25S 保护气体，使电弧旋转稳定后得到的焊缝截面，左焊缝用 TIME 焊工艺，由于保护气体中含有 CO_2，电弧处于旋转电弧和高速喷射过渡电弧之间的混合过渡区，因此焊缝截面稳定性差，试验的送丝速度 26m/min，焊接速度 75cm/min。

保护气体:CORGON He30　　　CORGON He30C　　　CORGON He30S
熔滴过渡:喷射/脉冲过渡　　　喷射过渡　　　　　　旋转过度
送丝速度:17m/min　　　　　22m/min　　　　　　24m/min
焊接速度:80cm/min　　　　　100cm/min　　　　　80cm/min

图 4.1-1　不同保护气体的 MAG 焊接 LINFAST® 焊缝截面

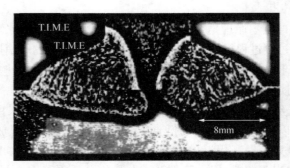

图 4.1-2　CORGON He25S 保护气体与 TIME 焊焊缝成形对比试验
(送丝速度 26m/min，焊接速度 75cm/min)

4.1.3 RAPID MELT 焊接

RAPID MELT 焊接工艺是瑞典 AGA 公司研究的一种新的焊接工艺方法，与 TIME 焊接方法相似，它也是通过改变保护气体成分来改变焊接电弧的物理特性，在保证焊接质量的前提下，使焊接熔敷效率得到很大的提高。与传统的 MIG/MAG 焊接方法相比较，RAPID MELT 焊接大大扩展了传统 MIG/MAG 焊接规范区间，使焊接生产效率得到提高。采用 MISON8（92% Ar/8 % CO_2/300 X 10^{-8}NO）气体保护进行的 RAPID MELT 焊接试验，焊丝的熔敷效率从传统的射流过渡的 8kg/h 提高到 10~20kg/h，其中添加的 NO 减少焊接过程中产生的臭氧。RAPID MELT 焊接通过合理匹配送丝速度、电弧电压、保护气体和焊丝干伸长度等焊接工艺参数，可实现不同的熔滴过渡形式，从而获得较高的熔敷效率。

4.1.4 RAPID ARC 焊接

通过改变保护气体成分，对提高焊接速度也会有一定的作用。RAPID MELT 焊接法适用于焊接厚板，而 RAPID ARC 是一种短弧焊工艺，适用于焊接薄板。RAPID ARC 采用高速送丝、大干伸长、低电压和低氧化性气体 MISON8，增强了熔池润湿性，因而焊缝与母材过渡平滑，并且焊缝平坦，可在 1~2 m/min 的焊接速度下焊缝不出现成形缺陷。这种焊接方法已成功地在欧洲市场上得到应用。

4.1.5 高效焊接熔滴过渡形式

1. 高效 MAG 焊熔滴过渡类型

在常规 MAG 焊中，随着焊接电流的提高，熔滴过渡形式从短路过渡、滴状过渡向喷射过渡转变，在保证焊缝成形良好的前提下，喷射过渡的极限电流为 400A。

在高熔敷率 MAG 焊中，通过综合利用多元保护气体的物理特性和适度加大焊丝伸出长度，在超常规 MAG 焊的高电流和高电压范围内，可极大地提高焊丝的熔化速度，同时，熔滴的过渡也发生质的变化，其基本形式为：普通喷射过渡、高速短路过渡、旋转喷射过渡和高速喷射过渡（图 4.1-3）。

图 4.1-3 MAG 焊和高效 MAG 焊熔滴过渡电弧形式

（1）普通喷射过渡

在高速焊领域，喷射过渡电弧的送丝速度在 15~20m/min 的范围内。

（2）高速短路过渡

高速短路过渡电弧是在送丝速度在 $10\sim20m/min$ 的范围内，通过降低焊接电压，同时增加干伸长得到的。由于干伸长增加到了 40mm，因此，焊丝端头出现软化，并开始旋转，与焊丝轴线的偏离量为 $1\sim2$ mm。旋转的焊丝端头在焊缝的两边产生周期性的短路过渡，如图 4.1-5 所示。

（3）高速喷射过渡

高速喷射过渡以熔滴轴向过渡为特征，送丝速度超过了 20m/ min。熔滴尺寸与焊丝直径大致相等。与熔滴在电弧中一滴一滴地过渡相比，这个工艺最好。如图 4.1-4 所示，熔滴分离过程以相同的方式重复。狭小、集中、耀眼的等离子束[见图 4.1-4（a）]是高速喷射过渡电弧 特征。当软化了的焊丝端头下降后，电弧长度减小而等离子柱变宽[见图 4.1-4（b）]。随后，在熔化的熔滴与焊丝固体端头之间形成液体小桥。液体小桥在收缩力的作用下不断被压缩，使电弧变得较宽[图 4.1-4（b~d）]。当焊丝端头与熔滴之间的小桥小到一定程度时，在小桥的周围形成了等离子体[图 4.1-4（d）]。在小桥断开的瞬间，高速喷射过渡电弧重新引燃，重新形成窄小、集中的等离子束[图 4.1~4（e）]。由于其很深但很窄的熔透形状，焊缝根部不能完全被熔化金属填满。

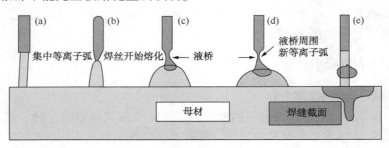

图 4.1-4 高速喷射熔滴过渡电弧形式

（4）旋转喷射过渡

如果焊丝端头被大电流软化并被电弧力偏转，就产生了旋转电弧。对直径 1.2mm 的焊丝，要求送丝速度达到 25m/min 或更高，等效的最小焊接电流大约为 450A。焊丝自由端与焊丝轴线的总偏离量达几个毫米，在焊接过程中，可用肉眼观察到。

2. 不同保护气体成分高效焊接熔滴过渡形式

TIME 焊接[Ar（65%）+He（26.5%）+CO_2（8%）+O_2（0.5%）]有 3 种熔滴过渡方式，如图 4.1-6 所示，有短路过渡（送丝速度小于 6 m/min）、喷射过渡（送丝速度在 9 ~25 m/min）和旋转射流过渡（送丝速度大于 25 m/min）等，可以焊接各种板厚的工件。

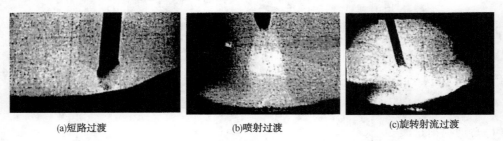

(a)短路过渡　　　　　　　(b)喷射过渡　　　　　　　(c)旋转射流过渡

图 4.1-6 三种熔滴过渡方式

德国 LINDE 公司高熔敷率 MAG 焊熔滴过渡研究结果如图 4.1-6 所示，在每两种电弧类型之间存在过渡区，该区电弧不稳定。例如，作为过渡区电弧(处于短路过渡电弧和喷射过渡电弧之间，送丝速度 6~8m/min)，因熔滴过渡不稳定将产生大量飞溅，因此，在实际应用中应避开该区；送丝速度处于 20~30m/min 的高速焊也存在类似的情况。喷射过渡电弧、旋转电弧及高速喷射电弧在该区间都有可能出现，它们之间将不断转换从而造成焊缝截面形状不一致。试验结论，在送丝速度 20~30m/min 的范围内避免电弧不稳定，只可能通过改变保护气体成分来实现。

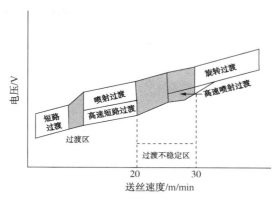

图 4.1-6　高速焊电弧稳定区和不稳定区

　　如图 4.1-7 所示，含 8%~18%CO_2 的保护气体(如 TIME 和 CORGON He30)适用于送丝速度为 15~20m/min、焊接速度较低、焊缝质量要求不高的情况。加入 20%~30 % He，可优化焊缝过渡和熔池形状，在这个范围内，无论是手工焊焊枪还是自动焊焊枪，都能在稳定的喷射过渡电弧和高速短路过渡电弧下操作。但当送丝速度达 20m/min 时，观察到电弧不稳定现象出现，在这种情况下，可通过采用新型的保护气体解决此问题。如图 4.1-8 所示，保护气体 CORGON He25C 是在焊缝气孔要求极高(无气孔)的情况开发的，这种气体具有较高的 CO2 含量，在送丝速度高达 27 m/min 的情况下，能可靠获得稳定喷射过渡电弧。如图 4.1-8 所示，保护气体 CORGON He25S 在送丝速度超过 20m/min(焊丝直径 1.2mm)时，能得到绝对稳定的旋转电弧而又能避免产生高速喷射过渡电弧，采用该保护气体焊接飞溅少。

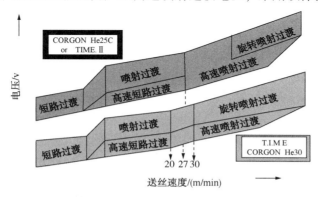

图 4.1-7　TIME，CORGON He25C，TIME Ⅱ不同保护气体电弧稳定区间

　　日本研究人员在混合气体的配比成分对熔滴过渡形式的影响规律方面做了很多工作。他们对 Ar、CO_2、He 三元混合气体的配比成分对熔滴过渡形式的影响规律进行了大量的工艺

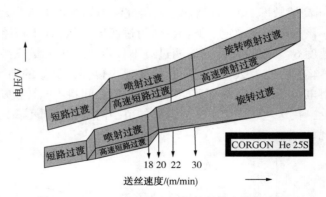

图 4.1-8　CORGON He25S 保护气体电弧稳定区

实验，得到了{Ar+CO2+He}三元混合气体在相同焊接参数、不同配比成分情况下的熔滴过渡形式图(图 4.1-9)。所用的焊接参数如下：

（1）焊接电流 500A；

（2）焊接电压 38~44V；

（3）送丝速度 30m/min；

（4）干伸长 25mm；

（5）焊丝直径 1.2mm。

从图 4.1-9 可以看出，以 Ar 和 CO_2 混合气体做保护，CO_2 配比成分在 15%~28%之间，熔滴过渡形式为射流过渡。当 CO_2 配比成分小于 15%时，熔滴过渡形式为旋转射流过渡。当 CO_2 配比成分大于 28%时，熔滴过渡形式为大滴过渡。以 Ar 和 He 混合气体做保护，He 配比成分在 60%~90%之间，熔滴过渡形式为射流过渡。当 He 配比成分小于 60%时，熔滴过渡形式为旋转射流过渡．当 He 配比成分大于 90%时，熔滴过渡形式为大滴过渡。图 4.1-10 给出了 Ar + CO_2+He 三元混合气体和 Ar + CO_2 二元混合气体保护时，得到的旋转射流过渡的示意图。两种旋转射流过渡截然不同：前者熔滴过渡过程比较稳定，有一定的旋转半径，熔滴向斜下旋转方向旋转；而后者不同，旋转方向不确定，熔滴过程很不稳定。可以说，在上述条件下，无氦保护气体所得到的旋转射流过渡形式很不稳定。

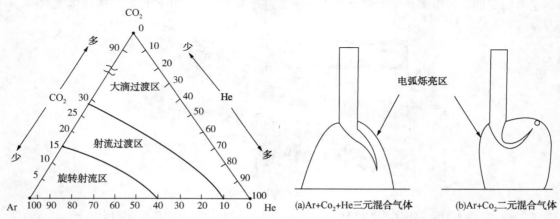

图 4.1-9　(Ar+CO_2+He)三元混合气体熔滴过渡形式图

图 4.1-10　混合气体对旋转射流过渡方式影响的高速摄影照片示意图

（500A，43V，φ1.2mm，干伸长：25mm）

4.1.6　高效 MAG 焊焊接材料

目前，提高熔敷效率的方法中，应用最为广泛的是采用药芯焊丝代替实芯焊丝进行焊接，采用金属粉芯焊丝可比实芯焊丝的熔敷效率提高 50% 以上。调整保护气体的成分可以大幅度地提高焊丝熔敷效率。

（1）实芯焊丝适用的直径为 1.0~1.2mm，过细的焊丝不能适应高速送丝；而直径大于 1.2mm 的焊丝，即使在大电流下也不易产生稳定的旋转电弧过渡。

（2）药芯焊丝可以采用直径为 1.2~1.6mm，金属粉芯和造渣型药芯焊丝均可以高焊接参数实现高效 MAG 焊。尤其是金属粉芯焊丝，由于金属粉的填充率高达 45%，所以，采用直径 1.6mm 的金属粉芯焊丝，以焊接电流 380A 和焊接电压 38V 的焊接参数焊接时，其熔化率高达 9.6kg/h。金属粉芯焊丝的熔滴过渡相似于实芯焊丝。药芯焊丝可以常规喷射过渡和高速短路过渡形式焊接，但不可能产生旋转电弧过渡。金红石药芯焊丝的最高送丝速度可达 30m/min，碱性药芯焊丝送丝速度的上限为 45m/min，熔化率最高可达 20kg/h。

4.2　多丝熔化极气体保护焊

多丝熔化极气体保护焊接也是提高焊接效率的重要途径之一。

多丝焊接的工艺多种多样，有单电源供电和多电源供电，共熔池和单熔池，三丝和双丝同时送进等。

目前，多丝熔化极气体保护焊接方法主要有 Tandem 焊接技术、双丝(多丝)气保护焊接技术、双丝气电焊和三丝气保护焊等方法。

4.2.1　Tandem 焊接

1. 焊接原理

如图 4.2-1 所示，Tandem 焊接技术将两根焊丝按一定的角度放在一个特别设计的焊枪里，两根焊丝分别经各自绝缘的导电嘴由各自的电源供电，所有的参数都可以彼此独立，这样可以灵活控制电弧。双丝焊接工艺是两个焊丝共用一个导电嘴，采用同样或相近的焊接参数，无法独自调节，电弧的稳定性差。

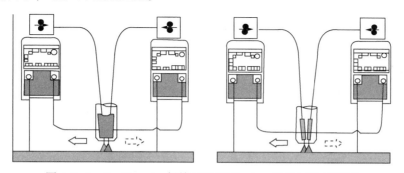

图 4.2-1　Double-wire 焊接(左)和 Tandem 焊接(右)示意图

由于采用绝缘的双导电嘴，因此，可以分别采用直流电流和脉冲电流的电弧类型，一般有以下 4 种匹配形式：①脉冲电流与脉冲电流(最常用的类型)；②脉冲电流与直流电流(可获得

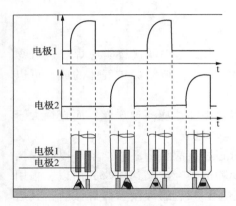

图 4.2-2 Tandem 焊接脉冲电流与脉冲
电流相位差 180°焊接波形示意图

大的焊接速度和间隙容忍度）；③直流电流与脉冲电流（可获得深熔深）；④直流电流与直流电流（较少采用）。

在最常用的脉冲电流与脉冲电流配合中可分为：①同频率、同相位；②同频率相位差 180°，即一个电极峰值时另一电极处于基值阶段，它们之间相位差为 180°，这是最常用的 Tandem 焊接电流波形匹配。③不同频率、相位任意。图 4.2-2 和图 4.2-3 分别为 Tandem 焊脉冲电流同频率、相位差 180°时电流波形示意图和熔滴过渡高速摄影图。

在 Tandem 焊接中，引导弧熔化母材电流稍大，跟随弧填充熔池电流稍小，同时，跟随弧延长了熔池脱气的时间，减少了焊缝气孔的敏感性。

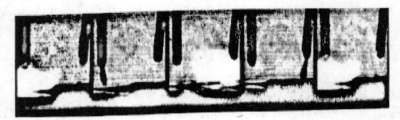

图 4.2-3 Tandem 焊脉冲电流与脉冲电流相位差 180°熔滴过渡高速摄影图

2. Tandem 焊工艺特点

Tandem 焊有如下 5 条工艺特点。

（1）提高焊接速度 2~3 倍。两根焊丝总电流大幅度的增加，而且双电弧之间互相加热，产生强烈的热效应，提高了焊丝的熔化速度和熔敷率。在平板焊接的情况下，焊接速度显著提高。焊接条件相同时，采用 CLOOS 公司焊接设备，MIG/MAG 单丝焊和双丝焊在焊接速度和熔敷率方面的比较见表 4-4。

表 4-4 MIG/MAG 单丝焊和双丝焊应用特性比较

产品名称		焊接参数	焊接方法	
			单焊丝	双焊丝
汽车油箱	材料：铝	焊丝直径：d/mm	1.2	1.0+1.0
	板厚：2mm	焊接速度：v/cm·min^{-1}	55	130
	焊缝形式：搭接，环缝	送丝速度：v/cm·min^{-1}	4.6	8.2+6.1
	焊缝厚度：2.5mm	熔敷速度：v/kg·h^{-1}	0.84	1.82

产品名称		焊接参数	焊接方法	
			单焊丝	双焊丝
空气净化器	材料：不锈钢	焊丝直径：d/mm	1.2	1.0+1.0
	板厚：1mm	焊接速度：v/cm·min^{-1}	120	290
	焊缝形式：3板接头	送丝速度：v/cm·min^{-1}	11	19+14
	焊缝厚度：2mm	熔敷速度：v/kg·h^{-1}	5.28	11.88

（2）增加熔深。两根焊丝一前一后，熔池加长，面积增大，母材暴露在熔池下的时间比单丝焊要长，母材得到充分的熔化，因此，不会出现咬边和润湿不良的现象。在厚板焊接的情况下，显著增加了熔深。

（3）提高了焊缝的韧性。由于两根焊丝是以交替脉冲的方式向母材传输热能，加上焊速的提高，因而向焊缝的热输入减小了，大大降低了母材焊接区域的热变形，增强了焊缝的韧性，特别适合于铝等热敏感性大的材料焊接。

（4）降低了焊缝的气孔敏感性。因为熔池面积增大，气体的析出时间变长，加上双电弧的作用，增加了搅拌熔池的频率，这样就使得渗透到液态金属中的气体在金属冷却之前浮出熔池，双丝焊能显著减少焊缝中的气孔现象。

（5）电弧稳定，熔滴过渡受控。

3. 焊接设备

Tandem 焊接设备最基本配置包括两台焊接电源、电源同步协调器、送丝机、Tandem 焊枪和一些辅助设备等。对于 Tandem 焊接设备，不仅需要两台焊接电源，而且电源之间需要协调控制。国外对 Tandem 焊接工艺研究已比较透彻，并取得较大的进展，一些公司已研究出双丝 MIG/MAG 焊接设备并投入市场，如德国的 CLOOS 公司、奥地利的 Fronius 公司和美国的 Lincoln 公司等。

图 4.2-4 为 Fronius 公司生产的 TimeTwin Digtal 4000 Tandem 焊接设备，是 DSP 控制的全数字焊接电源，具有现场总线，便于机器人和电源、电源与电源直间的通信。通信采用 LHSB(Local High Speed Bus)总线，传输速率达 10Mb/s。用于 Tandem 焊接的 Fronius 公司生产 Robacta Drive Twin 推拉式焊枪，具有拉丝电机，特别适用于软及细的焊丝(图 4.2-5)。

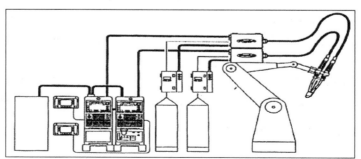

图 4.2-4　Fronius 公司生产的 TimeTwin Digtal 4000 Tandem 焊接设备

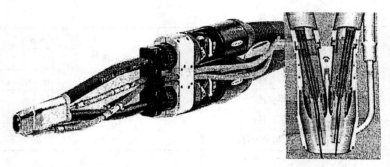

图 4.2-5　Tandem 焊 Robacta Drive Twin 推拉式焊枪

4. Tandem 焊应用

Tandem 双丝气体保护焊是一种高效、高速、适应性强、节能的焊接工艺。和普通的气体保护焊相比,其焊接效率提高 3~6 倍,焊接速度提高 2~3 倍;与 TIME 焊相比,焊接速度可提高 1 倍,碳钢焊接最高焊接速度可达 7m/min。在中厚板焊接时,熔敷率可达到 30kg/h,在焊接要求控制线能量的低合金高强度钢应用中是代替埋弧焊的最佳工艺。

该工艺可以焊接碳钢、低合金钢、不锈钢、铝等各种金属材料,是一种高速高效的先进焊接技术,广泛应用于造船、汽车、管道、压力容器、机车车辆、机械工程等行业。由于具有很高的焊接速度,所以,这种焊接一般通过机器人和自动焊实现。

虽然该技术已经得到广泛应用,但还存在着许多理论和应用问题,如两根焊丝的倾斜角度、焊丝之间的理想间距、理想的干伸长度、熔敷率与焊接参数之间的关系、熔滴过渡特性、多参数之间互相影响与优化匹配等,都尚待广大的科研工作者进一步地探索。

德国克鲁斯公司在 20 世纪 70 年代采用双丝 MIG 焊接工艺,90 年代又开发 Tandem 焊接工艺,使用克鲁斯 Tandem 工艺焊接 2~3mm 薄板时,焊接速度可达 6 m/min,焊 8 mm 以上厚板时,熔敷效率可达 24 kg/h,在焊接要求控制线能量低的低合金高强钢等材料时,是替代埋弧焊的最佳工艺。

(1) Tandem 焊接工艺能满足船厂提出的拼板焊接的生产要求;

(2) Tandem 焊接工艺对组对时预留间隙、母材种类的适应性较强;

(3) Tandem 焊接工艺热输入低,特别适于低合金钢焊接,变形小,降低焊后处理成本;

(4) Tandem 焊接工艺效率高、焊接速度快;

(5) Tandem 焊接工艺是船厂拼板中比较理想的焊接工艺。

Tandem 焊接技术在输气管道工程中也有广泛的应用,焊接速度可达 1.3m/min,熔敷速率 12kg/h,母材材料为 X100,焊丝材料为 Mn3NiMo,通过采用此技术,焊接时间为原焊接时间的 1/12,大大提高了焊接效率。

Tandem 技术在轨道车制造中也有应用,母材材料为 AlMgSi0.7,焊丝材料为 AIMg4.5Mn0.7,焊接速度可达 2.5m/min,熔敷速率 7kg/h。

4.2.2　双丝/多丝气体保护焊

以实现高速度、高熔敷率、高质量焊接工艺为目标,国内外在多丝多弧气体保护焊接工艺方面开展了广泛而深入的研究。

1. 双丝串联 MAG 高速焊接

如图 4.2-6 所示,在双电极 MAG 高效焊接方法中,每根焊丝各接一套送丝系统、焊接电源和保护气，构成独立电弧一电源系统，其焊接工艺规范参数分别可调，以满足各种焊接要求。在焊接时，沿焊接方向两把焊枪呈纵向排列，焊枪之间的间距和相对角度可调。此焊接方法由于焊枪间距的不同，可产生两个独立的熔池，也可共熔池。

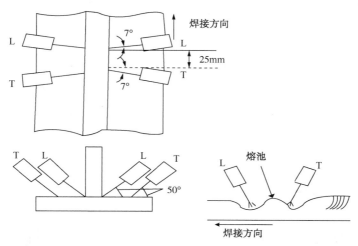

图 4.2-6　双丝串联 MAG 焊接原理

　　目前，在船厂平面分段生产线中，纵骨的焊接一般采用龙门架式多电极（10~20）、双面双丝串联、单熔池高速 MAG 自动角焊，所使用是焊丝为直径 1.6mm 耐底漆性较好的药芯焊丝（如 MAX-200S、MAX-200H），焊接速度可以达到 1.6m/min 以上。国内的沪东中华造船厂、外高桥造船有限公司、江南造船厂等企业，从日本相继引进双电极 MAG 焊机流水线。图 4.2-7 所示为双面双丝串联 MAG 焊（16 电极）在纵骨角焊中的应用。

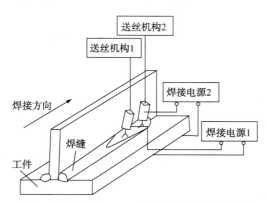

图 4.2-7　双面双丝串联高速 MAG 焊接在纵骨焊接中的应用（16 电极）

2. 双丝气保护焊+单热填丝的三丝焊接

　　双丝串联单熔池高速 MAG 自动角焊要进一步提高焊接速度，由于电弧相互之间的干扰形成不稳定的熔池，导致焊缝成形差、气孔多，为此，日本神户制钢开发了双金属极电极明弧+单填丝的三丝焊接工艺，通过中间焊丝的填入，一方面减小引导弧和跟随弧之间的电弧干扰，另一方面，中间焊丝的加入冷却了熔池，从而增加了熔池黏度，提高了熔池的稳定性；同时，配以神户制钢研制用于高速焊的 MX-200H 药芯焊丝，焊接速度可达 2m/min，具有良好的焊缝成形和抗气孔性。

图 4.2-8 为此工艺原理图，沿焊接方向第一电弧为引导弧，随后的第二电弧为跟随弧，填充丝在两弧中间。引导弧与跟随弧设计成一直线，可以做相对的偏移微调，引导弧与跟随弧各有转动轴，可分别调整转角以调整熔池行为。中间的填充丝设计成位置与两弧连线偏移，其距离可微调，以充分起控制熔池流动行为的作用，确保高速焊缝成形的光滑性。

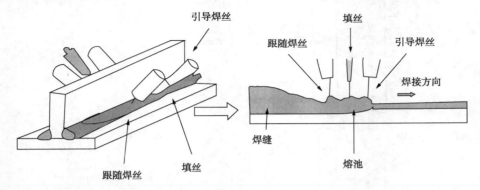

图 4.2-8 双丝气体保护焊加填丝焊接原理图

采用双明弧电极+单热填丝的焊接方法，不仅使焊接效率大大提高，而且，由于热丝对双明弧熔池的影响，使焊缝成形优于以往的双丝明弧焊接工艺。

3. 三丝熔化极气体保护焊接

日本的藤村告史开发的三丝焊接系统如图 4.2-9 所示。采用电流相位控制的脉冲焊接，焊丝电弧在三条焊丝上轮流燃烧，在保证电弧挺度的同时，通过调节各焊丝之间的位置关系及其焊接方向的夹角来改变能量分布；采用多丝焊接时，作用于熔池的电弧力比较分散，有利于高速焊接时保持熔池平稳，从而使焊接过程稳定，减少咬边及驼峰等成形缺陷。该方法采用同一个焊炬同时输送多条焊丝，各焊丝之间相互绝缘，可采用药芯焊丝和 100% CO_2 保护，也可采用实芯焊丝和 80% Ar+20% CO_2 保护，焊速可以达到 1.8m/min。

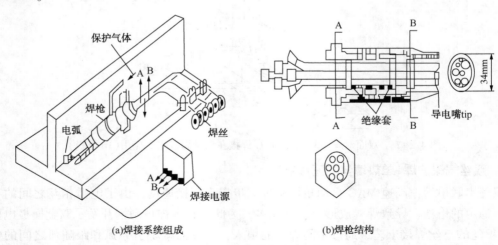

(a)焊接系统组成　　　　　　　　(b)焊枪结构

图 4.2-9 三丝焊接系统和焊枪结构图

上海交通大学为提高造船企业平面分段生产流水线纵骨双丝角焊接最大焊接速度，研究开发了高速三丝熔化极气体保护焊接新工艺，即 3 根焊丝纵向排列分别为引导焊丝、中间焊丝和跟随焊丝，每根焊丝各接一套送丝系统、焊接电源和保护气，构成独立的电弧—电源系统，其焊接工艺规范参数分别可调，以满足各种焊接要求。文献证明，引导焊丝/中间焊丝/跟随焊丝的极性组合时，焊接过程稳定、焊缝外观表面光洁、左右对称、起渣容易、飞溅小、无气孔，满足船舰的要求；同时试验证明，通过选用合适的焊接电流组合，可以使焊接速度达到 1.8m/min，此焊接新工艺可广泛用于角焊缝的高速焊接，如图 4.2-10 所示。

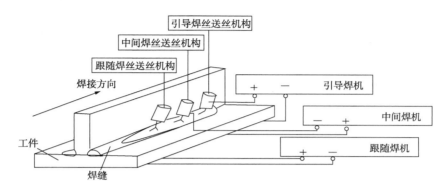

图 4.2-10　三丝熔化极气体保护高速 MAG 焊接示意图

图 4.2-11 所示为三丝熔化极气体保护高速 MAG 焊接焊枪空间位置参数图。三丝都为熔化极气体保护焊接方法，每根焊丝各接一套送丝系统、焊接电源和保护气，构成独立的电弧-电源系统，其焊接工艺参数分别可调，以满足各种焊接要求。

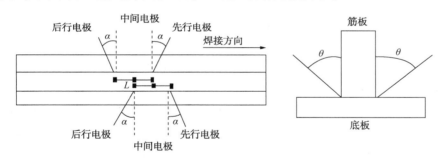

图 4.2-11　三丝熔化极气体保护焊焊枪空间位置参数图(角焊)

4.2.3　双丝气电立焊

近年来，造船工业需求量的增大，特别是大厚度(50mm 以上)材料焊接的出现，气电焊接工艺得到了越来越广泛的应用。相比传统的焊接分段合拢(例如焊条电弧焊、药芯焊接或气体保护焊)，气电立焊尤其适用于各种大厚度船板焊接及船舶高效焊接组装。采用双丝气电立焊高效焊接技术加摆动装置，可以确保超厚钢板的熔深，可采用更细的焊丝直径，并可获得更小的热输入(图 4.2-12)。

为了提高电弧稳定性，焊机采用略下降外特性电源，且在焊接时，一电极为正极性，而另一电极为负极性。这种双丝气电立焊主要应用于垂直位置的整体船舱侧板、货舱和分段合拢组装长焊缝(>1m)和大厚钢板的集装箱船分段焊接中。双丝气电立焊可提高生产率和熔覆率，减少船体变形、降低焊材的消耗、减少劳动力，并可降低焊工恶劣的工作条件。

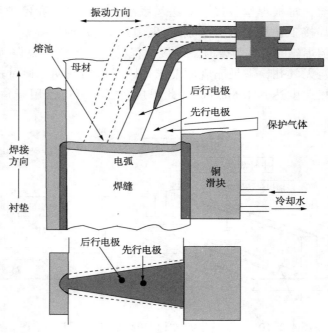

振动方向

熔池
母材
后行电极
先行电极
保护气体

焊接方向
电弧
焊缝
铜滑块
冷却水

衬垫

后行电极　先行电极

图 4.2-12　双丝气电立焊原理图

4.3　多丝埋弧焊

　　埋弧焊作为最早获得应用的机械化焊接方法，是焊接生产中应用最广泛的工艺方法之一。由于焊接熔深大，生产效率高，机械化程度高，因而特别适用中厚板长焊缝的焊接，在造船、锅炉、压力容器、化工、桥梁、起重机械、工程机械、冶金机械以及海洋结构、核电设备等制造中都是主要焊接方法。

　　进入 21 世纪，科学技术突飞猛进地发展，高效化焊接已经提到日程，埋弧焊接高效化是国内外焊接加工技术研究和应用的重要趋势。在高效化焊接中，以材料焊接方面的问题居多，随着冶金业的进步，焊材的可焊性提高，对线能量不再敏感，允许使用大电流焊接。另外，焊接过程机械化与自动化水平的提高，也要求提高焊接效率，高速焊接和高熔敷率焊接是今后焊接技术的发展方向，而双丝、多丝高速高效埋弧焊接又是热点之一。

　　目前，按多丝埋弧焊的焊丝排列和与电源的连接方式可分为多电源串联双丝(多丝)埋弧焊、单电源串联双丝埋弧焊、单电源并列双(多)丝埋弧焊、热(冷)丝填丝埋弧焊等多种埋弧焊焊接技术。这类方法的关键在于各路焊丝的位置分布。一般来说，距离近有利于提高热源的能量密度，提高热源的利用率；但是距离过近，则各路电弧产生的电磁场之间会相互干扰，使焊接过程变得不稳定；另外，还需注意焊剂的耐高温问题。

4.3.1　多电源串联双(多)丝埋弧焊

1. 双电源串联双丝埋弧焊

　　在双电源串联双丝埋弧焊中，一根焊丝由一个电源独立供电，根据两根焊丝间距的不同，方法有单熔池法和多熔池法两种，前者特别适合焊丝合金堆焊或焊接合金钢；后者能起前弧预热后弧填丝及后热作用，以达到堆焊或焊接合金不出裂纹和改善接头性能的目的。

图 4.3-1 所示为双电源串联双丝埋弧焊原理图。两根焊丝电流的组合有：或一根是直流，一根是交流；或两根都是直流；或两根都是交流。若在直流中，两根焊丝都接正极，则能得到最大的熔深，也就能获得最大的焊接速度；然而，由于电弧间的电磁干扰和电弧偏吹，这种布置存在缺点。最常采用的布置是，一根导前的焊丝(反极性)和跟踪的交流焊丝，或者是两根交流焊丝。

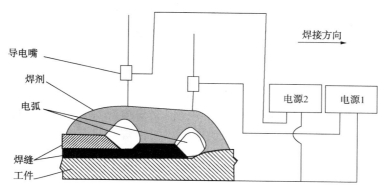

图 4.3-1　双电源串联双丝埋弧焊原理图

直流/交流系统利用前导的较大电流、较小电压配合获得较大的熔深，来提供较高的焊接速度；而较小电流、较大电压配合的交流电弧，将改善焊缝的外形和表面光洁度。虽然交流电弧对与工件相联系的电弧偏吹敏感性较低，但围绕两种或更多交流电弧的区域，能引起取决于电弧之间的相位差的电弧偏转。

双(多)丝埋弧焊焊丝的间距对熔池的形态影响很大，具体如图 4.3-2 所示。当两丝间距很小时，两焊丝在一个熔池和一个弧坑中[图 4.3-2(a)]。间距过小易出现两电弧干扰严重，从而电弧不稳定；当距离增大[图 4.3-2(b)]，两丝同样在一个熔池一个弧坑内，电弧稳定，熔池波动小，焊缝成形良好，一般双丝焊采用此方法(间距一般在 15~25 mm)；当间距进一步增大，两丝在一个熔池内，但在两个弧坑内[图 4.3-2(c)]，由于电弧的吹力使熔

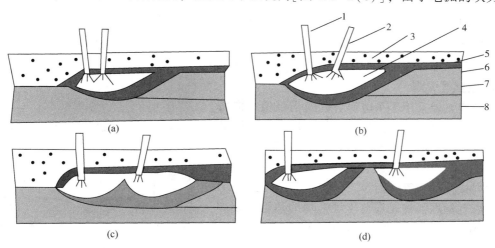

图 4.3-2　焊丝间距与熔池形态关系

1、2—焊丝；3—焊剂；4—电弧空腔；5—渣壳；6—熔池；7—焊缝；8—母材

池中间形成凸起，对电弧的稳定性不利；当间距再进一步增大到一定距离时，形成了两个独立的熔池，如图4.3-2(d)所示，此时无法体现双丝焊的交互作用，成为两个独立的焊道。这种工艺在国内外的制管厂、压力容器、钢结构行业得到了广泛的应用。

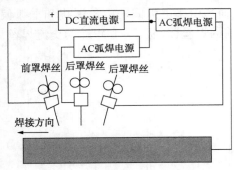

图4.3-3　三丝埋弧焊电源的选择

2. 三丝埋弧焊

三丝埋弧焊采用独立电源供电，电源采用直流反接+交流+交流（图4.3-3），可避免直流组合电弧磁偏吹现象，减少气孔、夹渣和焊偏等缺陷；同时，也克服了交流组合时对焊材碱度的限制，有利于电弧稳定焊接，提高接头的抗裂性能，并可达到深熔的目的。若3根焊丝选用直流电源组合，易产生电弧磁偏吹；选用交流电源组合，虽然可以减小电磁力的作用，但交流电弧稳定性差，对焊剂的碱度反应较为敏感，要使焊缝良好成型，就得考虑降低焊剂的碱度，若焊剂碱度过低，焊缝整体性能下降，焊缝抗裂性能变差，韧性和塑性下降，不适用于高强钢焊接。

一般前导焊丝采用大电流、低电压保证良好的熔深，跟踪焊丝采用小电流、大电压以得到光洁的焊缝表面，中间焊丝的焊接规范在上述两者之间。

焊丝纵向排列，采用单熔池，其原因为：①电弧扩展面积大，有效消除坡口边缘的未熔合，不易形成梨形焊道，减少焊缝根部热裂纹的产生概率，且在焊缝的成型外观上，可有效减少咬边和焊缝表面的鱼鳞；②借助于多电弧共同作用于同一个熔池时较强的搅拌作用，降低了气孔产生的可能性，同时，冶金反应更加充分。

但是，三丝埋弧焊由于焊接线能量相对较大，应充分考虑线能量对母材的影响，应用于对输入敏感性不大或韧性较好的母材焊接上。上海冠达尔钢结构有限公司通过合适的电源组合、合理的焊接工艺与参数和相配套的焊接材料选择，运用三丝埋弧焊技术焊接大厚度（70mm）Q345GJ C低合金钢，试验结果表明，三丝埋弧焊的焊缝质量稳定，焊接接头的强度和韧性能够满足要求，可达到厚板高效、高质量的焊接要求。

多丝埋弧自动焊是船舶行业主要的高效焊接技术之一，其主要应用于拼板平直焊缝的焊接。埋弧焊的焊接质量和焊缝外形较好，我国各大船厂在平面分段装焊流水线上引进了先进的三丝、四丝等不同型号的埋弧自动焊机和专用工装。

3. 五丝埋弧焊

五丝埋弧焊采用5个电源分别对沿焊接纵向排列的5根焊丝单独供电，焊丝在焊剂层下的一个共有熔池内燃烧。由于五丝焊电弧多、电流大、熔池长，因此，具有热输入大、熔敷效率高、冶金反应充分和焊接速度快等优点。

一般五丝埋弧焊是在三丝埋弧焊的基础上添加了两个AC电源焊丝而成，即DC-AC-AC-AC-AC混合电源配置（图4.3-4）。国内某钢管公司采用五丝埋弧焊的焊接工艺对X52（厚度22.2mm）管线钢厚板进行了焊接试验。钢板经JCO工艺成形管坯

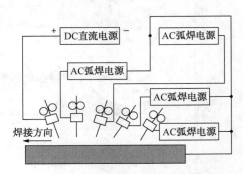

图4.3-4　五丝埋弧焊原理图

后，经预焊、内焊和外焊 3 道焊接工序焊接。预焊采用混合气体焊在外坡口内连续焊接，坡口形式如图 4.3-5 所示。内焊采用四丝埋弧焊，外焊采用五丝埋弧焊，工艺参数见表 4-5。焊剂采用 SJ 101 烧结焊剂。图 4.3-6 为焊缝横断面的照片。焊缝的机械性能见表 4-6 和表 4-7，满足标准要求。此技术在管线生产中已得到广泛应用。

表 4-5 内焊四丝，外焊五丝埋弧焊工艺参数

| 位置 | 焊丝 | | 接电流/A | 电弧电压/V | 焊接速度/(m/min) | 热输入/(kJ/cm) |
	牌号	直径/mm				
内焊 1 丝	H08C	4.8	1200	33		
内焊 2 丝	H08C	4.8	1000	36	1.75	43.4
内焊 3 丝	H10Mn₂	4.0	800	38		
内焊 4 丝	H10Mn₂	4.0	600	40		
外焊 1 丝	H08C	4.8	1200	33		
外焊 2 丝	H08C	4.8	1020	35		
外焊 3 丝	H08C	4.0	820	36	1.75	51.5
外焊 4 丝	H10Mn₂	4.0	720	38		
外焊 5 丝	H10Mn₂	4.0	650	40		

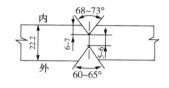

图 4.3-5 焊缝坡口形状与尺寸

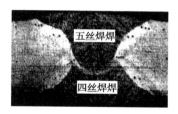

图 4.3-6 焊缝横断面照片

表 4-6 焊缝金属拉伸性能

| 试验类型 | 抗拉强度/MPa | | 屈服强度/MPa | | 断面收缩率/% |
	实测值	标准值	实测值	标准值	
焊缝横向拉伸	565.57	≥455	535.530	≥359	66.61
全焊缝拉伸	635.61				

表 4-7 焊缝金属冲击韧性(0℃)

| 缺口位置 | 冲击功/J | | | | |
	1	2	3	平均	标准要求
焊缝中心	108	126	122	119	单个试样≥27J，
熔合线	216	218	246	227	3 个试样平均值≥36J
热影响区	240	212	220	224	

4.3.2 双丝埋弧焊

双丝埋弧焊是用两根焊丝前后按一定的间距排列，前丝电弧形成的熔池尚未完全凝固时，后丝电弧就跟着加热和熔化，形成一个下窄上宽的达到要求的焊缝。双丝埋弧焊的特点如下：

（1）与单丝埋弧焊相比，提高生产效率 1 倍以上。单丝埋弧焊不开坡口的板厚为 14mm，否则易造成未焊透缺陷，而双丝埋弧焊不开坡口的板厚可达 22 mm。相同板厚、相同坡口的对接焊缝，双丝埋弧焊层数少于单丝埋弧焊的一半，清理焊渣的工作量也随之减少。双丝埋弧焊焊接厚板，可用粗焊丝、大电流，这样又进一步提高了生产率。

（2）双丝埋弧焊的焊缝抗裂性好。由于双丝之间的距离为 30~80mm，按纵列式排列，在前丝熔池尚未凝固前，后丝电弧再次对前丝熔池加热和熔化，前后两根焊丝既不形成两个完全独立的熔池，也不组成一个共同熔池，可称为"一个半熔池"。一个半熔池形成一个上宽下窄的焊缝形状，这促使焊缝柱状结晶方向变为往上（见图 4.3-7），同时偏析杂质成分上浮，有效地消除单丝埋弧焊焊缝中心由低熔点杂质偏析形成的脆弱面常会导致产生的热裂纹，从而提高了焊缝中心的抗裂性。

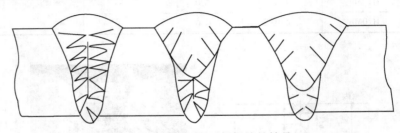

图 4.3-7　双丝埋弧焊焊缝的结晶

双丝埋弧焊一般适用于平对接或倾斜度不大的位置及平角焊位置焊接，焊接时不能直接观察电弧与坡口的相对位置，容易产生焊偏和未焊透，不能及时调整工艺参数。另外，焊接设备比较复杂，维修保养工作量比较大；仅适用于直的长焊缝和环形焊缝焊接。

双丝埋弧焊采用两个单独的焊接电流，一个电源供给一根焊丝。有 3 种供电方式：前丝采用直流电源、后丝采用交流电源或同时采用直流电源或交流电源（图 4-3-8）。

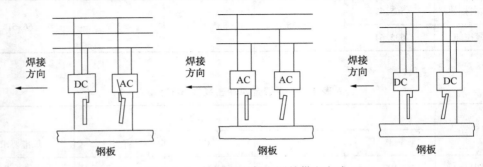

图 4.3-8　双丝埋弧焊电源的供电方式

国产 MZ-2×1600 型双丝埋弧自动焊机是采用前丝直流，后丝交流。目前，我国船厂采用的双丝焊方法主要是串联式的，即二根焊丝一前一后沿焊缝纵向排列，因而，所使用的双丝埋弧焊机的机头是专用的。

双丝埋弧焊使用的焊丝和单丝埋弧焊的焊丝基本相同，只是焊丝直径可以扩大到6.4mm。双丝埋弧焊的焊剂和单丝埋弧焊的不同。单丝埋弧焊的焊接电流一般在1000A以下，用熔炼焊剂（HJ431）是完全可以的；但在双丝埋弧焊中，前丝的焊接电流常常超过1000A，最大可达1400A以上，这时如仍采用熔炼焊剂，熔池上部熔融的熔渣呈现剧烈的翻腾状态，熔渣不能完全覆盖住弧光，在焊缝中经常发现夹渣缺陷，甚至出现裂纹缺陷。采用烧结焊剂完全可以避免上述现象。碳钢和低合金钢双丝埋弧焊常用的焊丝牌号为H08MnA和10Mn2，可配用SJ101、SJ102和SJ301焊剂。双丝埋弧焊用的焊丝和焊剂的性能如表4-8所示。由于烧结焊剂容易吸潮，因此，对于用塑料、玻璃布、牛皮纸袋装的焊剂，焊前必须焙烘2h，温度为300~350℃。而对铁皮箱密封的焊剂，则开箱后应立即使用。焊剂在大气中存放时间不得超过10h，否则应焙烘后才可使用。

表4-8 双丝埋弧焊用焊丝和焊剂的性能

牌号	SJ101	SJ102	SJ301	SJ402	SJ501	SJ501M	SJ601
成分类别	氟碱型	氟碱型	硅碱型	锰硅型	铝钛型	铝钛型	
碱度	1.8	3.5	1.0	0.7	0.5~0.8	0.5	1.8
熔敷金属力学性能 — 配用焊丝牌号	H08MnA	H08MnA	H08MnA	H08A	H08A	H08A	HOCr21Ni10
	H10Mn2	H10Mn2	H08MnA		H08MnA		
屈服强度/MPa	≥360	≥400	360	≥400	≥300	≥400	≥290
	≥400	≥450	≥400		≥400		
抗拉强度/MPa	450~550	490~560	460~560	480~650	≥415~550	500~600	550~700
	500~600	540~660	530~630		500~600		
延伸率/%	≥24	≥24	≥24	≥22	≥24	≥24	34
	≥24	≥24	≥24		≥22		

双丝埋弧焊的操作要点：

（1）焊前焊丝的定位

焊前按工艺要求测量和调整焊丝的间距和倾角，同时，调整好焊丝伸出长度，对接焊时，应将焊丝对准坡口中心。双丝埋弧焊的前丝采用直流反接，并垂直于钢板，可以获得较好的熔深。后丝采用交流电，并向后倾斜20°，可以改善焊缝的表面成形。对接焊时，两丝间距30mm，如图4.3-9所示。适当改变焊丝间距和焊丝倾角，可以改变熔深和焊缝的外形。

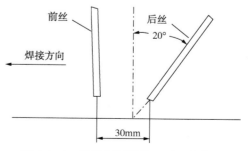

图4.3-9 双丝埋弧焊前、后丝的位置

（2）引弧

双丝埋弧焊不是两根焊丝同时引弧的，而是前丝先引弧，待电弧稳定燃烧并向前行进30~50mm后，后丝在前丝形成的尚未凝固的熔池表面引弧。

（3）焊接

在焊接过程中，焊工要关注前后焊丝的焊接电流和电弧电压，特别是前后不要搞错。前后丝的焊接速度是相等的。

（4）熄弧

双丝埋弧焊应重视熄弧，不正确的熄弧操作会引起夹渣、边缘未熔合等缺陷。双丝埋弧焊既不是同时引弧，也不是同时熄弧。前丝电弧到达熄弧板再焊过约80mm处熄弧，让后丝跟上达到该处也熄弧。

（5）对接焊缝双丝埋弧焊工艺参数

对接焊缝双丝埋弧焊工艺参数如表4-9所示。从表中可以看出，前丝的焊接电流较大，这是为了获得较深的熔深；后丝的电弧电压较高，这是为了获得较宽的焊缝宽度，使焊缝成形良好；焊反面焊缝的焊接电流和电弧电压略大于正面焊缝，这是为了确保焊透。

表4-9 对接焊缝双丝双面埋弧焊工艺参数（焊丝直径5mm）

坡口形式	板厚/ mm	焊丝 前丝L 后丝T	正面焊缝			反面焊接			坡口反面处理
			焊接电流/ A	焊接电压/ V	焊接速度/ （m/h）	焊接电流/ A	焊接电压/ V	焊接速度/ （m/h）	
	18	L	1100	36	40	1150	38	40	
		T	760	40		800	42		
	20	L	1200	36	38	1200	38	38	
		T	760	40		800	42		
	22	L	1250	40	37	1250	40	37	
		T	780	44		800	44		
	23	L	1250	40	37	1280	40	37	反面刨槽深 3~5mm
		T	780	44		800	44		
	24	L	1300	38	35	1300	40	34	
		T	800	44		800	45		
	26	L	1300	38	35	1300	40	34	反面刨槽深 5~6mm
		T	800	44		800	45		
	28	L	1300	38	35	1320	40	32	反面刨槽深 6~8mm
		T	800	44		800	45		
	29	L	1300	38	34	1350	40	32	反面刨槽深 8~10mm
		T	800	44		800	45		
	30	L	1300	38	34	1350	40	32	
		T	800	44		800	45		
	31	L	1300	38	34	1350	40	32	反面刨槽深 10~12mm
		T	800	44		800	45		
	32	L	1300	38	34	1350	40	32	
		T	800	44		800	45		

坡口形式	板厚/mm	焊丝 前丝L 后丝T	正面焊缝			反面焊接			坡口反面处理
			焊接电流/A	焊接电压/V	焊接速度/(m/h)	焊接电流/A	焊接电压/V	焊接速度/(m/h)	
60° 8 0~0.5	34	L	1300	40	32	1350	40	32	反面刨槽深6~8mm
		T	800	45		800	45		
	36	L	1300	40	32	1350	40	32	反面刨槽深10~12mm
		T	800	45		800	45		
60° 8 0~1	38	L	1320	40	32	1350	40	32	
		T	800	45		800	45		
60° 10 0~1	40	L	1320	40	32	1350	40	32	
		T	800	45		800	45		

图 4.3-10 所示为单电源串联双丝埋弧焊原理图，两丝通过导电嘴分接电源正负两极，母材不通电，电弧在两焊丝之间产生，即两焊丝是串联的。两焊丝既可横向排置也可纵向排置，两丝之间夹角最好为 45°。

焊接电流和两焊丝与工件之间的距离是控制焊缝成形和熔敷金属质量最重要的因素，焊接电流越大，则熔深越大；增大两丝与工件之间的距离，可获得最小的熔深和热输入。另外，电弧周围的磁场和电弧电压也影响焊缝成形，因为两焊丝中的电流方向是相反的，电弧自身磁场产生的力使电弧铺展；焊接电压在 20~25 V 时，电弧稳定性和焊缝成形均较好。根据实际应用，既可用直流电源也可用交流电源。

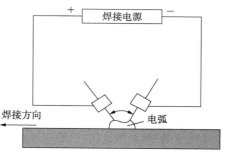

图 4.3-10　单电源串联双丝埋弧焊原理图

这种焊接工艺熔敷速度是普通单丝埋弧焊的 2 倍，对母材热输入少，熔深浅，熔敷金属的稀释率低于 10%，最小可达 1.5%（普通单丝埋弧焊最小稀释率为 20%），因此，特别适合于在需要耐磨耐蚀的表面堆焊不锈钢、硬质合金或有色金属等材料。这种方法在实际生产中应用不广，在国内还未见这方面的研究报道。

4.3.3　单电源并列双（多）丝埋弧焊

如图 4.3-11 所示，该方法实际是用两根较细的焊丝代替一根较粗的焊丝。两根焊丝共用一个导电嘴，以同一速度且同时通过导电嘴向外送出，在焊剂覆盖的坡口中熔化。这些焊丝的直径可以相同也可以不相同；焊丝的化学成分可以相同也可以不相同。焊丝的排列以及焊丝之间的距离影响焊缝的成形和焊接质量，焊丝之间的距离及排列方式取决于焊丝的直径和焊接参数。由于两丝靠得比较近，两焊丝形成的电弧共熔池，并且两电弧互相影响。图 4.3-11 是 单电源串联双丝埋弧焊原理图。并列双丝埋弧焊优于单丝埋弧焊的原因是交直流电源均可使用，但直流反接能得到最好的结果；两焊丝平行且垂直于母材，相对焊接方向，焊丝既可纵向排置也可横向排置或成任意角度。

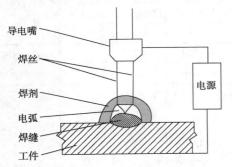

图 4.3-11　单电源串联双丝埋弧焊原理图

单电源并列双（多）丝埋弧焊的优点：

（1）能获得高质量的焊缝，这是因为两电弧对母材的加热区变宽，焊缝金属的过热倾向减弱。

（2）平均焊接速度比单丝焊提高150%，焊接速度的提高意味着热输入量的减少，这对有些要求限制热输入量以控制焊缝性能和焊接变形的场合有应用价值。

（3）焊接设备简单，这种焊接方法在很多方面可以和串列双丝埋弧焊的焊速和熔敷率相似，而设备的投资费用仅为串列双丝埋弧焊设备的一半，这种工艺很容易推广到多丝埋弧焊。

（4）导电嘴一般为双丝共用和三丝共用，也可以用多丝，可用较小的焊丝直径。焊丝可以沿着焊接方向排成直线或成矩形，或与焊接方向成某个角度，也可以采用其他方式。图4.3-12给出了常用的焊丝排列形式。

（5）与相同焊接条件下的单丝埋弧焊相比，熔敷率有明显提高。熔敷率的大小与所使用的焊丝数目成正比。图4.3-13给出了不同焊丝数目和极性的情况下，焊接电流与熔敷率之间的关系。

4.3.4　热丝填丝埋弧焊

早在20世纪60年代末到70年代初，美国、英国等国家就已相继开始研究热丝填充的方法，最早是为了提高TIG焊效率，随着在TIG焊上的成功应用后又发展到埋弧焊中。

热丝填丝埋弧焊具有如下优点：

（1）热丝被加热到近于熔点温度熔入埋弧焊熔池，因而可大幅度提高埋弧焊效率，一般可提高熔敷速度50%以上；

（2）热丝先靠电阻加热，加热范围小，能耗少，相对能耗率与提高熔敷速度之比小于0.3：1；

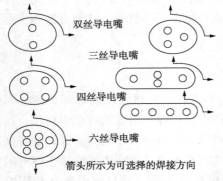

图 4.3-12　共用导电嘴中焊丝的排列方式

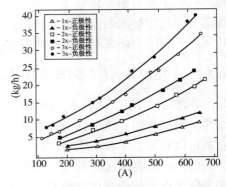

图 4.3-13　焊丝数目和极性对熔敷率的影响

（3）热丝的填充相对降低了熔池的温度，故焊缝热影响区小，接头力学性能优良；

（4）因为不存在其他双丝焊所存在的两电弧相互干扰问题，又具有熔敷率高、焊接质量好等优点，热丝填丝埋弧焊在国内外研究和应用都较多。

热丝填丝埋弧焊可以只用一个电源，也可以用两个电源。图 4.3-14 所示为双电源热丝填丝埋弧焊原理图，这是一种可以提高焊接时填充金属熔化量、进而提高焊接效率和劳动生产率的好方法，特别适宜于焊接厚度在 20mm 以上开坡口的工件。

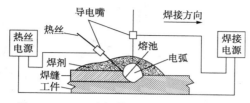

图 4.3-14　双电源热丝填丝埋弧焊原理图

单电源热丝填丝埋弧焊方法是，利用电源的一个分流回路对辅助焊丝导电部分预热而提高其熔化速度，因而可在不增加电源设备和功率的情况下，大大提高热利用效率和生产率（图 4.3-15）。对比手工焊接及单丝埋弧焊接，单电源热丝填丝埋弧焊比单丝埋弧焊可提高效率 1.52 倍，比手工焊接可提高熔敷率 2.36 倍。它的耗电量最少，焊接材料的损失率最小，而焊接成本主要取决于焊接工时、材料消耗和耗电量，因此，可大大降低焊接成本。同时，由于温度场热循环的改变，会使焊接质量有很大的提高。

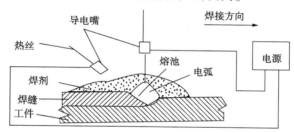

图 4.3-15　单电源热丝填丝埋弧焊原理图

4.3.5　金属粉末多丝埋弧焊

在焊接过程中，通过填加金属粉末或大颗粒金属，以求获得较高熔敷率的做法，早在 50 多年以前就开始应用于单电极埋弧焊了，当时是将金属粉末或金属颗粒（将焊丝切成精细颗粒）作为附加填充物熔入焊缝。由于金属颗粒度较大。只能靠电弧加热才能熔化，所以，提高熔敷率的效果并不明显。近几年，当引入精细金属粉末之后，出现了具有众多优点的填加金属粉末的埋弧焊和气体保护焊工艺，瑞典的 Hoganas 公司在此领域获得了极大成功。

根据加入金属粉末的不同方式开发出不同的埋弧焊工艺，这种工艺也可以实现填加铁粉的埋弧焊（见图 4.3-16）。促使这项工艺成功应用的决定性因素是金属粉末的晶粒大小。Hoganas 公司成功地制造出十分精细的金属粉末，它能够被电弧力推开，因此，这种粉末不仅可以被电弧热熔化，依靠电弧辐射的热量也可以熔化，尽管在输送粉末时有部分质量损失，但是，由于利用了电弧辐射的能量，电弧能量的利用效率大幅度增加，粉末浪费量减少了。使用上述金属粉末不但增加了熔敷率，而且改善了焊接接头的力学性能。但是，由于金属粉末过细，在气流的作用下即可受力飘走，所以，这种方法很少应用于熔化极气体保护焊。而且，此类方法虽然能提高熔敷率，但金属粉末和导电嘴的加工制作工艺过于复杂，成本昂贵，不具有普遍实用性，限制了工艺的应用范围，不能成为一种普遍应用的高熔敷率焊接工艺。

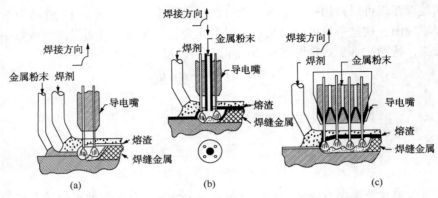

图 4.3-16　带附加金属粉末的多丝埋弧焊原理图

第5章 窄间隙埋弧焊

窄间隙焊是在比常规焊接坡口宽度窄得的多的间隙内完成多层多道焊缝的一种工艺方法。

由于厚壁焊接结构的产量骤增，20世纪80年代初期，将窄间隙焊接技术推广应用于埋弧焊。世界上一些工业发达国家，如苏联、美国、意大利、日本、法国和原西德等，相继采用窄间隙埋弧焊成功焊接了石化高压容器、电站锅炉厚壁锅筒、核反应堆容器和蒸汽发生器、水轮机轴和压水管道以及大型钢结构和桥梁等，取得了预期的效果。

从1985年开始，我国相继从瑞典ESAB公司和意大利Ansaldo公司引进窄间隙埋弧焊技术和成套焊接装备。

窄间隙埋弧焊作为一种先进的焊接技术之所以能很快的成功用于厚壁部件的焊接生产，得益于突破了以下三项关键技术：第一，研制出了在窄缝内脱渣性能良好的埋弧焊焊剂；第二，拟定了确保焊缝形成良好，易于焊渣脱落的焊接工艺参数；第三，开发出了能满足窄间隙埋弧焊工艺要求的全自动焊接装备，以保证焊丝精确对中，使每层焊道与接缝侧壁融合良好。

5.1 窄间隙埋弧焊的特点

窄间隙埋弧焊是厚壁接头焊接中的一次重大技术革命，与常规宽坡口埋弧焊相比，具有以下突出的优点：

（1）窄间隙的坡口截面积比常规宽坡口截面积减少30%～60%，这使填充焊丝和焊剂的消耗量相应降低30%以上，能量消耗亦随之减少。当接头壁厚大于50mm时，焊接效率可提高0.5～1.5倍。图5.1-1所示的曲线说明，接头壁厚愈大，效率提高的倍数愈多。因此，窄间隙埋弧焊是一种高效低成本的焊接工艺方法。

（2）窄间隙接头的残余应力按填充金属量的减少成比例下降，同时还降低了厚壁焊缝中氢积累的含量，从而大大提高了焊缝金属抗氢致裂纹的能力。对于某些类型的低合金厚壁接头，可取消焊后的低温后热、消氢处理，进一步降低了能源消耗。因此，窄间隙埋弧焊特别适合用于具有冷裂倾向的低合金厚壁接头。

（3）为了使焊道成形良好，脱渣容易，窄间隙埋弧焊总是选择较低的热输入量，使焊道的厚度明显减薄，次层焊道对前层焊道进行重复加热，产生正火和回火效应，使焊缝金属和热影响区组织细化（见图5.1-2），显著提高了焊接接头的韧性和抗脆断能力。

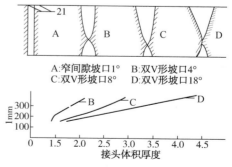

A:窄间隙坡口1° B:双V形坡口4°
C:双V形坡口8° D:双V形坡口18°

图5.1-1 厚壁窄间隙坡口的体积
与常规宽坡口体积之比

（4）窄间隙坡口由于侧壁几乎是平行的，这使焊接过程中母材对焊缝金属的稀释率大为减少，提高了各道焊缝化学成分的均一性和纯净度。因此，窄间隙埋弧焊又是一种优质的焊接工艺方法。

窄间隙埋弧焊由于具有上述一系列的优点，目前已成为国内外最主要的厚壁接头焊接方法。

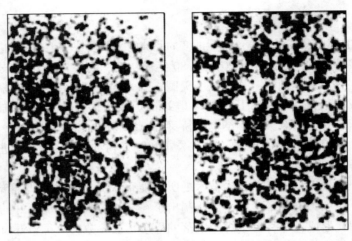

图 5.1-2　窄间隙埋弧焊焊缝金属的细晶组织

厚壁接头的窄间隙埋弧焊可以采用图 5.1-3 所示的三种基本坡口形式。带固定衬垫或装有陶瓷衬垫的坡口形式主要用于钢结构件和压力容器筒体纵缝。筒体环缝多半采用背面 V 形坡口的单 U 形坡口。V 形坡口通常采用焊条电弧或药芯焊丝电弧焊封底。

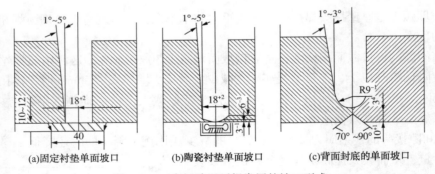

图 5.1-3　窄间隙埋弧焊常用的坡口型式

窄间隙坡口的关键尺寸是坡口宽度，其选择准则是所要求的焊接效率和焊接件的厚度。按多年积累的经验，窄间隙埋弧焊可以采取图 5.1-4 所示的三种工艺方案，即每层单道焊、每层双道焊和每层三道焊。每层单道焊的工艺方案通常适用于 50~100mm 的接头厚度；而每层双道焊适用的接头厚度在 100~300mm；接头厚度在 300mm 以上，因焊工操作上的原因，最好选用每层三道焊的焊接工艺方案。由图 5.1-4 可见，每层单道焊适用的坡口宽度为 12~20mm，每层双道焊的坡口宽度为 20~26mm，每层三道焊的坡口宽度为 32~38mm。为补偿焊缝收缩引起的角度变形，坡口侧面应加工成一定的斜度，其倾斜角大小一般取 1°~5°，视接头的刚度而定。如厚壁筒体环缝，其刚度较大，焊缝收缩变形较小，可选 1°~1.5° 坡口倾角。而筒体纵缝焊接时，接头的刚度小，收缩变形较大，应选择 3°以上的坡口倾角。

这里应强调指出，图 5.1-4 所示的坡口宽度是指对该种工艺方案适用的范围。对于焊件的每一条焊缝而言，坡口宽度在接缝全长的偏差不应超过 2mm。因此，窄间隙接缝的坡口应经机械加工，并严格控制接缝的装配质量。

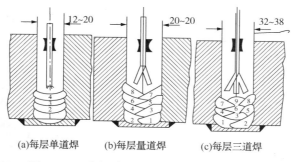

(a)每层单道焊　　(b)每层量道焊　　(c)每层三道焊

图 5.1-4　窄间隙埋弧焊的三种基本工艺方案

按每层单道焊工艺方案进行窄间隙埋弧焊时，可以达到最高的焊接效率，节省最多的填充金属和能量消耗，但其工艺适应性较差，焊丝必须始终严格对准坡口中心，焊接工艺参数应精确控制在预先设定的范围内。选用脱渣性能优异，且抗裂性高的焊剂。为保证焊缝层间和焊缝与坡口侧壁的良好熔合，每层焊道必须保持略为下凹的成形。因此，对焊接材料、焊接设备、焊接工艺及技术都提出了十分严格的要求。

最近研制出一种特殊结构的窄间隙埋弧焊焊枪，其侧视图见图 5.1-5，装有接缝宽度传感器，可在焊接过程中随机检测接缝的实际宽度，并按实测的宽度偏差调整各焊接工艺参数，使焊道的成形始终保持在要求的形状。

当接头壁厚超过 100mm 时，通常采取每层双道焊的工艺，即沿坡口两侧壁各焊一道焊缝来完成整个接头的焊接。这种工艺方案的优点在于易于保证焊缝与侧壁的良好熔合，焊道的外形犹如"角焊缝"。焊接过程中熔渣会自动脱落，缺陷形成几率大大减小。同时，适用的焊接工艺参数范围较宽，便于控制焊接热输入，更适宜于焊接各类合金钢。

为使焊道在侧壁上的熔透深度均匀可调，研制成功了可将焊丝伸出长度左右偏转的焊枪，偏转角度可在 0°～10° 范围内调节，如图 5.1-6 所示。

筒体环缝焊接时，因焊接过程是连续进行的，焊道焊完一圈后应从坡口的一侧转到另一侧，这种焊道位置变换如操作不当，必然会引起夹渣和未熔合等缺陷的形成。现代窄间隙埋弧焊装备都采取自动变道控制技术，使焊道以一定的斜度平滑过渡，确保该部位的焊接质量。

图 5.1-5　新型窄间隙
埋弧焊焊枪侧视图

在焊接厚度大于 300mm 的深坡口接缝时，为便于操作，改善可见度，应适当加宽接缝的间隙，并采取每层三道焊的工艺方案。在这种情况下，虽然所要求的坡口宽度比每层单道焊的窄坡口约宽一倍，但与常规的宽坡口埋弧焊相比仍可节省大量的焊材，并明显缩短焊接生产周期。

筒体环缝焊接时，每层三道焊工艺同样存在焊道位置变换的问题。通过系统控制器和计算机软件，目前已得到妥善解决。图 5.1-7 示出每层三道焊时焊枪在接缝中的位置。根据实测的焊缝宽度，确定焊道的数目及排列次序，并自动变道和调整焊道的宽度。

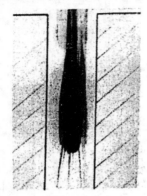

图 5.1-6　焊丝伸出长度相对于侧壁的偏转

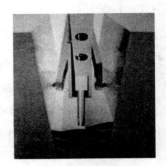

图 5.1-4　每层三道焊时
焊枪在接缝中的位置

以每层三道焊工艺焊接时，由于焊缝宽度较大，可以采用直径较粗的焊丝和较大的焊接电流，从而获得较高的熔敷率，达到与每层双道焊相近的焊接效率。例如，德国某公司曾采用 $\phi 5mm$ 焊丝，700A 焊接电流，以每层三道焊工艺焊接了厚 650mm 核反应堆容器顶盖环缝，大大缩短了工期。

5.2　窄间隙埋弧焊的工艺参数

在窄间隙埋弧焊中，应以下列原则选择焊接工艺参数：

(1) 应保证每一焊道与坡口侧壁熔合良好，不致产生窄间隙焊缝中最麻烦的缺陷——未熔合。

(2) 焊缝成形应均整，表面光滑，既不能产生焊缝中心的热裂纹，又应脱渣容易。

(3) 焊缝金属及热影响区的性能应完全符合相关标准或产品技术条件的要求。

(4) 在保证焊缝质量的基础上，适当提高焊接热输入和熔敷率。

窄间隙埋弧焊主要焊接工艺参数有：坡口宽度和倾角、焊丝直径、焊丝至坡口侧壁间距（简称丝-壁间距）、焊接电流、电弧电压和焊接速度。

5.2.1　坡口宽度和倾角

在给定的焊接　接电流、电弧电压和焊接速度的条件下，坡口宽度与焊缝成形的关系如图 5.2-1 所示。

确定坡口宽度时，可利用下列经验公式：$B=4.5d\sim6.5d$（B=坡口宽度，d=焊丝直径）。

坡口宽度与焊丝直径的关系曲线示于图 5.2-2。此经验公式只适用于每层单道或双道焊工艺。坡口倾角可在 $1°\sim3°$ 之间选用。坡口倾角与焊剂脱渣性的关系示于图 5.2-3。

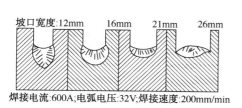

坡口宽度:12mm 16mm 21mm 26mm

焊接电流:600A;电弧电压:32V;焊接速度:200mm/min

图 5.2-1 坡口宽度对焊缝形成的影响

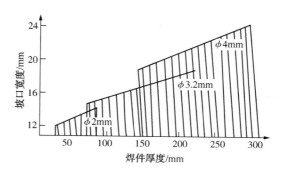

图 5.2-2 坡口宽度与焊丝直径的关系

根据多年积累的生产经验，对于每层双道焊接工艺，最合适的坡口宽度为（20±2）mm，超过这一范围，就容易形成各种缺陷。

5.2.2 焊丝直径

在窄间隙埋弧焊中，焊丝直径与熔敷率及焊接电流之间的关系示于图 5.2-4。从图中可见，直径较大的焊丝可承载较大的焊接电流，并产生较高的熔敷率。但从焊缝成形和脱渣性考虑，应选择直径较小的焊丝。直径小于 2.0mm 的焊丝因刚度太小，送进时易于摆动，难以准确保持与侧壁的间距。当焊丝直径大于 3.0mm 时，焊丝的刚度较大，焊接电流在 600A 以下时，其熔敷率与 $\phi4.0mm$ 和 $\phi5.0mm$ 的焊丝基本相同。因此，在窄间隙埋弧焊中，推荐采用直径 3~4mm 的焊丝。每层单道焊时，焊丝直径与坡口宽度的关系见表 5-1。

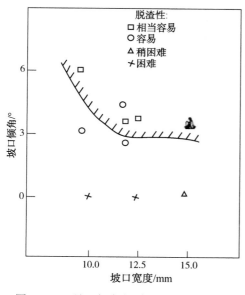

图 5.2-3 坡口倾角与脱渣性之间的关系

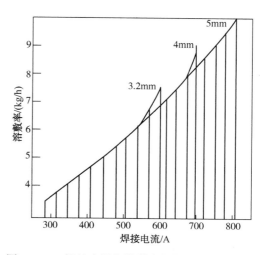

图 5.2-4 焊丝直径与熔敷率及焊接电流的关系

对于每层双道焊的工艺，坡口宽度在 20mm 以上时，应选用 $\phi4.0mm$ 焊丝。如选用 $\phi3.0mm$ 焊丝，可适当缩小坡口宽度和丝-壁间距。

表 5-1　焊丝直径与坡口宽度的关系

焊丝直径 d/mm	坡口宽度 B/mm	B/d 比
1.6	10	6.3
2.4	13	5.4
3.2	15	5.0
4.0	18	4.5
5.0	22	4.4

5.2.3　丝-壁间距

丝-壁间距是影响窄间隙埋弧焊焊缝质量和性能的最主要参数之一。图 5.2-5 示出丝-壁间距对接缝侧壁熔深和粗晶区形成的影响。根据实验结果和生产经验得出，最佳的丝-壁间距应等于焊丝直径，允许偏差 ±1.0mm。丝-壁间距大于或小于上列数值将产生咬边或未熔合等缺陷。当选用较大的热输入焊接时，允许偏差可略放宽，但不应大于 1.5mm。在焊接过程中，始终保持丝-壁间距在允许范围之内是十分重要的。现代窄间隙埋弧焊机头都装有接触式焊缝自动跟踪装置，焊接机头的跟踪精度为 ±0.2mm，已完全满足要求。在焊接大型和重型厚壁容器环缝时，由于滚轮架安装平面水平度的偏差以及筒体圆度误差，工件连续旋转过程中会产生轴向窜动，其总窜动量往往会超出焊缝自动跟踪装置拖板的行程而使其失灵。为排除这一干扰，一种有效的办法是使用防偏移滚轮架。可将工件的轴向窜动控制在 ±1.0mm 之内。

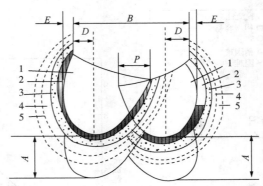

图 5.2-5　丝-壁间距对侧壁熔深和粗晶区形成的影响
1—焊缝金属；2—过热区；3—细晶区；4—回火区；5—低温回火区
A—焊道未重熔厚度；B—坡口宽度；E—侧壁熔深；
P—焊道搭接量；D—丝-壁间距

5.2.4　焊接电流

在窄间隙埋弧焊中，焊接电流是决定焊接效率、焊缝成形热裂纹形成几率、脱渣性和焊缝金属及热影响区性能的重要工艺参数，确定焊接电流时，应综合考虑其影响的程度，图 5.2-6 示出焊接电流与坡口宽度之间的关系。即坡口宽度加大，焊接电流可相应提高。图

5.2-7 示出各种直径焊丝允许的焊接电流范围。在实际生产中，往往选择中下限的焊接电流，以降低焊缝金属热裂倾向，并易于脱渣。

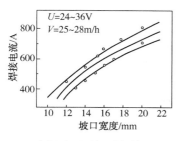

图 5.2-6　窄间隙埋弧焊时焊接电流与坡口
　　　　　宽度之间的关系

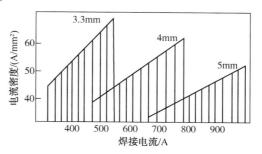

图 5.2-7　不同直径焊丝允许的焊接电流范围

以每层单道焊工艺焊接时，由焊接电流决定的焊接热输入对焊缝金属低温冲击韧性的影响见图 5.2-8。可见，当焊接热输入超 50kJ/cm 时，焊缝金属低温冲击韧性急剧下降。当热输入超过 80kJ/cm 时，-40℃ V 形冲击功已接近标准规定的最低值。但按每层单道焊常用的焊接电流和焊接速度计算，焊接热输入均不超过 50kJ/cm。因此，对于窄间隙埋弧焊来说，不必担心焊接热输入对焊接金属冲击韧性的不利影响。

表 5-2 列出窄间隙埋弧焊在实际生产中使用的典型焊接工艺参数。从中可以看出，除了每层三道焊工艺方法外，焊接电流不超过 600A，保证了焊缝金属性能处于最佳状态。

焊接电流种类对焊道成形影响的实验结果示于图 5.2-9。从图中可见，在相同的焊接电流下，采用反接直流焊接时，焊道的深/宽比大于交流电焊接，即直流反接可以达到较大的熔深。热裂倾向高于交流电，但脱渣性直流反接较好。此外，在纵缝焊接时，使用交流电可以避免磁偏吹。环缝焊接时，使用直流反接或交流电都不会产生磁偏吹。

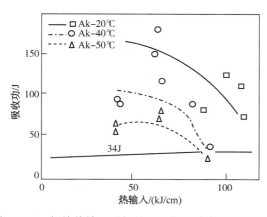

图 5.2-8　焊接热输入对焊缝金属低温冲击韧度的影响

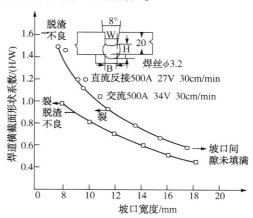

图 5.2-9　电流种类对焊道成形的影响

5.2.5　电弧电压

在窄间隙埋弧焊中，电弧电压也是决定焊道侧壁熔深和成形的重要参数。图 5.2-10 示出电弧电压对焊道成形影响的试验结果。由图可见，电弧电压过低（例如 25V），可能导致焊道侧壁熔合不良，而过高的电弧电压会导致严重的咬边产生。合适的电弧电压可使焊道表面呈现所要求的弯月形。在窄间隙埋弧焊中，应特别注意防止坡口侧壁咬边的形成。咬边不仅使脱渣困难，而且容易产生夹渣等缺陷。因此，应在达到侧壁熔合良好的前提下，选择较低的电弧电压。

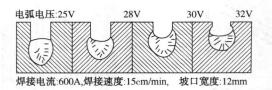

电弧电压:25V   28V   30V   32V

焊接电流:600A,焊接速度:15cm/min，坡口宽度:12mm

图 5.2-10　电弧电压对焊道成形的影响

根据生产经验，按每层双道焊工艺，并采用 $\phi3.0mm$ 和 $\phi4.0mm$ 焊丝焊接时，最适合的电弧电压范围为 28~30V。

5.2.6　焊接速度

焊接速度是决定焊接热输入和焊道成形的重要工艺参数。从缩小热影响区粗晶段宽度和改善接头各区的韧性出发，应选择尽可能高的焊接速度，但为保证侧壁与焊道可靠地熔合和良好的润湿，并形成弯月形的焊道表面，特别是在每层单道焊时，应选用较低的焊接速度。在每层双道焊时可选用比单道焊较高的焊接速度。根据工艺试验和生产经验确定，每层双道焊的最佳焊接速度范围为 25~30m/h。如选用比表 5-2 所列更高的电流，则应略微提高焊接速度。

表 5-2　窄间隙埋弧焊的焊接工艺参数

工艺方法	每层焊道数	焊丝		坡口宽度/mm	坡口倾角/(°)	电流种类及特性	焊接电流/A	电弧电压/V	焊接速度/(m/h)
		根数	直径/mm						
每层单道焊（日本川崎）	1	1	3.2	12	3	交流	425	27	11
		1	3.2	18	3	交流	600	31	15
		1	3.2	18	3	交流	（前置）600	32	27
							（后置）600	28	
每层单道焊（日本钢管）	1	1	3.2	12	7	直流反接	450~550	26~29	15~18
每层双道焊（瑞典伊莎）	2	1	3.0	18	2	直流反接	525	28	24
每层双道焊（苏联巴东）	2	1	3.0	18	0	交流	400~425	37~38	30
每层双道焊（哈尔滨锅炉厂）	2	1	3.0	20~21	1.5	直流反接	500~550	29~31	30
	2	1	4.0	22	1.5	直流反接	550~580	29~30	30
每层三道焊（德国 GHH）	3	1	5.0	35	1~2	交流	700	32	30

这里应当指出，与常规宽坡口埋弧焊相比，窄间隙埋弧焊适用的焊接工艺参数范围较小。而且焊接电流、电弧电压和焊接速度三者应匹配恰当。当某一参数变动时，其余两个参数作相应的调整，以使焊道具有满意的成形。

5.3 窄间隙埋弧焊设备

窄间隙埋弧焊设备是一种特大型全自动化焊接设备，集当代最先进的机械设计和计算机控制技术于一体，使设备的控制精度达到了顶级水平，确保了焊缝的高质量，并极大地提高了焊接生产率。

窄间隙埋弧焊设备主要由焊接机头、焊接操作机、焊接变位机（滚轮架）和控制系统四大部分组成。为实现焊接过程的全自动化，还必须配备相应的焊接电源、焊缝自动跟踪器、焊剂自动回收和输送装置，以及其他必要的辅助设备。

1. 窄间隙埋弧焊机头

窄间隙埋弧焊机头按焊丝根数分为单丝和双丝。为将焊机机头精确定位，并在焊接过程中自动跟踪焊缝的轨迹，焊接机头安装在伺服电动十字滑架上。

窄间隙单丝埋弧焊机头的结构如图 5.3-1 所示。由送丝机（2）、扁平型导电嘴（3）、焊丝校正机构（4）、焊剂回收装置（5）、焊剂斗（6）、焊剂气动阀（7）、焊剂输送管（8）、焊剂吸油嘴（9）、焊缝横向跟踪侧面探头（10）、焊缝垂直跟踪导轮（11）、电子发送器（12）和连接支架（1），以及焊接电缆和控制线等组成。

这种专为窄间隙埋弧焊设计的机头具有与普通埋弧焊机头完全不同的特点。其中最关键的是结构特殊的导电嘴，其厚度仅为 14mm，表面涂由特殊耐高温绝缘材料，可以深入到宽度 18mm，深度 350mm 窄间隙内进行长时间连续的焊接。同时为自动完成每层双道环缝的程序，导电块由液压的气缸通过齿条和万向轴作左右往复偏转，使焊丝在焊完一圈焊道后从坡口一侧自动转换到另一侧。其偏转的幅度由旋转焊嘴顶部的螺丝设定。焊道转换时过渡段的长度取决于焊接速度和导电块偏转的时间，后者可通过调节气阀来精确地调定。

该焊接机头配备了独立的焊缝垂直跟踪和横向跟踪系统，通过光电信号控制伺服电动十字滑架，使焊丝端部离坡口侧壁的间距和离焊道表面的间距始终保持在最合适的范围内，从而保证焊接过程的高度稳定性。

为使导电块在长时间连续工作条件下始终保持良好状态，将磨损量降低到最低的程度，导电嘴采取独特的设计结构，可精确地

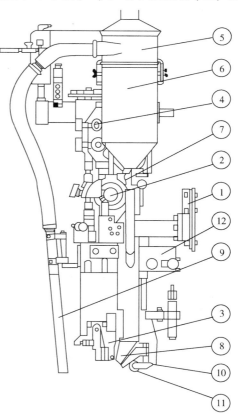

图 5.3-1 窄间隙单丝埋弧焊机头结构图

调整焊丝与导电块的接触压力，保证在导电良好的情况下，大大减少磨损量，对于厚壁接头持续稳定地焊接具有十分重要的意义。

如前所述，在窄间隙埋弧焊中，精确保持规定的丝-壁间距是确保焊接质量的关键，为使焊丝伸出导电块的长度不产生任何弯曲，该机头配两组焊丝二维校正机构，保证焊丝伸出段的挺直度。

焊剂自动吸抽给送装置也是实现全自动埋弧焊不可缺少的组成部分。焊剂斗容量约为10L，焊剂给送量由气阀控制。焊剂抽吸装置采用特种耐热耐磨材料制成，可以承受回收的高温焊剂的冲刷。在焊接过程中消耗的焊剂，则由装在操作机底座上的焊剂处理中心不断输送补充。

窄间隙双丝埋弧焊机头的结构与单丝埋弧焊机头基本相同，但增加了焊丝间距调节机构。为提高接缝自动跟踪的可靠性，可以配双侧跟踪系统。

目前，窄间隙单丝埋弧焊和双丝埋弧焊机头已实现标准化生产，其技术特性参数列于表5-3。

表 5-3 窄间隙埋弧焊机头技术特性参数

主要技术特性参数	单丝焊机头	双丝串列电弧焊机头
可焊接头形式	对接	对接
送丝电机参数	A6VEC，312：18000r/min	A6VEC，156：14000r/min
最大送丝速度/(m/min)	4.0	4.0
最大焊接电流/A	800DC	800DC　800AC
每层焊道数	2	2~4
最大熔敷率/(kg/h)	7	16
焊嘴倾角/(°)	±3.5	±3.5
最大接头厚度/mm	350	350
坡口宽度/mm	18~24	18~50
焊丝间倾角/(°)	—	15
焊丝间距/mm		15（焊丝伸出长度 30mm）
机头跟踪精度/mm	±0.15	±0.15
焊件最高温度/℃	300	300
焊件最小直径/mm	500	1200
内纵环缝焊接时筒体内最小内径/mm	1500	1500
焊剂斗容量/L	10	10
压缩空气耗量(Nm³/min)	0.35	0.35
压缩空气压力/MPa	0.6	0.6
机头重量/kg	140	165
适用焊丝直径/mm	3~4	3~4

注：表中数据引自瑞典 ESAB 公司最新产品样本

美国 AMET 公司与 Lincoln 和英国 Meta 公司合作，推出了激光扫描精密跟踪窄间隙双丝埋弧焊机头，这种新型焊接机头最大的优势在于采用了激光扫描跟踪系统，能精确地保持丝-壁间距，从而可进一步提高焊接速度和焊接质量。其另一个特点是采用现代数字网络控制系统，保证了焊接过程的持续稳定。该机头主要技术特性参数见表 5-4。

表 5-4　激光扫描跟踪窄间隙双丝埋弧焊机头的技术特性参数

主要技术特性参数	AMET NCTS 机头
最大坡口深度/mm	350
坡口宽度/mm	20~30
坡口角度/(°)	1.5
焊枪倾角/(°)	3.0
水平托板行程/mm	150
垂直托板行程/mm	450
两焊丝间距调节范围/mm	16~60
焊枪倾角/(°)	15~30
焊接机头倾角/(°)	±10
焊丝校直机构	二维
焊丝盘容量/kg	25 * 2
导电嘴宽度/mm	14
焊剂输送回收系统	自动
最大承载电流/A	1000

与窄间隙埋弧焊机头配套的重型伺服电动十字滑架的技术参数见表 5-5。

表 5-5　重型伺服电动十字滑架技术参数

主要性能参数	880 型	884 型
最大工作行程/mm	358	598
最大容许载荷/N	1500	1500
垂直托板最大扭矩/N·m	400	400
水平托板最大扭矩/N·m	280	280
传动机构轴向游隙/mm	0.1	0.1
控制电压/V	42/DC	42/DC
最高环境温度/℃	80	80
重量/kg	22	26

注：表列数据引自 ESAB 公司最新产品样本

2. 焊接操作机

焊接操作机是一种用来定位和移动焊接机头的机械装置，它有多种结构形式。用于窄间隙埋弧焊成套设备的大多是立柱-横梁式操作机(参见图5.3-2)和龙门架式操作机。

1. 立柱-横梁式焊接操作机

立柱-横梁式焊接操作机由立柱和横梁两大部件组成，其典型结构型式如图5.3-2所

图5.3-2　立柱-横梁式焊接
操作机结构型式

示。按横梁容许载荷大小，可分为轻型、中型和重型。由于窄间隙埋弧焊主要用于大型厚壁高压容器，因此，大部分选用中型和重型焊接操作机。按立柱高度和横梁长度，标准型操作机分为4m×4m，4m×6m，6m×6m，6m×8m，8m×8m，特殊规格有10m×10m，10m×12m。图5.3-3所示为立柱-横梁式操作机的基本动作。

立柱-横梁式焊接操作机的最大特点是机动灵活，适用性强，工作范围大，操作机立柱可以安装在底座上固定于车间地面，亦可安装在平车上在轨道上移动。立柱底部通常装在回转支承上，可360°旋转。横梁由托架支承，可上下移动，左右侧可以根据焊接速度移动，焊接机头一般装在横梁的端部。

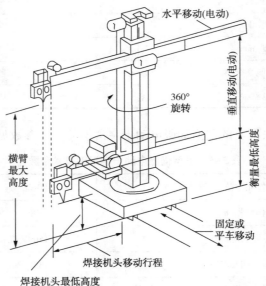

图5.3-3　立柱-横梁式焊接操作机的基本动作

壁厚大于100mm的高压容器纵环缝，即使应用窄间隙埋弧焊，每条焊缝连续焊接时间亦需数小时之久，因此，焊接操作机的设置应安全可靠，并有足够活动空间的操作平台和行走通道。焊接电源、焊剂处理中心、电气控制柜和其他辅助装置可以安装在移动平车上。这样既可缩短焊接电缆和控制线长度，又可增加操作机的稳定度。

目前，在国际上立柱-横梁焊接操作机已标准化生产，表5-6列出几种大型立柱-横梁式焊接操作机的主要技术特性参数。

表 5-6　大型立柱-横梁式操作机技术特性参数

主要特性技术参数	型号：CaB 600M				
立柱有效工作高度/m	6.0	7.0	8.0	9.0	10.0
横梁最大提升高度(A)/mm	7025	8025	9025	10025	11025
横梁提升速度(m/min)	2.0	2.0	2.0	2.0	2.0
总高度(D)/mm	8510	9510	10510	11510	12510
横梁伸出长度(L)/mm	1000~7000	1000~7000	1000~8000	1000~8000	1000~9000
横梁容许最大载荷/kg	1940	1940	1830	1830	1700
横梁端头最大载荷/kg	550	550	400	400	250
横梁焊接速度/(m/min)	0.1~2.0	0.1~2.0	0.1~2.0	0.1~2.0	0.1~2.0
平车地轨宽度(L)/min	2500				
平车焊接速度/(mm/min)	0.1~2.0				
平车空载移动速度/(m/min)	2.0				
横梁总量(含电缆)/kg	1050	1050	1165	1165	1280
平车质量/kg	4800				

2. 龙门架式焊接操作机

用于窄间隙埋弧焊的龙门架式焊接操作机大多是大型和重型的龙门架，由龙门框架、横梁导轨、行走机构和操作平台等组成。行走机构带动整台龙门框架沿地轨移动，其工作行程取决于所焊工件的长度。行走机构可以按焊接速度移动，以完成焊件纵向焊缝的焊接。横梁导轨可以沿立柱上升下降，其宽度按焊接件的外形尺寸而定。焊接机头托板安装在横梁导轨上，可作左右移动，以使机头精确定位，对准接缝。

龙门架式焊接操作机的特点是刚度大，稳定性高，操作平台宽敞，焊工的工作环境安全、舒适。焊接要求高温预热焊件时，内部装上空调设备，使焊工不受高温焊件的热辐射，显著降低了操作工的劳动强度。

大型龙门架式焊接操作机大多数是按用户的要求，根据生产车间的跨度、长度、焊件的外形尺寸设计制造的。

虽然龙门架式焊接操作机具有占地面积大，一次投资费用高等缺点，但对于大型厚壁高压容器的焊接生产仍是合理的选择。

3. 防窜焊接滚轮架

焊接滚轮架是圆柱形筒体环缝焊接不可缺少的变位机械，其通过电机驱动滚轮带动焊件以空程速度或焊接速度旋转，并与焊接操作机组合使用完成环缝的自动焊接。在厚壁容器环缝窄间隙埋弧焊时，为了防止工件连续旋转过程中产生轴向位移，必须采用防窜焊接滚轮架。

防窜焊接滚轮架亦称防偏移滚轮架，它利用从动滚轮的提升或下降、偏转或平移运动来抵消圆柱形焊件在滚轮架上旋转时所产生的轴向窜动。与普通焊接滚轮架相比，其主要差别在于装备了高灵敏度的位移传感器、相应的控制系统和防窜动执行机构。按执行机构的结构型式，可将其分为偏转式、升降式和平移式。

（1）偏转式防窜焊接滚轮架

偏转式防窜焊接滚轮架纠偏的工作原理示于图 5.3-4。当焊件在滚轮架上连续转动时，如发生向左轴向窜动，则装在焊件顶部的位移传感器随之产生位移，并向控制器发出信号，驱动电机或液压传动系统使被动滚轮偏转一定角度，焊件向相反方向移动。如焊件向右轴向窜动，则位移传感器发出相反的信号，使被动滚轮朝另一方向偏转，焊件则向左移动。这样，按照位移传感器的灵敏度和控制系统的反应速度，可将焊件轴向窜动量限制在所要求的范围内。

为提高偏转式防窜滚轮架纠偏精度，并增加其负载能力，可将滚轮偏转的方式由传统的单一偏转（见图 5.3-5a）改为旋转加偏转（见图 5.3-5b），即滚轮与工件接触表面由滑动摩擦改为滚动摩擦。

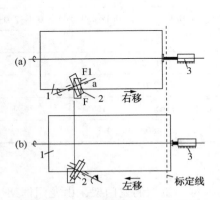

图 5.3-4　防窜滚轮架的工作原理
1—焊件；2—从动滚轮；3—位移传感器

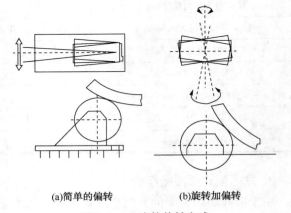

(a)简单的偏转　　　(b)旋转加偏转

图 5.3-5　滚轮偏转方式

表 5-7　液压驱动偏转式防窜滚轮架的主要技术特性参数

主要技术特性参数	液压驱动偏转式防窜滚轮架
最大负载/t	1000
防偏执行机构行程/mm	±25，±50，±75
位移传感器最大行程/mm	±12.5
最大负载下的防偏精度/mm	±0.5
重复定位精度/mm	0.1

注：表列数据引自意大利 Ansaldo 公司产品样本

滚动的偏转机构可由液压系统或电动机驱动。液压驱动的滚轮偏转机构由伺服液压系统和精密的传动机构组成。滚轮架驱动电机、液压泵、滚轮偏转及位移传感器信号均由 PLC 控制。

这种液压驱动偏转式防窜执行机构的结构见图 5.3-6，其纠偏原理与液压驱动偏转式防窜执行机构相同，但防偏精度略低于前者，通常为±1.0mm。滚轮架的最大载荷为 800t。

（2）升降式防窜焊接滚轮架

升降式防窜焊接滚轮架是利用滚轮架中一个或一对滚轮的上升或下降实现焊件的逆向移动。其纠偏原理如图 5.3-7 所示。当圆柱形筒体在滚轮架上移动时，被动滚轮的上升或下降会使焊件的轴向中心线向左或右偏转一定的角度，而产生轴向位移，从而达到纠偏的目的。

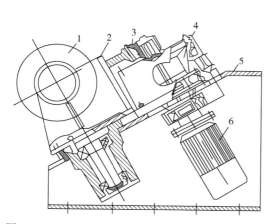

图 5.3-6 电动机驱动偏转式防窜执行机构结构图

1—被动滚轮；2—偏转机构；3—扇形齿轮；

4—摆线针轮减速器；5—底座；6—电机

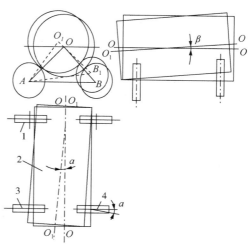

图 5.3-7 升降式防窜滚轮架的纠偏原理图

1—主动滚轮；2—焊件；3—从动滚轮；

4—升降式从动滚轮

升降式防窜执行机构可分别由电动机或液压系统驱动，其结构图示于 5.3-8 和图 5.3-9。

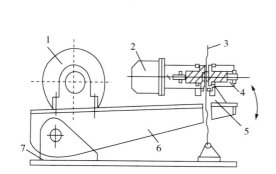

图 5.3-8 电动机驱动升降式防窜
执行机构结构图

1—从动滚轮；2—电动机；3—杆；4—蜗轮减速器；

5—铰接支座；6—杠杆；7 支座

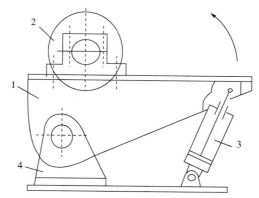

图 5.3-9 液压驱动升降式防窜
执行机构结构图

1—杠杆机构；2—从动滚轮；3—液压缸；4—支座

从图 5.3-9 所示的升降式防窜焊接滚轮架可见，一台完整的升降式防窜焊接滚轮架除了主动滚轮架、滚轮升降的被动滚轮架外，还应配备位移传感器调节支架、控制盒和遥控器等。表 5-8 列出两种重型升降式防窜焊接滚轮架的主要技术特性参数。

表 5-8 两种重型升降式防窜焊接滚轮架主要技术特性参数

主要技术特性参数	MRS120	MES250
最大载荷/t	120×2	250×2
最大瞬时过载/（%）	75	75
适用工件外径范围/m	1.4~6.0	1.5~6.0

主要技术特性参数	MRS120	MES250
滚轮旋转速度/（m/min）	0.1~1.0	0.1~1.0
电机功率/kW	1.4	2.8
旋转速度控制精度/（%）	±1.5	±1.5
最大载荷下的升降行程/mm	±65	±65
位移传感器行程/mm	5.25	5.25
防偏精度/mm	±1.5	±1.5
滚轮升降电机功率/kW	0.75	0.75
容许最大扭矩/N·m	30.800	76.000

注：表列数据引自瑞典 ESAB 公司产品样本

（3）平移式防窜焊接滚轮架

平移式防窜焊接滚轮架是将从动滚轮架支座相对于底座沿垂直于焊件轴线方向水平移动，使焊件的轴向中心线偏转一定角度而产生逆向窜移，达到防轴向窜动的目的，其纠偏原理示于图 5.3-10 平移式防轴向窜动机构有电动机驱动和液压机驱动，其传动系统分别由图 5.3-10 和图 5.3-11 所示．其防偏控制精度可在 ±1.0mm 之内。平移式防窜焊接滚轮架所配套的位移传感器、调节支架以及电控系统，基本上与前两种防窜滚轮架相同。

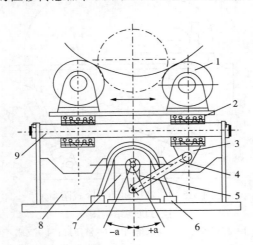

图 5.3-10　电机驱动平移防窜执行机构图　图 5.3-11　液压驱动平移式防窜执行机构图

1—从动滚轮支座；2—直线轴承；3—滑块；4—连杆；　1—从动滚轮支座；2—直线轴承；3—导轨；4—底座；
5—曲柄；6—减速器；7—曲柄轴承座；8—底座；9—光杆　5—液压缸；6—液压缸支座

上述三种防窜执行机构的技术特性对比列于表 5-9。

表 5-9　三种防窜执行机构的技术特性对比

主要技术特性	防窜执行机构对比		
	偏转式	升降式	平移式
防偏控制精度/mm	±0.5	±1.5	±1.0
驱动电机功率	较高	高	较小

续表

主要技术特性	防窜执行机构对比		
	偏转式	升降式	平移式
滚轮架额定承载重量/t	500~1000	100~1000	10~100
焊件直径适用范围	大	大	较大
从动滚轮结构	钢轮	钢轮或组合论	钢轮或组合论
对焊接机头相对位置的影响	无	有一定影响	有一定影响

5.4 窄间隙埋弧焊的应用

5.4.1 在厚壁容器制造中的应用

在设计窄间隙埋弧焊坡口时，首先应当确定焊接工艺方案：根据焊件的厚度，可以采用图 5.1-4 所示的三种工艺方案(即每层单道焊、每层双道焊和每层三道焊)。每层单道焊工艺方案通常适用于厚度 70~150mm 的工件；而每层双道焊的厚度适用范围为 100~300mm；焊件壁厚在 300mm 以上最好选用每层三道焊工艺。根据上述准则，设计了如图 5.4-1 所示的坡口形式。1°~1.5°的坡口倾角主要是为补偿焊缝收缩引起的角变形。环缝接头由于刚度较大，变形较小．可选用 1°~1.5°坡口倾角。纵缝焊接时，接头的刚度较小，应选择 3°或更大的坡口倾角。

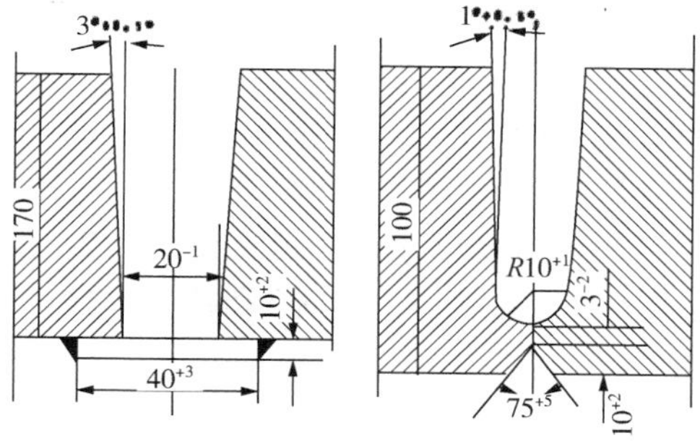

图 5.4-1 窄间隙埋弧焊坡口形式及尺寸

虽然图 5.4-1 所示的每种坡口宽度允许变化的范围较宽，但对于一条焊缝来说，当焊丝直径和焊接参数选定时，坡口宽度允许的偏差应严格控制。通常在焊缝的全长上坡口宽度偏差不应超过 2mm，否则很难保证焊缝的高质量。

1. 焊接工艺方案

如图 5.1-4 所示，第一种方案是每层单道焊，可在最小宽度为 12mm 的坡口内完成焊接，因此具有最高的生产效率，可节约大量的焊接材料并减少能耗。但这种工艺的适应性较差，各种焊接参数必须保持恒定，焊丝必须严格对准坡口中心。对焊缝成形亦有较高的要求，焊道表面应光滑呈弯月形，以保证良好的脱渣性和层间熔合。此外，当选用较小的坡口宽度时，必须采用脱渣性优异的特种焊剂。

还应强调指出，每层单道焊工艺的实施在很大程度上取决于被焊钢材的焊接性，即抗热裂的能力。当坡口宽度小于某一临界值时，就可能出现焊缝中心的结晶裂纹。对于我国常用的碳含量低于0.2%的碳钢和低合金钢，最大焊接电流600A时的临界坡口宽度接近14mm，500A时的临界坡口宽度为12mm。为保证坡口侧壁良好的熔合，需采用比后两种工艺方案较高的焊接线能量，这就进一步限制了它的应用范围。

每层双道焊工艺是在比单道焊略宽的坡口内沿侧壁各焊一条焊道完成焊接过程。随着坡口宽度加大（18~26mm），焊接周期会比单道焊延长50%以上，焊接材料和电能消耗亦相应增加，但其工艺适应性比前者好得多，焊接缺陷的形成几率大大降低，这在一定程度上补偿了上述费用的增高。每层双道焊工艺可采用的焊接参数范围较宽，便于控制焊接线能量和焊道成形，更适宜于焊接各类合金钢。

每层双道焊的另一个优点是，由于坡口较宽，焊道靠侧壁形成"角焊缝"，脱渣性明显改善，这就可使用现成的或略作改进的焊剂，并可执行与常规埋弧焊相近的工艺。对焊接参数的变动不像每层单道焊那样敏感，在实际生产中易于推广应用。

在焊接厚度大于300mm的深坡口接头时，为便于操作，改善可见度，必须适当加宽坡口的间隙。在这种情况下，采用每层双道焊工艺已很难通过焊接参数的调整实现两平行焊道之间足够的搭接量而必须采用每层三道焊的工艺方案。尽管坡口宽度比每层单道焊的窄坡口宽一倍，但与传统的宽坡口埋弧焊相比，仍可节约大量的焊材，明显缩短生产周期。另外，在较宽的坡口内可采用较粗的焊丝和较高的焊接电流，从而获得较高的熔敷率，提高了生产效率。

2. 焊接工艺的选择

在窄间隙埋弧焊中，选择焊接参数的原则，首先应确保焊缝的质量，其中包括：①焊接参数应保证每一焊道与坡口侧壁良好熔合，不致产生窄间隙焊缝中最麻烦的缺陷—未熔合；②焊缝成形要均整，表面光滑，既不能有焊缝中心的热裂纹，又要脱渣容易；③焊缝金属及热影响区性能要完全符合产品技术条件的要求。其次是在保证焊缝质量的基础上尽可能提高焊接效率，即选择熔敷率高的焊接参数。

压力容器的窄间隙埋弧焊工艺包括坡口设计、选定焊接参数、焊接材料的牌号和规格、焊接温度参数（预热、层间温度、焊后消除应力处理）和接头的检查方法等。

1）焊剂和焊丝的选择

窄间隙埋弧焊用焊剂除应满足对普通埋弧焊剂提出的所有要求外，还应具有良好脱渣性。

在工业中已得到成功应用的窄间隙埋弧焊专用焊剂有下列几种：

（1）日本川崎制铁所开发的KB-120中性焊剂，可用于每层单道焊的工艺方案，其渣系为 $MgO-BaO-Al_2O_3$，具有优异的脱渣性。焊剂烧结时加入适量的碳酸盐，以降低焊缝金属中的氢含量。

（2）日本钢管株式会社研制成功两种窄间隙埋弧焊专用焊剂，其渣系相应为 $Al_2O_3-TiO_2-SiO_2-CaF_2$ 和 $CaO-SiO_2-Al_2O_3-MgO$。使用后一种焊剂，焊缝金属具有较高的冲击韧性。这些焊剂的特点是具有较高的熔点（高于1300℃），因此脱渣性良好，可用于单道焊工艺。

（3）瑞典ESAB公司有两种商品焊剂适应于每层双道焊的窄间隙焊工艺，其牌号相应为Okflux 10.71 和 OK flux 10.62。前一种是氧化铝基碱性烧结焊剂，碱度系数=1.6；后一种是氟化钙基烧结焊剂．碱度系数=3.5。它们可用于冲击韧性要求较高的高强度钢焊接，并具有包括良好脱渣性的优异的工艺性能。

（4）苏联采用 AH-17M 熔炼焊剂进行每层双道焊的窄间隙埋弧焊。焊剂的典型化学成分（%）为：$SiO_2 21$、$Ca_2F 22.5$、$Al_2O_3 25$、$CaO 16$、$MgO 10$、$Fe_2O_3 3.5$、$MnO 0.5$。配用 Mn-Si 焊丝，可获得 Mn-Si 含量适中的焊缝金属，并具有良好的脱渣性。

（5）我国锦州焊条厂生产的 SJ101 和 SJ102 烧结焊剂，能很好适应每层双道窄间隙焊工艺。这两种焊剂相当于瑞士奥力康公司的 OP122 和 OP121TT。SJ101 是一种氟碱型烧结焊剂，碱度系数为 1.7，其主要成分（%）：$SiO_2+TiO_2 \sim 20$、$CaO+MgO \sim 30$、$Al_2O_3+MnO \sim 25$、$CaF \sim 20$，与 H08MnA、H08MnM 和 H08Mn2Mo 焊丝相配，可保证焊缝金属 $-40℃$ 的吸收功 > 27J，与 H08MnMo 焊丝相配焊接的窄间隙焊缝，经 $580℃/5h$ 消除应力处理后，$0℃$ V 形缺口吸收功实测值高于 100J。SJ102 是一种高碱度烧结焊剂，碱度系数为 3.3。焊剂的主要成分（100%）：$SiO_2+TiO_2 \sim 15$、$CaO+MgO \sim 40$、$Al_2O_3+MnO \sim 20$、$CaF_2 \sim 25$，可与各种低合金钢焊丝配用并保证焊缝金属 $-60℃$ 吸收功大于 27J。与 H08MnMo 焊丝相配，焊缝金属 $-20℃$ V 形缺口吸收功大于 100J，$-40℃$ 大于 90J，$-60℃$ 大于 45J。这两种焊剂的脱渣性均属优良等级，故焊剂的选择可只考虑对焊缝性能的要求。对于常温低合金钢压力容器的窄间隙焊可选用 SJ101；在焊接低温压力容器和对回火脆性有较高要求的压力容器时，应选用 SJ102 烧结焊剂。

窄间隙埋弧焊焊丝的选择，原则上与传统埋弧焊相似。首先，根据对焊接接头提出的化学物理性能要求确定焊丝的基本合金成分，如 Mn-Mo 系、Mn-Ni-Mo 系、Cr-Mo 系和 Cr-Ni-Mo 系等。其次，应按照焊剂的碱度，即焊剂的氧化还原特性，确定焊丝中的硅含量，如 SJ101 焊剂呈中性，焊接过程中焊剂对焊缝金属的渗硅量很低，故应选择硅含量在 0.10% ~ 0.30% 的合金焊丝。采用硅含金低于 0.10% 的焊丝，在某些情况下会造成焊缝金属还原不足而出现气孔等缺陷。第三，应考虑窄间隙焊的工艺特点——母材对焊缝金属的稀释率小，各焊道化学成分和金相组织均一，焊道重叠产生调质处理作用，允许在较低的预热温度、层间温度下焊接，以及焊后热处理可在较低的温度和较短的保温时间下完成。因此，与传统埋弧焊相比，选用合金成分较低的焊丝即能保证获得与母材等强度的焊缝金属。

2）预热和层间温度

在低合金钢厚壁容器焊接接头中产生延迟裂纹的主要原因是，在焊接过程中吸收大量的氢、较高的焊接残余应力和不利的组织转变。在窄间隙埋弧焊中，由于焊道总数和焊缝截面的减小，焊缝吸收氢量和焊接残余应力明显降低，而过热区淬硬组织则通过重叠焊道的回火作用而得到改善，因此，窄间隙埋弧焊接头对延迟裂纹的倾向大大减弱。再则，窄坡口的填充效率较高，层间温度容易保持，有利于氢在焊接过程中逸出。基于上述原因，窄间隙埋弧自动焊焊前的预热温度可比传统埋弧自动焊约低 50℃。例如，焊接厚 100mm 的 19Mn6 钢厚壁锅筒环缝，原工艺规定的最低预热温度为 150℃，采用窄间隙埋弧焊工艺后，最低预热温度可降低至 100℃。

对于按原工艺焊后必须立即作消氢处理的低合金高强度钢厚壁容器焊缝，改用窄间隙埋弧焊工艺后可取消 350~400℃/2~3h 的消氢处理，而只需焊后适当保温和缓冷即可防止延迟裂纹的形成。例如，哈尔滨锅炉厂 20 万千瓦锅炉锅筒，采用厚 100mm 的 13MnNiMo54 钢板卷焊组装而成，原工艺采用普通宽坡口、HJ-350 熔炼焊剂和 H08Mn2Mo 焊丝，连续焊满环缝立即进炉作 400℃/3h 消氢处理，否则焊缝金属出现横向延迟裂纹的几率相当高。采用窄间隙埋弧焊后，经过反复试验和生产验证表明，13MnNiMo54 钢厚壁窄间隙环缝焊后不立即作消氢处理，仍能确保不产生延迟裂纹。据此，取消了焊后立即消氢处理，而改用焊后200℃保温1h，从而大大简化了焊接工艺，缩短了生产周期并节省了大量能源。

3）焊后消除应力处理

压力容器焊后消除应力处理的最终目的是提高接头抗脆性断裂的能力，是通过降低焊接残余应力、接头各区的硬度和改善焊缝和热影响区韧性来实现的。窄间隙埋弧焊接头中，基于上述种种特点，热影响区变窄，晶粒尺寸较小且细晶区所占比例较大，从而使接头各区在焊后状态就具有足够高的韧性。加之接头本身的残余应力较低，因此，对于窄间隙焊缝来说，可适当放宽需作焊后热处理的厚度界限。虽然目前尚不能明确对

每种压力容器用钢窄间隙焊缝无需作焊后消除应力处理的极限厚度，但扩大适用的热处理温度范围并缩短保温时间完全是可行的。对于19Mn6、13MnNiMo54等厚壁压力容器焊缝消除应力处理的炉温控制精度规定为±10℃，保温时间为3~4min/mm。如厚100mm的压力容器，焊后消除应力处理保温时间至少为5h。在采用窄间隙埋弧自动焊的情况下，消除应力处理炉温控制精度可放宽到±20℃，保温时间可缩短一半以上。当然在这方面需要作反复的验证工作，取得大量试验数据才能得到安全监察部门的认可。

3. 窄间隙埋弧焊接头的性能

窄间隙埋弧焊最主要应用领域是低合金钢厚壁容器及其他重型焊接结构，因为在焊接低合金钢厚板时，这种焊接方法的优越性能得到充分的发挥。哈尔滨锅炉厂对各种低合金钢窄间隙埋弧焊接头性能进行了全面的实验，试验结果列于表5-10中。从表中可清楚地看到，无论是接头抗拉强度、抗弯性能、冲击韧性和接头各区的硬度，还是金相组织，均大大高于产品技术的要求。接头各项性能，特别是冲击韧性数据相当稳定。哈尔滨锅炉厂采用窄间隙埋弧焊焊接厚壁压力容器，从未出现产品焊接试板性能检查不合格的现象。

表5-10 低合金钢窄间隙埋弧焊接头性能

钢号及板厚/mm	焊材及规格/mm	热处理状态	取样部位	抗拉性能					断口位置	冷弯
				σ_s/MPa	σ_b/MPa	σ_s/MPa	σ_b/MPa	δ/%		
19Mn5 δ=80	S3Moφ4 + SJ101	570±10℃/5h	接头全焊缝	— 515 —	520 605 —	— 320 (290℃)	— 320 523℃	— 26 —	焊口外	侧弯100 (d=3a)
SA299 δ=170	S3Moφ4 + SJ101	620±10℃/3.5h	接头全焊缝		518	370 (618℃)	370 513℃ 370 618℃			侧弯100 (d=4a)
13CrMo44 δ=80	13CrMoφ4 + SJ101	650±10℃/4h	接头		503	350 (258℃) 400 (292℃)	350 470℃ 400 457℃			侧弯100 (d=3a)
13MnNiMo54	S4Moφ4 + SJ101	590~610℃/5h	接头全焊缝		695 699	350 (593℃) 350 (471℃)	350 (470℃) 350 (581℃)		焊口外	侧弯100 (d=3a)

窄间隙埋弧焊由于坡口截面比传统埋弧焊明显减少，可节约大量焊丝、焊剂和电能，焊接效率也相应提高。工件厚度越大，经济效果越显著。对于宽坡口厚壁埋弧焊焊缝，最常用的焊接电流为650A，其熔敷率约为7.5kg/h，而窄间隙焊的平均焊接电流为550A，其熔敷率相应为6.5Kg/h，相差约 1Kg/h，即窄间隙焊时焊丝的熔敷率比传统埋弧焊的熔敷率低13%。由于坡口的截面积二者相差38%~50%，因此，就焊接机动时间而言，窄间隙埋弧焊比传统埋弧焊相应缩短25%~37%。如考虑装焊丝和焊剂的辅助时间，则总的焊接时间约缩短50%~80%。对于低合金钢来说，由于窄间隙焊工艺要求的预热温度较低，并可省略焊后消氢处理等复杂工序，焊接效率可进一步提高，且节约大量能源。

由此可见，在厚壁压力容器制造中，窄间隙埋弧焊是一种经济效益较高的工艺方法。

5.4.2 在汽轮机转子制造中的应用

汽轮机转子是汽轮机组最核心部件之一，其制造成本和周期直接关系到整个机组的成本和周期。

汽轮机转子有整锻转子、焊接转子和套装转子3种结构形式。焊接转子是由多个较小的锻件拼焊而成的，因此，转子的选材及结构形式更为灵活。用焊接转子替代整锻转子可以有效提高转子的使用性能，缩短采购周期，降低采购成本，是汽轮机制造不可或缺的重要技术之一。由于转子工作时高速旋转，承受较高的温度和应力，其性能必须保证长期安全可靠，所以，对于转子焊接方法和工艺的选择要求非常严格。

埋弧焊具有焊接质量稳定、焊接效率高、工作强度低，以及工作环境较好等诸多优势，是一种可以用于转子拼焊的工艺方法。但是，常规的埋弧焊方法要求焊接坡口有较大的角度和宽度，对于转子这种壁厚较大的工件而言，必然会增大焊缝金属的填充量和热输入量，进而导致较大的焊接收缩和变形，这对于转子的动平衡和尺寸控制是很不利的。尤其是大容量汽轮机的低压焊接转子，由于焊接坡口的壁厚较大，这一问题十分突出。采用窄间隙埋弧焊技术可以很好地解决这一问题。

由于窄间隙坡口窄小，两坡口面接近平行，金属填充量少，焊接变形小，焊接效率高。但窄间隙对其焊接设备、焊接材料以及焊接工艺的要求较高。由于汽轮机转子只能采用单面焊接，为了保证良好的焊缝根部质量和根部焊道的反面成形，一般采用窄间隙氩弧焊打底，并填充到一定厚度再采用窄 间隙埋弧焊焊接剩余部分。

转子窄间隙焊接设备包括窄间隙热丝氩弧焊系统(法国POLYSOUDE公司提供)和窄间隙埋弧焊系统(瑞典ESAB公司提供)。窄间隙热称氩弧焊系统还包括PC 600焊接电源、NG600-150窄间隙焊枪、强制水冷系统、可视监视系统以及辅助系统(如升降平台、水平旋转平台)等。

窄间隙埋弧焊系统主要有横转台、AF-1000焊接电源、焊接行走小车、焊剂输送和回收系统等。

图5.4-2所示的为上海电气站设备有限公司上海汽轮机厂(以下简称STC)自主设计开发的某600MW机组汽轮机低压焊接转子，额定转速为3000r/min，设计最高温度不超过365℃，最大直径1550mm，长度7160mm，质量约42t。

1. 转子的焊缝位置

该转子由轴头1(电机端)、轴头2(调阀端)及两个轮盘组成，共有3条焊缝，焊缝厚度150mm，通过结构优化设计，焊缝位置选择在工作温度和工作应力都较低的区域。

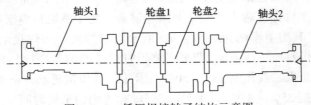

图 5.4-2　低压焊接转子结构示意图

2. 转子材料

转子材料采用与锻压转子相近的 3.5NiCrMoV 钢。

3. 焊接坡口形式

坡口设计成根部适合氩弧焊打底、上面适合埋弧焊填充的窄间隙坡口形式，如图 5.4-3 所示。

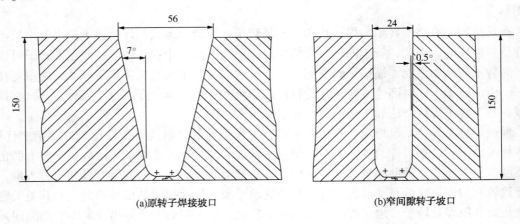

(a)原转子焊接坡口　　　　　　　(b)窄间隙转子坡口

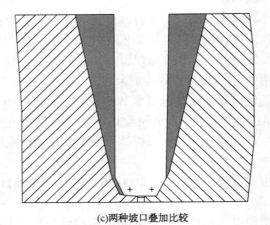

(c)两种坡口叠加比较

图 5.4-3　焊接坡口形式

由图 5.4-4 可以看出，窄间隙坡口比传统的坡口窄了很多，而且坡口越深焊接材料减小的就越多。

4. 背面保护

为了保证打底焊道的背面成形和焊缝质量，须对坡口背面实施有效的保护。STC 原来的转子焊接结构采用从转子一端的叶轮端面钻孔将背面氩气通入转子内腔,从转子另一端的叶轮通气孔导出。新的焊接转子因分段件质量大,叶轮截面厚度大,不适合采用原来的背氩保护方式,而是采用了在坡口根部钝边处钻 $\phi3$ 的通氩孔(图 5.4-4)。

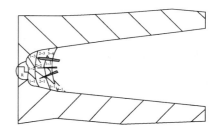

图 5.4-4 通氩孔

5. 焊接

1)装配 首先安装下轴头,校调同心度和水平度,同心度要求±0.1mm,平面度控制在 0.05mm 以内,之后将各叶轮按照顺序依次在立转台上装配,坡口接头采用过盈配合。

2)预热 采用工频感应加热,预热时即可充背氩。

3)窄间隙 TIG 焊打底 窄间隙 TIG 焊打底时,钨极位于根部坡口中间,采用脉冲电流焊接,打底焊道使坡口钝边部分全部熔透。

4)TIG 填充 打底焊道厚度仅为 5mm 左右,为了增加转子打底焊缝的牢度和转子整体刚度,需要将氩弧焊焊缝厚度加厚到 12mm 以上,同时,防止转子从立转台上翻到横转台时转子产生弯曲变形以及埋弧焊时可能出现焊穿的情况。TIG 焊接时焊道的布置如图 5.4-5所示。

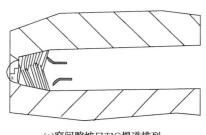

(a)窄间隙坡口TIG焊道排列   (b)传统坡口TIG焊道排列

图 5.4-5 TIG 焊道排列

5)SAW 填充

转子由立转台翻身装夹到横转台上,采用窄间隙埋弧焊工艺将坡口填满,焊接过程中采用表面温度计监测温度。

6)焊后热处理

在专用井式炉中进行热处理消除焊接残余应力,热处理温度根据转子锻件原始性能热处理规范确定。

该转子经、UT、MT 检查及残余应力水平测试均达到技术要求。

5.4.3 在锅炉集箱制造中的应用

1. 设备规格及技术参数

管子外径:$\phi190.7 \sim \phi920mm$;

管子最大壁厚:160mm;

管子最大长度:18000mm;

工件最大质量:30t。

2. 电源及机头

焊接电源输入：三相，AC，380V±10%，50HZ。

焊接电源：原装进口 TIG 专用逆变电源，调节范围 15~600A，465A 时暂载率为 100%。可加低频(10~20HZ)脉冲，也可不加脉冲。

热丝电源：直流电源 140A。

电流递增时间：0.1~99.9s。

电流衰减时间：0.1~99.9s。

保护气体：纯氩。

TIG 焊枪：水冷焊枪，容量 350A；暂载率为 100%。

焊枪保护气体流量：最大流量 30L/min。

钨极直径：ϕ3.0mm，ϕ3.2mm，ϕ4.0mm。

焊丝直径：ϕ1.0mm，ϕ1.2mm。

焊枪移动调节范围：上下：0~300mm；左右：0~100mm；焊接时横向最大跟踪范围 130mm。

焊枪角度调节范围：−5°~+10°。

摆动频率：0~100 周/min。

摆动控制精度：±0.1mm。

摆动宽度：0~20mm。

摆动两端停留时间：0~1s(左右侧停留时间可分别调整)。

预通气时间：0.1~99.9s。

气体延迟时间：0.1~99.9s。

送丝速度：0~8000mm/min。

焊丝角度调节范围：根据工艺试验确定；根据需要可以调节焊丝的上下高度。

热丝滞送时间：0.1~99.9s。

送丝速度递增时间：0.1~99.9s。

弧压控制精度：±0.1V。

收弧搭接时间：0.1~99.9s。

焊缝横向、纵向跟踪精度应满足焊接质量要求。

焊道层数：每层单道。

3. 工件驱动系统

工件驱动可选单驱动或双驱动，需操作简单、装配时调整方便。

支撑轮最大支撑质量：30t。

滚轮中心距地面距离：大约 500mm。

滚轮转速：0~3r/min。

滚轮架的滚轮径向跳动精度(无负荷时)：±0.1mm。

同步驱动精度：设备厂家应提供数据。

4. 立柱和横臂

立柱沿轨道行程：18000mm。

横臂伸长应与工件距立柱中心距相配套。

立柱垂直行程范围：能适应外径 190.7~920mm 集箱焊接。

横臂旋转角度：±90 度。

5. 焊接工艺参数

1）**焊接坡口形式** 窄间隙热丝 TIG 焊坡口的选择，既要考虑到焊根打底质量，又要考虑到焊接过程中的坡口收缩及对窄间隙机头坡口可达性的影响。合适的坡口钝边可以保证焊透及根部成型。坡口根部与坡口角度的过渡一般选择圆弧过渡，以避免角度过渡时尖角的应力集中。圆弧过渡的 R 太小容易引起应力集中，R 太大在第二、三层焊接时容易焊穿根部。坡口角度应根据坡口的收缩情况确定，以保证焊缝宽度变化与焊接工艺参数相匹配。

焊缝坡口及焊接试样实物：图 5.4-6 为典型的窄间隙热丝 TIG 焊坡口。

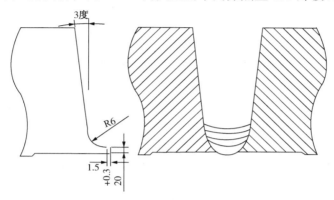

图 5.4-6 窄间隙热丝 TIG 焊接坡口

环缝的焊缝金属表面鱼鳞均匀，保护效果好，焊缝呈乳白色；焊接收弧的衰减正常，收弧良好；焊缝与侧壁熔合良好且圆滑过渡；根部均匀焊透，成型美观。经我国多家大型锅炉压力容器制造企业对所采用窄间隙热丝 TIG 焊接方法焊接试样的测试，试样机械性能参数均为优良。

2，**焊接工艺参数** 焊接工艺参数包括钨极-工件夹角、钨极-焊丝夹角和距离、钨极与工件中心偏移距离、钨极伸出长度、焊丝干伸出长度和焊接规范等。

（1）**钨极-工件夹角** 钨极-工件夹角为如图 5.4-7 所示的 θ 角。θ 角越小，电弧能量越集中；反之，电弧能量则越分散。但 θ 角越小，电弧和气流越不稳定，焊接熔池越不稳定，熔深大且焊缝成形差。θ 角太大则容易产生缺陷。通过试验，θ 以 10°~20° 为宜。

（2）**钨极-焊丝夹角及距离** 钨极-焊丝夹角如图 5.4-7 的 θ' 角。θ' 角不能太小，以免热丝和焊接磁场相互干扰，θ' 角也不能太大，影响焊丝准确的送入熔池。钨极-焊丝的距离以 2~3mm 为宜，这样既能保证输出焊丝正好进入熔池，又保证了焊丝电源的稳定性。θ' 在 60°~90° 为宜。

（3）**焊丝干伸出长度和钨极伸出长度** 焊丝伸出长度如图 5.4-10 的 L。热丝电流一定时，热丝热量与焊丝干伸长度成反比，也就是说，L 越长，所需的热丝功率越大。考虑过长的干伸长度无法保证焊丝的直线度，并为保证热丝电源运行的稳定，经过试验，焊丝的干伸长度以 16~20mm 为宜。

考虑到气体保护的效果，钨极的伸出长度一般以 5mm 为宜。

（4）**钨极与管子中心的偏移距离** 如图 5.4-7 所示，钨极与管子中心的偏移距离 OF 处钝边厚度 T1，与管子直径成反比。因此，OF 的大小有时需做调整，以保证在不焊穿的前提下熔透该位置钝边的有效厚度 T_1，保证焊接质量；同时，也可防止 OF 太大而导致熔池重力沿管子当前焊缝表面的切向分量大于熔池表面张力而下淌形成缺陷。因此，不同规格的管子在不同的钝边厚度下，需经过试验确定钨极与管子中心的偏移距离。

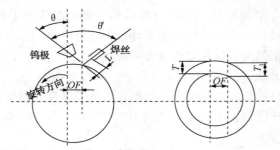

图 5.4-7　焊接工艺参数

（5）钨极端部的形状　钨极端部形状是重要的工艺参数。应根据所选用的不同焊接电流种类而选用不同的端部形状。对热丝 TIG 焊来说，一般采用直流正接，即工件接正极，钨极为负极。在小电流焊接时，小直径钨极和小的锥角 a 容易引弧，且电弧稳定；在大电流焊接时，增大锥角可避免尖端过热熔化，减少钨极损耗。

（6）焊接规范　合适的焊接规范必须建立在大量焊接试验的基础上，只有通过焊接试验与焊接评定才能得出准确的焊接工艺规范参数。对窄间隙热丝 TIG 焊来说，焊接规范需与焊接坡口相匹配。

打底层和过渡层应根据钝边厚度采用合适的脉冲电流规范，在保证熔透的同时不焊穿。填充层的焊接规范电流比打底层和过渡层有所加大，在控制热输入量的同时提高熔敷效率。在填充层的最后一层适当减小电流和送丝速度，保证焊缝表面成型平滑，为最后的盖面层提供有利条件。

6 高温焊接

焊接残余应力对焊件抗疲劳、抗应力腐蚀、抗低应力脆性破坏等带来不利影响，使很多焊件不得不进行焊后消除残余应力热处理，既造成了人力、物力的消耗，增加了产品的成本，还使产品性能由于热处理而降低。能否找到一种新的焊接方法，使焊件产生的焊接残余应力很小，不需要进行焊后消除残余应力处理就可直接应用呢？

首先，从理论上要论证使焊件产生很低焊接残余应力是否可行？结论是明确的，可行。从理论上说，在焊接过程中，均质材料构件在各部位同时升温和冷却的情况下，即假定构件上任何时刻各部位均无温度差，则不会产生热应力和相变力，即不会产生焊接残余应力。高温焊接的设想就是在这一理论基础上形成的。

所谓高温焊接就是把焊件加热到高温（≥500°）并在高温状态下施焊和焊后缓冷的焊接方法。高温焊接不同于预热，预热通常是在相变温度以下进行，而高温焊接的温度通常是在相变温度甚至在相变温度以上进行，两者有着本质的不同。

为了研究高温焊接对焊接残余应力、疲劳寿命抗应力腐蚀性能影响的规律性，我们选择了碳钢、低合金钢、高合金钢和不锈钢四种材质，做成不同规格试板进行高温焊接性能测试，试验结果表明（1）高温焊接能显著降低焊接残余应力；（2）高温焊接能显著提高焊件疲劳寿命；（3）高温焊接能显著提高焊件抗应力腐蚀性能。

进行高温焊接试验的关键在如何实现"试件各部位同时升温和冷却"，为此，我们自行设计制造了一台电阻丝加热器，可调升温档次，在本试验条件下，可实现加热试板到550℃，650℃、750℃和850℃。为了实现试板各部位同时冷却，焊后用石棉被将整个试件覆盖，同时缓冷。下面将所作试验简要加以介绍。

6.1　高温焊接对焊接残余应力的影响

焊接残余应力是由于焊接部位局部高温加热，焊后在焊缝及其附近区域产生不均匀的弹塑性形变残存于焊接构件内的应力。高温焊接可以有效降低焊接残余应力。

1. 实验部分

实验过程主要有以下 3 项内容：

（1）选材　加工实验材料为 2.25Cr1Mo 钢，制成 3 组相同尺寸（150mm×100mm×14mm）的试板，中间开有 V 形坡口，焊缝宽度选定为 10mm，（焊接电压 36V，焊接电流 140A，焊接速度 140mm/min）

（2）焊接过程　第一组试板在室温下正常焊接，焊接后自然冷却（标记为1）；第二组试板先用加热炉加热到 750℃，然后放到电阻丝加热炉上进行焊接，并且焊接过程中始终保持

750℃温度不变，焊后在石棉被覆盖下缓慢冷却，此即高温焊接试件（标记为2）；第三组试板加热到850℃，焊接过程同试板2（标记为3）。

（3）残余应力测量　用小盲孔法测量焊完的3组试板的焊接残余应力，应变片粘贴位置如图6.1-1所示（贴片间距10mm）。

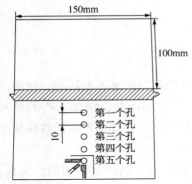

图6.1-1　应变片粘贴位置图

2. 实验结果

各试板焊接残余应力测量结果列于表6-1。由表6-1可以看出，在焊缝区及其附近存在高残余拉应力，且纵向残余应力 σ_x 远大于横向残余应力 σ_y。对于2.25Cr1Mo材料，正常焊接试板的焊接残余应力最高值为 $\sigma_x = 450.24$MPa，$\sigma_y = 220.16$MPa；750℃高温焊接试板的焊接残余应力最高值为 $\sigma_x = 188.72$MPa，$\sigma_y = 95.44$MPa，与正常焊接的试板相比，焊接残余应力最高值下降幅度分别是：纵向59.4%，横向58.8%；850℃高温焊接试板的焊接残余应力最高值为：$\sigma_x = 136.85$MPa，$\sigma_y = 69.46$MPa，与正常焊接的试板相比，焊接残余应力最高值下降幅度分别是：纵向69.9%，横向69.6%。

表6-1　2.25Cr1Mo钢的焊接残余应力

焊接方法	孔序	σ_x/MPa	σ_y/MPa	应力性质
正常焊接	1	450.24	226.16	拉应力
	2	392.35	195.83	拉应力
	3	316.38	157.92	拉应力
	4	242.56	122.34	拉应力
	5	148.64	75.84	拉应力
750℃高温焊接	1	188.72	95.44	拉应力
	2	154.56	73.12	拉应力
	3	120.25	61.33	拉应力
	4	89.42	46.05	拉应力
	5	76.57	39.34	拉应力
850℃高温焊接	1	136.85	69.46	拉应力
	2	108.32	55.06	拉应力
	3	86.58	42.98	拉应力
	4	70.64	36.25	拉应力
	5	64.28	33.19	拉应力

3. 机理分析

在正常焊接时，热源集中作用在焊缝这一局部区域上，由于热传导，在热源周围的金属上就形成了一个温度场。该温度场的温度梯度很大，在焊缝区域，最高温度可以达到材料的熔点，在离焊缝不远处温度就急剧下降至室温，这是产生焊接残余应力的根本原因。在加热过程中，焊缝中心区域发生热膨胀，由于受到周围较冷区域金属的约束，形成了在焊接区的塑性热压缩；在冷却过程中，熔池凝固又受到周围金属的制约而不能自由收缩，最终在焊缝区和热影响区形成拉伸焊接残余应力。

高温焊接是在焊接过程中保持高温不变，整块试板的温度与焊缝的温度基本相同，即在加热和冷却过程中始终使试板各部分温度基本相同，母材与焊缝的温度梯度很小，焊后熔池凝固受到周围金属的制约很小，产生的焊接残余应力就会很小。在本试验条件下，高温焊接温度越高，焊后产生的焊接残余应力越小。

通过在不同温度下对 2.25Cr 1 Mo 试板进行高温焊接与正常焊接的对比试验，试验表明，高温焊接方法能有效降低构件的焊接残余应力。

6.2　高温焊接对疲劳寿命的影响

6.2.1　对 16MnR 钢疲劳寿命的影响

焊接使焊接结构焊后存在较高的焊接残余应力，它会降低焊接结构的疲劳寿命，从而影响焊接结构持久可靠使用。为提高焊件的疲劳寿命，焊接工作者采用了各种方法来降低焊接残余应力。这些方法大体上分为三种：焊后调整或消除残余应力；焊中调整或消除焊接残余应力；焊前采用预热、反变形等辅助工艺措施等。高温焊接是焊前将试件加热到（≥500℃）高温，焊接时一直保持试件处在高温状态下的一种焊接方法。该方法使高温的焊接温度梯度很小，使焊件产生均匀的弹塑性变形，焊后采用缓慢冷却来降低焊接残余应力的产生，进而提高焊接结构的疲劳寿命。

1. 试验过程

本试验选用三组 16MnR 钢试件，试件尺寸如图 6.2-1 所示。其中一组在常温下焊接，焊后自然冷却。另外两组在加热炉中分别加热到 750℃ 和 850℃ 后，在电阻丝加热器上进行焊接。为了保证焊接过程中试件温度尽量保持不变，试验时把两组试件分别放到电功率为 4000W 和 5000W 电阻丝加热炉上焊接，焊后在石棉被覆盖下缓慢冷却。

2. 试验结果

（1）焊接残余应力测量

焊接残余应力测量采用小盲孔法。应变片粘贴位置如图 6-2-2 所示。

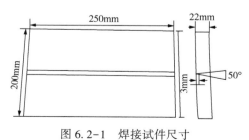

图 6.2-1　焊接试件尺寸　　　　图 6.2-2　应变粘贴位置

将所测应变值代入相应公式进行残余应力计算，结果见表 6-2。

表 6-2　焊接残余应力测量值

焊接条件	小孔序号	σ_x/MPa	σ_y/MPa
正常焊接	1	347.76	173.58
	2	289.81	142.20
	3	299.13	115.76
	4	164.44	87.98
	5	105.17	54.31
750℃高温焊接	1	154.32	76.27
	2	135.69	68.39
	3	111.85	58.48
	4	89.46	45.62
	5	71.60	35.46
850℃高温焊接	1	108.63	35.67
	2	91.26	45.32
	3	72.98	37.53
	4	57.35	29.15
	5	44.89	21.81

由表 6-2 可知，常温条件下焊接的 16MnR 试板最大焊接残余应力值分别为；纵向 347.76MPa 和横向 173.58 MPa；750℃高温焊接的最大焊接残余应力值分别为；纵向 154.32MPa 和横向 76.27MPa，比常温条件下焊接残余应力最大值分别降低 55% 和 56%。

850℃高温焊接最大焊接残余应力值分别为：纵向 108.63 MPa 和横向 54.67 MPa，比常温条件下焊接残余应力最大值均降低 68%。

（2）疲劳试验

对三组试件做疲劳试验，疲劳试件截取位置如图 6.2-3 所示。

16MnR 钢疲劳试验结果如表 6-3 所示。

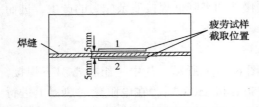

图 6.2-3　疲劳试验试样截取位置

表 6-3　　16MnR 钢疲劳试验结果

焊接条件	试件编号	应变频率/Hz	循环次数
正常焊接	1	0.5	1504
	2	0.5	1810
750℃高温焊接	1	0.5	2239
	2	0.5	2451
850℃高温焊接	1	0.5	2698
	2	0.5	2864

由表 6-3 可知，750℃和 850℃高温焊接试件的疲劳循环次数的平均值，比常温下焊接试件疲劳循环次数的平均值，分别提高 50%和 98%。

3. 机理分析

在正常焊接时，焊缝区金属受热膨胀受到周围金属的制约，焊缝区金属受压，呈压应力状态；焊后冷却时，焊缝区金属冷却收缩，受到周围金属的制约，焊缝区金属受拉，呈拉应力状态，此状态一直保持到室温。在无相变情况下，焊缝区和近缝区的焊接残余应力呈拉应力状态。

残余拉应力值的大小取决于焊接温度场，与焊缝垂直方向温度场的温度梯度越大，焊后产生的焊接残余应力值越大。在本实验条件下，高温焊接使与焊缝垂直方向温度场的温度梯度大大减小，故焊后产生的残余拉应力值显著降低。高温焊接的温度越高，温度场的温度梯度越小，焊后产生的焊接残余应力值越小，即 750℃和 850℃高温焊接纵向残余应力的最大值比常温焊接纵向残余应力最大值分别降低 55%和 68%。

焊接残余应力对焊件疲劳寿命影响的规律是，焊接残余应力为拉应力时，将降低试件的疲劳寿命，拉应力值越大，疲劳寿命降低也越大。高温焊接显著降低了焊接残余拉应力，故 750℃和 850℃高温焊接试件的疲劳寿命比常温焊接试件的疲劳寿命分别提高 50%和 98%。

可见，高温焊接可显著降低焊接残余应力和提高焊件的疲劳寿命。

6.2.2 高温焊接对 1.25Cr0.5Mo 钢疲劳寿命的影响

1. 焊接试验

本试验选用五组 1.25Cr0.5Mo 钢试件，试件尺寸如图 6-2-4 所示。在本实验中，所用试板厚度为 22mm，由于试板较厚而不能一次焊透，需要开坡口，V 形坡口如图 6-2-4 所示。试板焊接采用焊条电弧焊，焊条型号为 CMA-96，焊接参数为：工作电压 36V，工作交变电流 110A，焊接速度 12~14cm/min。焊缝余高不超过 1.5mm，经 X 射线检测，试板焊接质量合格。

第一组试件在常温下进行焊接，在空气中自然冷却；另外四组试件在加热炉中加热，分别加热至预设温度(550℃，650℃，750℃，850℃)后取出，放置在自制的开口式加热炉上进行焊接，自制加热炉的温度调到与试板加热的温度相一致，用热电偶测定试板温度，保证其在恒温下焊接。焊后用保温棉被进行保温缓冷，缓慢冷却至室温。

2. 焊接残余应力测量

采用小盲孔法，对焊后五组试件分别进行焊接残余应力测量。粘贴电阻应变片(4 个)依次相距 10mm，如图 6-2-5 所示。焊接残余应力测量数据如表 6-4 所示。

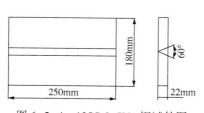

图 6-2-4　125Cr0.5Mo 钢试件图

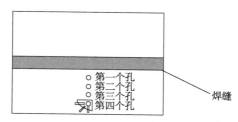

图 6-2-5　应变片粘贴位置图

表 6-4　焊接残余应力测量值

焊接方法	孔序	纵向残余应力 σ_x/MPa	横向残余应力 σ_y/MPa	应力性质
常温焊接	1	398.7	180.9	拉应力
	2	347.1	107.4	
	3	260.4	87.3	
	4	187.1	58.9	
550℃高温焊接	1	199.0	92.4	拉应力
	2	161.6	71.4	
	3	111.8	52.4	
	4	80.3	36.3	
650℃高温焊接	1	100.3	58.9	拉应力
	2	85.7	30.2	
	3	67.2	17.8	
	4	40.4	10.7	
750℃高温焊接	1	64.0	37.3	拉应力
	2	38.0	21.7	
	3	26.9	17.4	
	4	21.8	11.6	
850℃高温焊接	1	35.9	18.6	拉应力
	2	27.6	11.0	
	3	20.7	7.8	
	4	15.6	5.2	

由表 6-4 可知，常温条件下焊接的 1.25Cr0.5M 试板，纵、横向焊接残余拉应力的最大值分别为 398.7MPa 和 180.9MPa；550℃高温下焊接的残余应力最大值比常温下焊接残余应力最大值降低了：纵向降低 $\eta_x = 50.1\%$，横向降低 $\eta_y = 48.9\%$；650℃高温下焊接的残余应力最大值比常温下焊接残余应力最大值降低了：纵向降低 $\eta_x = 74.8\%$，横向降低 $\eta_y = 67.4\%$；750℃高温下焊接的残余应力最大值比常温下焊接残余应力最大值降低了：纵向降低 $\eta_x = 83.9\%$，横向降低 $\eta_y = 79.4\%$；850℃高温下焊接的残余应力最大值比常温下焊接残余应力最大值降低了：纵向降低 $\eta_x = 91\%$，横向降低 $\eta_y = 89.7\%$。

3. 疲劳试验

对 1.25Cr0.5Mo 钢五组试件做了低周疲劳试验，疲劳试件截取位置如图 6-2-6 所示，疲劳试件的尺寸如图 6-2-7 所示。采用的疲劳试验标准为：GB/T 15248——2008《金属材料轴向等幅低周循环疲劳试验方法》。

试验条件：试验温度：25℃；载荷控制方式：应力控制；载荷的选择：选取常温焊接时的焊接残余应力最大值 398.7MPa 对应的载荷 $P = 31$kN；波形：全逆转三角波；循环特征系数：$r = -1$；载波频率：$f = 2$Hz，周期：$T = 0.5$S。疲劳试验结果如表 6-5 所示。

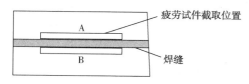

图 6-2-6　疲劳试件截取位置图

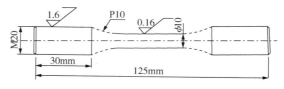

图 6-2-7　疲劳试件尺寸

表 6-5　1.25Cr0.5Mo 钢疲劳试验结果

焊接温度 $T/℃$	疲劳试件编号	载荷 P/kN	循环次数	循环次数平均值
常温	1#	31	4547	4639
常温	2#	31	4730	
550℃	3#	31	5930	6078
550℃	4#	31	6226	
650℃	5#	31	6501	6441
650℃	6#	31	6381	
750℃	7#	31	6929	6830
750℃	8#	31	6731	
850℃	9#	31	7528	7528
850℃	10#	31	未拉断	

由表 6-5 可知，550℃、650℃、750℃和 850℃高温焊接试件的疲劳循环次数的平均值，比常温下焊接试件疲劳循环次数的平均值，分别提高 31.02%、、38.84%、47.23% 和 62.28%。应当指出，从焊接试板上截取疲劳试样，在截取和加工过程中，焊接残余应力都会发生变化，由于试件截取位置相同，我们假设对残余应力的影响是相同的。

4. 机理分析

高温焊接的工艺过程是，焊接前将待焊的试件放在加热炉中加热至一定温度，加热完成后将试件取出，放在自制的加热装置上进行焊接，自制的加热装置使焊接区与焊缝周围区域的温差很小，焊接完成后将试件保温缓冷，减小了试件各部位的温度梯度，冷却时，焊接区与周围区域的温度差降低，从而有效地降低焊接后所产生的焊接残余应力。

高温焊接及随后的保温缓冷，使焊缝金属凝固时受周围区域限制收缩大为减少，加热温度越高，凝固过程中的温度梯度越小，受到的限制收缩越小，焊缝及热影响区产生的焊接残余拉应力越小。

高温焊接降低焊接残余应力的机理可简述如下：高温焊接使焊缝区与相邻区域的温度梯度大大减小，从而减小了焊缝和热影响区冷却时收缩受限，有效的降低了焊接残余应力。

由上述可得出如下结论：

（1）在不同温度下对 1.25Cr0.5Mo 钢试板进行高温焊接试验，高温焊接能有效降低构件的焊接残余应力。在本试验条件下，高温焊接的温度越高，焊后产生的焊接残余应力越小。850℃高温下焊接的残余应力最大值，比常温下焊接的残余应力最大值降低了：纵向 $\eta_x = 91\%$，横向 $\eta_y = 89.7\%$。

（2）对不同高温焊接试件的 1.25Cr0.5Mo 钢试板进行疲劳试验，在本试验条件下，高温焊接的温度越高，焊接构件的疲劳寿命越高。850℃高温焊接试件的疲劳循环次数的平均值比常温下焊接试件疲劳循环次数的平均值，提高了 62.28%。

6.3　高温焊接对抗应力腐蚀性能的影响

在石油化工行业，设备的工作条件相当苛刻，一般都在高温、高压和强腐蚀介质等恶劣条件下运行。在这种条件下使用的压力容器，经常会发生腐蚀破坏，特别是应力腐蚀开裂，给设备安全带来巨大危害，直接影响构件的使用寿命。构件焊接残余应力的数值、分布形态对焊接结构件的疲劳、脆断、应力腐蚀开裂和尺寸稳定性等都有很大地影响。若采用一定的方法降低在焊后产生的焊接残余应力值，势必会使焊接构件性能得以改善。高温焊接是一种新的降低焊接残余应力的方法。

1. 试验过程

试验用材料为 16MnR 钢板，将其制成 3 组中间带有 V 形坡口、尺寸为 250mm×180mm×22mm 的试板，试板尺寸如图 6-3-1 所示。用手工电弧焊焊接试板（焊接参数：焊条 J507—35，焊接电流 110A，焊接速度 120~140mm/min，焊接电压 36 V），第 1 组试板在常温下进行焊接，焊后自然冷却，标记为 1# 试板，第 2 组和第 3 组试板焊前分别在加热炉中加热到 750℃和 850℃然后放到功率为 4000W 和 5000W 的电阻丝加热炉上进行焊接，力求焊接过程中试板温度保持不变，焊后在石棉被覆盖下缓慢冷却，分别标记为 2# 试板和 3# 试板。对第 2 组和第 3 组试板的焊接过程称为高温焊接。焊接完成后采用小盲孔法测定各试板焊接残余应力大小，贴应变片位置如图 6-3-2 所示（应变片中心间距 10mm）。最后，利用 GMB-150B 便携式瞬时腐蚀速度测量仪测定 3 组试板分别在 pH=6 的稀盐酸和 pH=8 的稀氢氧化钠溶液中的腐蚀速度。

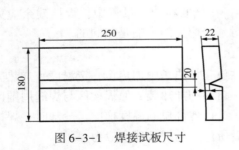

图 6-3-1　焊接试板尺寸　　　　图 6-3-2　黏贴应变片位置示意图

2. 试验结果

（1）焊接残余应力试验结果

通过测定每个试板上的 5 个点，求出焊接后残余应力平均值，如表 6-6 所示。

表 6-6　16MnR 钢焊接残余应力测量值

试 板 编 号	1#	2#	3#
纵向焊接残余应力 σ_x 平均值/MPa	225.38	109.55	73.01
横向焊接残余应力 σ_y 平均值/MPa	112.45	56.13	33.89
应力状态	拉应力	拉应力	拉应力

由表6-6数据可知，对于3组试板，焊缝及热影响区均存在焊接残余拉应力。将2#试板和3#试板与正常状态下焊接的1#试板比较可以得出：经750℃高温焊接后，试板的纵向焊接残余应力的平均值下降51%，横向焊接残余应力的平均值下降了50%；经850℃高温焊接后，试板的纵向焊接残余应力的平均值下降了68%，横向焊接残余应力的平均值下降了70%。可见，高温焊接可有效降低16MnR钢的焊接残余应力。在本试验条件下，高温焊接的温度越高，降低焊接残余应力的效果越好。

（2）腐蚀速度试验结果

表6-7为16MnR钢的腐蚀速度试验结果。由表6-7数据可知，16MnR钢经750℃高温焊接后，在酸性介质中腐蚀速度下降了38%，在碱性介质中腐蚀速度下降了35%；经850℃高温焊接后，在酸性介质中腐蚀速度下降了50%，在碱性介质中腐蚀速度下降了45%。可见，16MnR钢经高温焊接后其抗腐蚀性能比正常焊接明显提高。

表6-7　16MnR钢的腐蚀速度数值

试板编号	1#	2#	3#
在pH=6的稀盐酸中的腐蚀速度($\times 10^{-2}$mm/a)	8.41	5.22	4.20
在pH=8的稀氢氧化钠中的腐蚀速度($\times 10^{-2}$mm/a)	7.49	4.85	4.13

3. 机理分析

在正常焊接时，由于局部的高温热输入会导致焊缝区的温度远高于相邻区，从而在焊接构件中产生不均匀的温度场，结果产生不均匀的弹塑性变形。处于焊接区域金属的膨胀受到变形较小部位金属限制时，焊接区就出现了压缩内应力；在焊后冷却过程中，随着温度降低，由于焊缝及周围区域的收缩受到变形较小的低温部位的限制，从而产生了焊接残余拉应力。高温焊接方法降低了在焊接过程中构件不同部位的温差，使构件中的温度场在整个焊接过程中趋于均匀，温度梯度很小，从根本上减小了不同部位变形量的差异，从而达到降低构件焊接残余应力的目的。在本试验条件下，高温焊接温度越高，变形量的差异越小，降低焊接残余应力的效果越好。

应力腐蚀是拉应力与腐蚀介质共同作用的一种破坏形式。而拉应力是发生应力腐蚀开裂的必要条件，构件中拉应力存在与否及其应力值的大小对构件抗应力腐蚀性能的影响很大。拉应力值越大，腐蚀速度越快。高温焊接通过降低焊接后产生的残余拉应力值，从而使焊接构件抗应力腐蚀性能得到提高，并且，焊接残余拉应力下降幅度越大，抗应力腐蚀性能提高越明显。

可见，高温焊接可有效降低16MnR钢焊接残余拉应力及提高其抗应力腐蚀性能。在本试验条件下，高温焊接的温度越高，焊接残余拉应力下降幅度越大，抗应力腐蚀性能提高越显著。

第7章 振 动 焊 接

振动焊接是把普通焊接方法和振动结合起来的一种焊接新方法。

振动焊接是指在焊接过程中根据不同构件施加不同参数的机械振动，即在振动条件下进行的焊接。不难想象，在一定频率范围内的轻微振动，对焊接熔池凝固有一定作用：①当焊缝金属在熔融状态下，振动可以使熔池凝固形成的组织发生变化，细化晶粒，使焊缝的力学性能得到提高；②在焊接时，焊缝处材料的屈服强度很低，因此，振动使热应力场温度梯度减小，使焊接残余应力得到降低或均化；③由于振动，在结晶过程中使气泡、杂质等容易上浮，氢气易排除，可减少焊接缺陷，使焊缝材料与母材过渡连接均匀、平缓，降低应力集中，提高焊接质量。

7.1 振动焊接对金相组织的影响

振动焊接是在振动时效技术的基础上发展起来的一项新的焊接方法。振动焊接具有以下突出的特点；能减少焊接裂纹、减少焊接变形、降低焊接残余应力、减少焊接缺陷、增加焊缝韧性和提高焊件疲劳寿命等。

1. 试验过程

1）焊接试验

选用两组从同一料板截取下的待焊试件，试件的材质为 16MnR，尺寸为 500mm×300mm×16mm。沿板长方向中间开一角度为 60°、深为 11mm 的 V 形坡口。将其中一组试件固定在振动平台上，采用环天牌 ZSX-06 型多功能振动时效设备，对试件及振动平台施振，振动频率分别选在 67Hz 和 85Hz 两个频率，振动振幅是通过调整电机转子偏心距，分别选在 1 档和 3 档两个位置（1 档振幅最小）。振动的同时利用 MZ-100 型埋弧自动焊机进行焊接，焊丝牌号为 H10Mn2、Φ4mm，焊剂牌号 HJ431。另一组在正常（不振动）情况下，用同一埋弧自动焊机，在相同焊接条件下进行焊接，作为对比参考试件。

2）金相试验

焊接完成后，在每块试件的焊缝及热影响区切取金相试样，经磨制、抛光和腐蚀后，在金相显微镜下观察各组试件的金相组织，并与对比参考试件对照，如图 7.1-1 和图 7.1-2 所示。图 7.1-1 是两种焊接情况下，试件焊缝的金相组织，其中 7.1-1（a）是正常焊接情况下焊缝的金相组织，为典型的柱状晶，为先共析铁素体+魏氏组织铁素体+针状铁素体（或粒状贝氏体）+珠光体，晶粒很粗大；图 7.1-1（b）是在振动焊接（频率为 67HZ，电机偏心度在 3 档）情况下的焊缝金相组织，与图 7.1-1（a）比较，晶粒较为细小，而且分布在晶界上的针状铁素体（或粒状贝氏）变小，魏氏组织也明显减少，组织较均匀。图 7.1-2 是两种焊接情况下，试件热影响区的金相组织，其图 7.1-2（a）是正常焊接情况下试件热影响区的金相，上边为熔合区的组织，下边为过热区，在过热区组织中奥氏体晶粒较粗大，沿奥氏体晶界先共析的针状铁素体+细小的珠光体，形成了粗大的魏氏组织；图7.1-2(b)是在振动焊接情况下热影响区的金相组织。从照片上看，采用振动焊接的热影响区金相组织中的过热组织与图7.1-2(a)相比，奥氏体晶粒较小，魏氏组织也较少，甚至几乎消失。同时，也可以看出熔合区的针状铁素体(或粒状贝氏体)很小。另外，从金相照片上看，振动焊接对相变重结晶区(正火区)和不完全重结晶区的组织没有明显的影响。

(a)正常焊接　　　　　　　　　　　　　(b) 振动焊接

图7.1-1　正常焊接和振动焊接情况下焊缝的金相组织

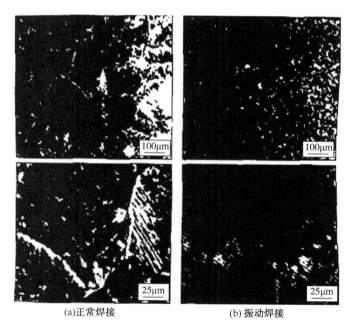

(a)正常焊接　　　　　　　　　　　　　(b) 振动焊接

图7.1-2　正常焊接和振动焊接情况下热影响区的金相组织

2. 分析与讨论

对于低合金钢(16MnR)，其焊缝组织与低碳钢相近，在正常条件下，为粗大的柱状铁素体+极少量的珠光体。只有在冷却速度增大时，才会出现粒状贝氏体。而其焊接热影响区的组织分别是：部分相变区为铁素体+珠光体，细晶区为铁素体+珠光体，过热区和熔合线附近为粗大的魏氏组织、珠光体和少量粒状贝氏体。从图7.1-1和图7.1-2的金相组织照片看，振动焊接后，金相组织有明显的变化。其特征是焊缝区柱状晶变小，尤其是热影响区中粗大的魏氏组织显著变少或几乎消失。这种现象说明，焊缝及热影响区的力学性能会有很大的改善，提高了焊接质量，对于焊接结构件来说无疑会增强焊缝的强度。

1) 焊缝晶粒细化分析

机械振动焊接之所以能够使焊缝晶粒细化，改善其金相组织，这要从振动焊接过程中的冶金学角度来讨论。焊缝冷凝过程是晶体形核与长大过程，晶粒尺寸的大小是由单位面积内晶粒数目 Z_s 的多少所决定的，Z_s 越大晶粒越细小，反之晶粒越粗大。而决定 Z_s 的主要因素是形核率 n 和晶粒长大线速度 c，它们之间的关系由下面的经验公式给出

$$Z_s = 1.1(n/c) \qquad (7-1)$$

因此．凡是影响 n 和 c 的因素，都必然影响结晶后晶粒大小。

形核时两个必备条件是相起伏和能量起伏，在液态金属中微小范围内，存在紧密接触、规则排列的原子集团，称为近程有序，这些原子集团近邻原子之间具有某种与晶粒结构类似的规律。液态金属中的原子处于不断热运动中，从而近程有序的原子集团会瞬间出现和瞬间消失，仿佛在液态金属中不断出现一些极微小的团体结构一样，这样便增大了液态金属中的结构起伏或称相起伏，这些相起伏就是晶核萌芽。振动焊接输入熔池中的振动能量加速了原子的热运动，进而加速了原子集团的频繁出现和消失，即提高了液态金属中的能量起伏，因而增多了晶胚的数量，即增加了形核率 n。

另外，振动焊接时，振动所产生的能量足可使熔池中成长的晶粒破碎，起到搅拌熔池的作用，使成分均匀，使晶粒长大线速度 c 减小，同样也使晶核数目增加。

式 (7-1) 中 n 增大，c 减小，故 Z_s 增大，单位面积内晶粒数目增多，因此晶粒细化。

2) 魏氏组织形成分析

在实际生产中，W_c（碳的百分比含量）<0.6% 的亚共析钢和 W_c>1.2% 的过共析钢的焊缝或热影响区空冷，或者当加热温度过高并以较快速度冷却时，先共析铁素体或先共析渗碳体从奥氏体晶界沿奥氏体一定晶面往晶内生长并呈针片状析出。从金相显微镜下可以观察到，奥氏体晶界生长出来的近于平行的或其他规则排列的针状铁素体或渗碳体+珠光体组织，这种组织称为魏氏组织。魏氏组织是钢的一种过热缺陷组织，它使钢的力学性能特别是冲击性能和塑性显著降低，并提高钢的脆性转变温度，因而使钢容易发生脆性断裂。所以，比较重要的工件在焊接后，要对魏氏组织进行金相检验和评级，必要时还要进行适当的热处理来消除这种过热组织缺陷。本试验所用的材料为 16MnR，Wc=0.16，属亚共析钢，过热区组织为铁素体加魏氏体组织。针状铁素体可以从奥氏体中直接析出，也可以沿奥氏体晶界首先析出网状铁素体，然后，再从网状铁素体平行地向晶内生长。当魏氏组织中铁素体形成时，铁素体中的碳扩散到两侧母相奥氏体中，从而使铁素体之间奥氏体碳浓度不断增加，最终转变为珠光体。

魏氏组织形成与钢中含碳量、奥氏体晶粒度大小和冷却速度（转变温度）有关。只有在一定的冷却速度和碳的质量分数范围内才能形成魏氏组织。对于亚共析钢，只有含碳量在 W_c=0.05% ~ 0.35% 的狭窄范围内，冷却速度较快时才能形成魏氏组织。奥氏体组织越细小，越容易形成网状铁素体，而不易形成魏氏组织。魏氏组织只在一定的冷却速度范围内形成，冷却速度过慢，有利于碳和铁原子扩散而形成网状铁素体，冷却速度过快，铁原子来不及扩散抑制魏氏组织的形成。在振动焊接条件下，可从两方面来讨论对魏氏组织形成的影响：一方面，由于振动的搅拌作用，加速了原子间的碰撞机会，对流热传导增大，易于热量散失，使过热区的冷却速度加快，碳和铁原子来不及扩散，不易形成魏氏组织；另一方面，由于振动能使生长中的晶粒破碎，晶粒数目增加，奥氏体晶粒细化，没有粗大的奥氏体晶粒，同时使过热区变窄（在图 7.1-2(b) 可以明显看出），抑制了魏氏组织的出现。

3）振动频率与振幅对金相组织的影响

在本试验条件下，所选的两个频率均在试件的一阶共振频率（101Hz）左侧（即小于共振频率）。从每一组金相组织看，两个频率在同一电机偏心度（振幅）下，没有明显的差别，这是由于两个频率值相差较小，还不能反映出振动焊接频率对金相组织的影响。另一方面也可以说，在该频率范围内，振动焊接试件的金相组织变化对频率敏感性较差。

振动振幅对振动焊接试件的金相组织的影响很大。在不同振幅条件下，振动焊接试件的金相组织是不同的。当电机偏心度放在1挡时，两个振动频率下的振动焊接试件的焊缝及热影响区的金相组织与参考试件的焊缝及热影响区的金组织没有多大差别；而当电机偏心度放在3挡时，两组试件的金相组织与参考试件对比，则有明显的变化，如图7.1-1和图7.1-2所示。这说明振幅对振动焊接试件的焊缝和热影响区的金相组织有显著的影响。

由于振动振幅的大小决定于机械振动能量的大小，也就决定了振动焊接试件的金相组织的变化情况。只有振幅达到一定程度时，振动焊接试件的焊缝和热影响区的金相组织才能发生明显的变化。

由上述可得出如下结论

（1）振动焊接可改善焊缝及热影响区的金相组织，使焊缝的金相组织细化，熔合区和过热区变窄，魏氏组织减少或消失。

（2）振动振幅对振动焊接试件的焊缝和热影响区的金相组织影响很大，在本实验中，当电机偏心度放在3挡时，振动焊接试件的金相组织变化非常明显。

7.2 振动焊接对力学性能的影响

用普通焊接方法焊接的构件，由于焊缝处存在着很高的焊接残余拉应力，使得构件强度、尺寸精度和疲劳强度等都有不同程度的下降，从而导致构件使用寿命降低。在进行残余应力消除时，通常采用热时效和振动时效等方法，可以使焊接残余应力得到降低和均化，从而部分消除焊接残余应力和改善焊接残余应力对构件的不利影响。

1. 实验方法

为了研究振动焊接对焊缝力学性能的影响，试验采用了板梁对焊和箱型梁上表面开口焊接两组不同构件进行对比研究。

在板梁振动焊接对比试验中，采用1100mm×100mm×15mm的两块Q215钢板沿长度方向对焊，利用VSR-Q91604激振设备，进行平台振动焊接。

在箱型梁上表面开口振动焊接对比试验中，采用1200mm×150mm×150mm的箱型梁。上盖板中间横向开坡口为V形焊道，振动方式采用平台低频振动焊接（频率为60Hz）与较高频率振动焊接（频率为80Hz）两种方法。

焊接方式分为正常焊接、低频振动焊接和较高频振动焊接，分别作残余应力、断裂韧性、疲劳特性等项对比试验并得出结论。

2. 振动焊接对焊接残余应力的影响

板梁和箱型梁正常焊接与振动焊接后，在近焊缝相应的位置，采用小孔法对焊接残余应力进行了测试。测试结果见表7-1和表7-2。

表 7-1　板梁焊接残余应力测试值

测点	σ_x/MPa		σ_y/MPa		σ_x/MPa(平均值)		σ_y/MPa(平均值)		σ_x 降低率/%	σ_y 降低率/%
	正常焊接	振动焊接	正常焊接	振动焊接	正常焊接	振动焊接	正常焊接	振动焊接		
1	438.9	355.1	47.3	83.7						
2	346.7	401.3	74.3	67.1						
3	398.1	377.7	100.0	134.3	418.2	355.1	153.4	118.8	13.8	22.6
4	372.8	316.3	127.6	137.1						
5	382.1	319.3	193.5	215.6						
6	546.0	393.1	377.4	75.2						

注：σ_x 为纵向残余应力；σ_y 为横向残余应力

表 7-2　箱型梁残余应力测试值

测点	σ_x/MPa			σ_y/MPa		
	正常焊接	低频焊接	较高频焊接	正常焊接	低频焊接	较高频焊接
1	365.4	177.5	193.5	130.0	8.4	45.4
2	287.4	108.8	119.6	157.8	75.6	89.3
3	217.2	133.8	153.6	170.9	71.0	49.8
4	210.3	129.2	110.7	107.5	58.2	56.7
5	151.3	222.5	161.5	164.4	80.3	72.1
6	100.9	114.4	168.0	111.4	53.1	64.0
平均值	223.0	147.8	152.0	141.0	58.0	63.0

由表 7-1 和表 7-2 可知，板梁与箱型梁经振动焊接后，与正常焊接对比，有以下特点：

（1）振动焊接使板梁焊接残余应力的分布得到了降低和均化，近焊缝区的焊接残余应力总体水平下降了：纵向降低 13.8%，横向降低 22.6%。

（2）振动焊接使箱型梁近焊缝区焊接残余应力水平下降了：低频纵向降低 33.7%，横向降低 58.9%；较高频纵向降低 31.8%，横向降低 55.3%。

3. 振动焊接对焊缝断裂韧性的影响

在板梁对焊试件中，制备标准三点弯曲试样，试样缺口位置如图 7.2-1 所示。采用 COD 试验方法，对板梁焊缝作断裂韧性测试，做出 Δa-δ 曲线，求出 δ_5 进行对比；每组试件有效点不少于 5 个，测试结果见图 7.2-2。

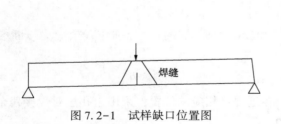

图 7.2-1　试样缺口位置图　　　　　图 7.2-2　COD 试验结果

将图 7.2-2 中所得的临界值列于表 7-3 进行比较。由表 7-3 可以看出，振动焊接可以提高近焊缝处材料的断裂韧性 19.0%。

从图 7.2-3(a)、(b) 也可看出，通过振动焊接，焊缝金属的微观组织得到了明显细化，分布也较均匀，这也可作为振动焊接提高焊缝材料断裂韧性的微观解释。

表 7-3 断裂韧性对比

焊接方式	δ_5/mm	提高率/%
正常焊接	0.21	
振动焊接	0.25	19.0

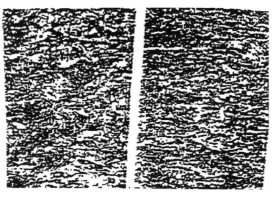

(a)正常焊接   (b)振动焊接

图 7.2-3 焊缝金属的微观组织

4. 振动焊接对构件疲劳寿命的影响

在 200kN 低频疲劳试验机上对近焊缝处截取的试件进行疲劳测试，测试结果见表 7-4 和表 7-5。由表 7-4 和表 7-5 可见，板型梁振动焊接疲劳寿命提高幅度较大，低频振动焊接提高 75%，较高频率振动焊接提高 47.8%。箱型梁在振动焊接后疲劳寿命也有显著提高，低频振动焊接后疲劳寿命约提高 67%，较高频振动焊接后疲劳寿命提高了 48.6%。

表 7-4 板型梁试件疲劳寿命测试数据

工况	构件序号	疲劳寿命/10^5	平均寿命/10^5	疲劳寿命提高率/%
正常焊接	1	1.36	1.28	
	2	0.86		
	3	1.80		
	4	1.08		
低频焊接	1	2.58	2.24	75.0
	2	2.34		
	4	1.80		
高频振动焊接	1		1.89	47.8
	2			
	3			
	4			

表 7-5　箱型梁试件疲劳寿命测试数据

工况	试件序号	疲劳寿命/10^5	平均寿命/10^5	疲劳寿命提高率
正常焊接	1	0.67	1.85	
	2	1.91		
	3	2.03		
	4	1.42		
	5	1.91		
	6	2.53		
	7	2.39		
	8	1.25		
	9	3.30		
低频	1	2.90	2.99	67.0
	2	2.88		
	3	1.77		
振动	4	3.75		
	5	3.22		
	6	2.21		
焊接	7	3.16		
	8	2.88		
	9	2.50		
较高频率	1	0.92	2.75	48.6
	2	1.22		
	3	0.95		
振动	4	2.48		
	5	3.13		
	6	3.40		
焊接	7	2.31		
	8	2.67		
	9	4.67		

　　从以上数据分析可知，振动焊接可提高焊件的疲劳寿命。在本试验条件下，振动焊接可以使焊件断裂韧性提高 19%，可以使焊件的疲劳寿命提高 50%。

7.3　振动焊接对疲劳寿命的影响

1. 实验部分

1）试件

试件为 500mm×150mm×16mm 两组 16MnR 钢板，用埋弧自动焊对焊而成，如图 7.3-1 所示。

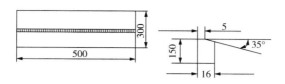

图 7.3-1　焊接试件及坡口形式

2) 机械振动焊接

振动焊接设备采用黑龙江海伦振动时效设备厂产品 ZSX-06 型多功能振动时效装置。采用点焊将试板刚性固定在振动平台上，采用 MZ-1000 型埋弧焊机，焊丝牌号为 H10Mn2、Φ4mm，焊剂牌号 HJ431，通过零挡扫频确定试板的固有频率。实验激振力选择在第 3 挡，分别在试板的固有频率附近两侧选定激振频率进行振动焊接。

3) 残余应力测试

用小盲孔释放法，分别测量在固定激振力条件下、选定不同激振频率进行振动焊接时，近焊缝区的残余应力，测试值列于表 7-6。测试点在试件中间部位的横向表面上。图 7-3-2 给出各激振频率下残余应力的分布。

从表 7-6 和图 7-3-2 可以看出，选择不同激振频率进行振动焊接时，近焊缝区残余应力值各不相同，合理选择激振频率可明显降低焊接残余应力。例如，在激振频率为 5023r/min 条件下进行振动焊接，纵向残余应力的最大值平均降低 13%左右，横向残余应力的最大值降低 25%左右(与正常焊接相比较)。

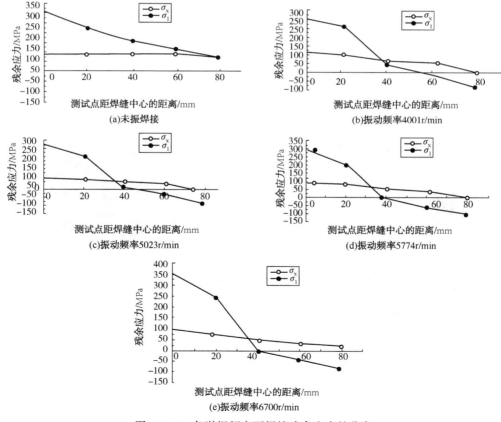

图 7.3-2　各激振频率下焊接残余应力的分布

表 7-6　残余应力测试值

测试点距焊缝中心线的距离/mm	未振试件		4001r/min		5023r/min		5774r/min		6700r/min	
	σ_x/MPa	σ_y/MPa	σ_x/MPa	σ_y/MPa	σ_y/MPa	σ_y/MPa	σ_y/MPa		σ_y/MPa	
0	306.71	91.55	290.9	111.97	271.26	71.89	294.29	88.03	352.81	101.21
20	320.68	84.65	204.1	102.89	205.61	65.17	199.38	84.70	40.24	62.43
40	147.06	81.27	53.94	73.56	19.80	54.95	-11.65	51.47	-4.55	52.35
60	103.61	76.04	-19.62	70.07	-29.12	46.17	-60.40	36.51	-55.07	33.88
80	57.52	59.89	-73.62	3.68	73.62	-3.38	-98.47	5.55	-89.64	23.27

4）金相实验

分别对未振动焊接和在同激振力、不同激振频率下焊成的试板在近焊缝区同一位置取样、抛光、进行表面腐蚀，用金相显微镜观察各试件焊缝区和热影响区的金相显微组织。

（1）焊缝区的显微组织

未振试板焊缝区的显微组织为粗大的树枝状结晶的铁素体+珠光体。呈树枝状的铁素体不仅枝晶粗大，且呈树枝状形态分布的特征较为明显；珠光体的片层状间距较大，晶粒较粗大，如图 7.3-3（a）所示。振动试件焊缝处的显微组织则为细小铁素体+珠光体，枝晶细小，呈树枝状形态分布的特征不很明显；珠光体的片层间距较小，晶粒较细，如图 7.3-3（b）所示。

（2）热影响区的显微组织

未振试件热影响区的显微组织为粗大的魏氏组织十珠光体，晶粒大小比较均匀，实际晶粒度为 3 级，如图 7.3-4（a）所示。

振动试件热影响区的显微组织则为较细的魏氏体+索氏体，晶粒大小比较均匀，实际晶粒度为 5 级，如图 7.3-4（b）所示。

由图 7.3-3 和图 7.3-4 可见，经过低频机械振动作用后，焊缝和热影响区的金属晶粒都发生了细化，这是由于激振力可造成附加的新晶核产生，使焊缝和热影响区正在成长的树枝状晶体及魏氏体晶体破碎所致。

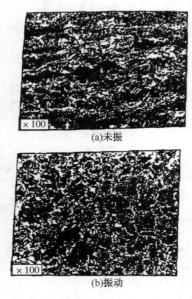

图 7.3-3　焊缝的显微组织

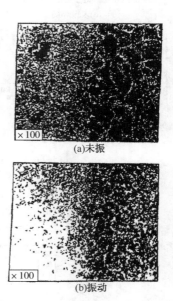

图 7.3-4　热影响区的显微组织

5）疲劳实验

采用 MTS880 型材料实验系统，在应变控制下进行对称低周疲劳试验，本试验的试样均取自平行焊缝的热影响区，采用应变控制模式，$\Delta\varepsilon = 0.6\%$，实验结果列于表 7-7。

表 7-7　疲劳试验结果（$\Delta\varepsilon = 0.6\%$）

振动频率/(r/min)	最大应力/MPa	最小应力/MPa	试样最小直径/mm	平均寿命 N/次	疲劳寿命提高%
无振	799.142	638.401	6.359	5145	—
4801	814.747	611.060	6.362	5625	9.4
5023	801.595	601.195	6.345	6971	35.5
5774	827.302	619.845	6.350	5868	10.9
5700	773.333	379.278	6.362	5808	12.9

从表 7-7 可以看出，经过振动焊接试样的疲劳寿命都比未振动焊接试样的疲劳寿命高，采用不周激振频率焊件的疲劳寿命提高幅度不同，选择合适的激振频率可明显提高试样的疲劳寿命。在本试验条件下，当选择激振频率为 5023r/min 时，试样疲劳寿命提高 35.5%。

2. 实验结果分析

1）残余应力对疲劳寿命的影响

在受到交变应力作用的构件内，当其存在压缩应力时构件的疲劳寿命提高，拉应力时构件的疲劳寿命降低，残余应力对疲劳寿命的影响因条件和环境的不同而改变，它与残余应力分布规律和量值大小、材料的弹性性能、外力作用的状态等因素有关，还与残余应力的发生过程有关。在相同实验条件下，构件内残余拉应力愈大，构件疲劳寿命愈低。振动焊接有效的降低了焊接残余拉应力，即可有效的提高试件的疲劳寿命。

2）振动焊接对裂纹萌生寿命的影响

疲劳裂纹的萌生总是先在应力集中、材质强度低，特别是延性、韧性低的部位形成。由表 7-6 可知，振动焊接降低了焊接残余应力最大值，使应力分布趋于均匀，减小了由于残余应力叠加引起的应力集中，有利于延缓裂纹萌生。

在振动焊接过程中，振动对焊缝熔池起到"搅拌"作用，一方面依靠输入能量促使晶核提前形成，提高了形核率；另一方面，使成长中的枝晶破碎，晶粒数目增大，晶粒细化，晶粒细化有利于延缓裂纹萌生。

气孔和夹杂是材料中应力集中、强度较弱的缺陷，也是产生裂纹的根源。在振动焊接过程中，由于振动的"搅拌"作用，使焊缝熔池的气体更易于逸出焊缝表面，熔池中的夹杂物更易于浮到熔渣中。夹杂物尺寸越大、分布愈不均匀，引起的应力集中愈严重，对裂纹萌生的影响就愈大。振动焊接减小了焊缝内部缺陷，减小了裂纹源，有利于延缓裂纹萌生，提高裂纹萌生寿命。

3）振动接对裂纹扩展寿命的影响

在裂纹扩展阶段，裂纹尖端的应力强度因子（K）是决定裂纹扩展寿命的主要参数。根据经验规律 $d_c/d_N \propto \sigma^4 \propto K^2$（式中 σ 为应力振幅，c 为疲劳裂纹半长度），裂纹扩展速率与 σ 的四次方成正比，与应力强度因子（K）的平方成正比，振动焊接有效地降低了残余应力的振幅，降低了应力集中的影响，使裂纹扩展的驱动力降低，有利于延缓裂纹扩展速率，提高裂纹扩展寿命。

另一方面，由于振动焊接使晶粒细化，使微裂纹的扩展受到晶界的阻碍增大，位错滑移阻力增大，晶粒愈细，迫使裂纹通过晶界所需的应力值愈高，使裂纹扩展所需的能量愈大，晶粒细化也有利于延缓裂纹扩展速率。

由上述，可得出如下结论：

（1）振动焊接可降低焊缝和热影响区的焊接残余应力，在本试验条件下，当选择激振力为 3 档，激振频率为 5023r/min 时，振动焊接试件与未进行振动焊接试件相比，纵向残余应力最大值降低 43%，横向残余应力最大值降低 25%。

（2）振动焊接可改善焊缝和热影响区的金相组织，合理选择激振参数可明显细化、均化焊缝及热影响区金相组织。在本试验条件下，当选择激振力为 3 档，激振频率为 5023r/min 时进行振动焊接，热影响区晶粒度为 5 级，未振动焊接热影响区晶粒度为 3 级。

（3）振动焊接可提高焊件疲劳寿命，在本试验条件下，当选择激振力为 3 挡，激振频率为 5023r/min 时，振动焊接试件的疲劳寿命提高 35.5%。

（4）振动焊接提高焊件疲劳寿命的本质在于降低了焊接产生的残余拉应力，改善了焊缝和热影响区的金相组织，振动焊接不仅提高了裂纹萌生寿命（N_o），而且提高了裂纹扩展寿命（N_i），因此，能提高焊件的疲劳寿命（$N \approx N_o + N_i$）。

7.4 振动焊接工艺参数的优化

现有的研究表明，振动焊接能有效地降低焊接残余应力，减少焊接缺陷，改善焊缝金相组织，提高焊件的力学性能和疲劳寿命。

在振动焊接中，引入了振动频率和振幅两个参变量，使焊接质量的影响因素增多，增大了焊接工艺制定的复杂性，因此，有必要弄清这两个参数对焊接质量影响的规律性，为振动焊接这项新技术在生产中的推广应用打下基础。

1. 实验方法

考虑到焊接过程中要保持焊接参数的稳定，因而振动幅度不能很大。由于机械振动会产生很大的噪声，为不使焊接操作环境十分恶劣，应尽量降低振动频率。因此，我们着重考察振动频率分别在主共振峰的亚共振区和在波谷较平坦处时的焊接质量，比较其优劣。

试验时利用对比试验方法，制作多组试件，考察振动频率、振幅（激振力）这两个因素对焊接质量（以焊接残余应力、金相组织、疲劳寿命、冲击性能等为指标）影响的规律性及其各自影响的程度。振动频率取三个水平，分别为：第一阶共振峰峰值左侧一半处（亚共振区）对应的频率、第二阶共振峰峰值右侧一半处（亚共振区）对应的频率、第一阶共振峰值和第二阶共振峰值中间过渡区的频率；振幅取两个水平（以偏心电机的偏心档位来衡量），分别为三档和四档。依次选取每个参数进行组合。由于试验工作量比较大，每一种组合只做一次。在按上述组合方案进行振动焊接试验后，测定每块试板的焊接残余应力，并对其作金相分析、疲劳试验和冲击试验。经过分析，确定振动频率和振幅对焊接质量的影响程度以及两者的最佳组合。

振动装置采用黑龙江海伦振动时效设备厂生产的环天牌 ZSX-06 型多功能振动时效设备。试板为 500mm×150mm×16mm 的 16MnR 钢板，采用两块试板对接焊，截面为 Y 型坡口，角度 70°，钝边 5mm。焊接规范为：焊接电压 36～38V，焊接电流 540～570A，焊接速度 24.84m/h。试板焊接时的振动参数如表 7-8 所示。

表 7-8 各焊接试板的振动参数

试板编号	频率/(r/min)	振　幅
1	未振	—
2	第一阶共振峰峰值左侧一半处，$f=4408$	3 挡
3	第一阶共振峰峰值左侧一半处，$f=4596$	4 挡
4	第一，二阶共振峰中间平坦处，$f=6324$	3 挡
5	第一，二阶共振峰中间平坦处，$f=6627$	4 挡
6	第二阶共振峰峰值右侧一半处，$f=8520$	3 挡
7	第二阶共振峰峰值右侧一半处，$f=8168$	4 挡

2. 实验结果

1）振动参数对焊接残余应力的影响

各焊接试板的残余应力分布如图 7.4-1 所示。各种振动参数组合对残余应力的影响各不相同，若主要考虑近焊缝区的残余应力，则对纵向残余应力而言，振动频率的影响高于振幅的影响。振动频率以第一阶共振峰峰值左侧一半处对应的频率振动效果较好，振幅不需要很高。考虑到横向残余应力的幅值并不大，因此，振动参数的选择应以纵向残余应力的降低效果而定。根据上述讨论，振动频率取于第一阶共振峰峰值左侧一半处对应的频率，而振幅取3 挡时，降低焊接残余应力的效果最佳。

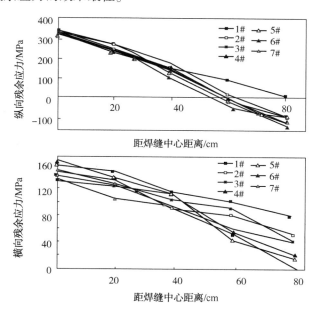

图 7.4-1 图不同激振条件下焊接残余应力的分布

2）振动参数对焊缝金相组织的影响

各焊接试板焊缝的金相组织如图 7.4-2 所示。

这些图片表明，机械振动大大地影响了焊缝的结晶和冷却过程，机械振动打乱了柱状晶的平行长大方式，甚至促使等轴晶的形成，使晶粒细小，分布均匀。不同振动参数组合对金相组织的影响程度各不相同，振动焊接试件焊缝组织的优劣依次为：3#、2#、7#、6#、5#、4#。上述排序说明，振幅高一点，效果好一点；而振动频率选在第一阶共振峰峰值左侧一半

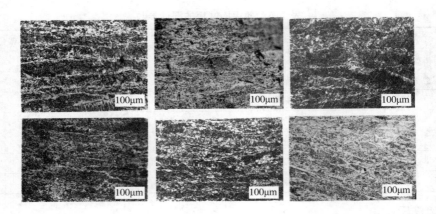

图 7.4-2　不同激振条件下焊缝的金相组织

处对应的频率效果最好。因此，从焊缝金相组织的角度看，选择最佳振动参数时，振动频率选取第一阶共振峰峰值左侧一半处对应的频率，振幅取 4 档。

3）振动参数对焊件冲击性能的影响

各试板的冲击试验结果如表 7-9 所示。从表中可知，在相同频率下焊接时，增大激振振幅时，σ_k 值没有多大提高，甚至反而降低，如 5#的 σ_k 值提高率（17.1%）低于 4#的提高率（24.8%）。从冲击试验结果来看，振动频率对焊件的冲击性能的影响较大，而振动振幅的影响要小得多。本次试验结果表明，振动频率选取第一阶共振峰峰值左侧一半处对应的频率，振幅取 3 档，可得到比较好的结果。

表 7-9　各试件冲击实验结果

试样号	横截面积/cm^2	终止角度/(°)	A_K/J	σ_k/J·cm^-	提高率/%
1#	0.88	54	113	128.2	0
2#	0.87	43.0	140	161.2	25.7
3#	0.86	43.0	140	163.1	27.2
4#	0.88	42.5	141	160.0	24.8
5#	0.88	41.5	132	150.1	17.1
6#	0.88	49.5	125	141.6	10.5
7#	0.87	48.0	128.8	148.0	15.4

4）振动参数对焊件疲劳寿命的影响

各试样的疲劳试验结果如表 7-10 所示。振幅对疲劳寿命的影响较大，振动频率对疲劳寿命的影响较小，因此，应优先考虑选择振幅。根据试验结果，振幅应取 3 档，而振动频率选取第一阶共振峰峰值左侧一半处对应的频率，可得到较好的试验结果。

表 7-10　疲劳试验结果

试样号	直径/mm	P_{max}/kN	P_{min}/kN	ΔP/kN	循环次数/次	提高率/%
1#	5.660	8.651	−8.682	17.333	6947	0
2#	5.645	8.617	−8.617	17.234	8404	21.0
3#	5.637	8.618	−8.605	17.223	7983	14.9

试样号	直径/mm	P_{max}/kN	P_{min}/kN	ΔP/kN	循环次数/次	提高率/%
4#	5.440	8.144	−8.144	16.288	7932	14.2
5#	5.670	8.610	−8.603	17.213	8211	18.2
6#	5.637	8.610	−8.603	17.213	8513	22.5
7#	5.635	8.558	−8.588	17.176	7787	12.1

从上述试验结果可得出如下结论：

（1）从焊接残余应力的测试结果看，最佳参数组合为振动频率选取第一阶共振峰峰值左侧一半处对应的频率，振幅取 3 档。

（2）从金相组织分析的角度考虑，最佳参数组合为振动频率选取第一阶共振峰峰值左侧一半处对应的频率，振幅取 4 档。

（3）从冲击试验的结果考虑，最佳参数组合为振动频率选取第一阶共振峰峰值左侧一半处对应的频率，振幅取 3 档。

（4）从疲劳试验的结果考虑，最佳参数组合为振动频率取于第一阶共振峰峰值左侧一半处对应的频率，振幅取 3 档。

上述测试指标从不同的角度反映了振动频率和振幅对焊接质量的影响，在本试验条件下，综合考虑各种因素后认为，振动频率选取第一阶共振峰值左侧一半处对应的频率、振幅取 3 档为最佳参数组合。

高温焊接和振动焊接这两种方法都能有效降低焊接残余应力，但是，这两种有效降低焊接残余应力的新方法，到目前为止还处在实验室研究阶段，距离工程实际应用，还有很远的距离。特别是高温焊接，实属国内外创新，需要继续研究的内容还很多，如何将它们尽快应用到工程实际上，这是我们今后重点研究的方向。

第8章 钎 焊

钎焊属于固相连接，它与熔焊方法不同，钎焊时母材不熔化，采用比母材熔化温度低的钎料，加热温度采取低于母材固相线而高于钎料液相线的一种连接方法，当被连接的零件和钎料加热到钎料熔化，利用液态钎料在母材表面润湿、铺展与母材相互溶解和扩散而实现零件间的连接。

同熔焊方法相比，钎焊具有以下优点：

（1）钎焊加热温度较低，对母材组织和性能的影响较小；

（2）钎焊接头平整光滑，外形美观；

（3）焊件变形较小，尤其是采用均匀加热（如炉中钎焊）的钎焊方法，焊件的变形可减小到最低程度，容易保证焊件的尺寸精度；

（4）某些钎焊方法一次可焊成几十条，甚至成百条钎缝，生产效率高；

（5）可以实现异种金属或合金、金属与非金属的连接。

但是，钎焊也有他本身的缺点，钎焊接头强度比较低，耐热能力比较差，由于母材与钎料成分相差较大而引起的电化学腐蚀致使耐蚀性能较差，以及装配要求比较高等。

根据使用钎料的不同，钎焊一般分为：

（1）软钎焊—钎料液相线温度低于450℃；

（2）硬钎焊—钎料液相线温度高于450℃。

此外，某些国家将钎焊温度超过900℃而又不使用钎剂的钎焊方法（如真空钎焊、气体保护钎焊）称作高温钎焊。

8.1 钎焊原理

钎焊生产主要包括钎焊前准备、零件装配和固定、钎焊、钎焊后清理及质量检验等工序，其中，钎焊工序是形成良好的钎焊接头的决定性工序。形成接头的过程也就是液态钎料填充接头间隙（简称填缝）并同母材发生相互作用和随后钎缝冷却结晶的过程。钎焊的基本原理就是关于这些过程的原理。

8.1.1 液态钎料的填缝过程

钎焊时，并非任何液体金属均能填充接头间隙，也就是说，必须具备一定的条件，此条件就是润湿作用和毛细作用。

1. 钎料的润湿作用

润湿是液相取代过固相表面气相的过程。按其特征可分为浸渍润湿、附着润湿和铺展润湿，各种情况下所需要的力（或功）不同。当液态处于自由状态下，为使其本身处于稳定状态，它力图保持球形的表面。而当液体与固相接触时，这种情况将发生改变，其变化取决于液体内部的内聚力和液固两相间的附着力，当内聚力大于附着力时，液体不能粘附在固体表面上；当附着力大于内聚力时，液体就能粘附在固体表面，即发生润湿作用。

衡量液体对母材润湿能力的大小，可用液相与固相接触时的接触夹角大小来表示（图8.1-1），液固两相的切线夹角 θ 即为润湿角（接触角）。液滴在固体上处于稳定状态时，有：

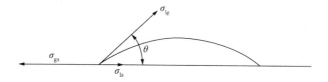

图 8.1-1　液滴在母材稳定时的接触角

g—气体；l—液体；s—固体

$$\cos\theta = \frac{\sigma_{gs} - \sigma_{ls}}{\sigma_{lg}} \tag{8-1}$$

式中　σ_{gs}——气相与固相间的界面张力（也称表面张力）；

　　　σ_{ls}——液相与固相间的界面张力；

　　　σ_{lg}——液相与气相间的界面张力（也称表面张力）。

当 $\sigma_{gs} > \sigma_{ls}$ 时，$\cos\theta$ 为正值，即 $0° < \theta < 90°$，这时液体能润湿固体；

当 $\sigma_{gs} < \sigma_{ls}$ 时，$\cos\theta$ 为负值，即 $90° < \theta < 180°$，这时液体不能润湿固体；$\theta = 0$ 表示液体完全润湿固体；$\theta = 180°$ 表示完全不润湿。钎焊时，钎料的润湿角应小于 $20°$。上述液体与固体相互润湿的前提是他们之间无化学反应发生，液态钎料对固态金属的润湿程度可由润湿角 θ、铺展面积 S 和润湿系数 W 来表示：$W = S\cos\theta$。实际上，液态钎料与固体表面之间存在明显的物理化学作用。

2. 毛细作用

在实际生产中，绝大部分钎焊过程是毛细钎焊过程，即钎焊时液态钎料不是单纯地沿固态母材表面铺展，而是流入并填充接头间隙。通常间隙很小，类似毛细管。钎料就是依靠毛细作用而在间隙内流动的，因此，钎料的填缝效果与毛细作用有关。

将间隙很小的平行板插入液体中时，液体在平行板的间隙内会自动上升或下降。当液体能润湿平行板时，间隙内液体会上升；否则会下降。显然，只有当液态钎料对母材有很好的润湿能力时，才能实现填隙作用。

其次，液体沿间隙上升的高度与间隙大小成反比，随着间隙减小，上升高度增大。因此，为使液态钎料能填充全部接头间隙，必须在设计和装配钎焊接头时保证小的间隙。

按一般物理概念，液体在平行间隙的毛细流动的上升或下降高度（或填缝长度）h 及流动速度 v 可用下式表示：

$$h = \frac{2\sigma}{a\rho g} 2\cos\theta \tag{8-2}$$

$$v = \frac{\sigma\cos\theta}{4uh} \tag{8-3}$$

式中　a——平行板间隙；

　　　ρ——液体密度；

　　　u——液体黏度；

　　　g——重力加速度。

上述规律只能定性地说明毛细填缝与液体性质和间隙有关，这也是在液体与固体没有互相作用条件下得到的。

在实际填缝过程中，液态钎料与固态金属母材间存在着溶解、扩散作用，致使液态钎料的成分、密度、粘度和熔点都发生变化。此外，按理想状态，液体在平行板毛细间隙中的填缝是自动进行的过程，即填缝过程中扩大固液界面面积，减少固气界面面积是释放能量的自发过程，而且，液体填缝速度应该是均匀的，液体流动前沿形状是规则的。但是，实际钎焊填缝过程与其完全不同。利用 X 射线及工业电视研究锡铅钎料钎焊纯铜的填缝动态过程摄影结果表明，平行板间隙钎焊时，液态钎料填缝速度是不均匀的，沿试件宽度方向填缝速度相差可达几倍到几十倍，不仅在前进方向会有流速不均匀现象，有时还受钎料沿焊件侧向流动影响。因此，钎料填缝前沿不整齐，流动路线紊乱（见图 8.1-2）。实际上，这种毛细填缝特点将会直接影响钎焊接头质量，形成钎缝不致密，产生夹气、夹渣等缺陷。

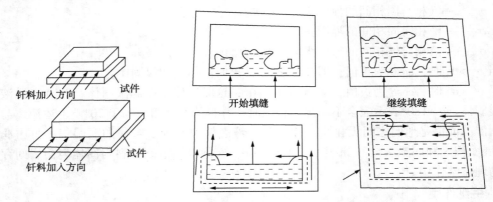

图 8.1-2　实际钎料填缝过程示意图

在实际钎焊过程中，液态钎料与母材或多或少地发生相互扩散，致使液态钎料的成分、密度、黏度和熔化温度等发生变化，这些变化都将影响钎料的润湿和填缝作用。

3. 影响钎料毛细填缝的因素

在实际生产中，钎料的毛细填缝受很多因素影响，这些影响因素主要有：

1）钎料和母材成分　若钎料与母材在液态和固态下均不发生物理化学作用，则他们之间的润湿作用就很差；若钎料与母材相互溶解或形成化合物，则液态钎料就能很好地润湿母材。

例如，Ag 与 Fe、Pb 与 Cu、Pb 与 Fe、Cu 与 Mo 相互不发生作用，他们润湿作用很差；而 Ag 对 Cu、Sn 对 Cu 等的润湿作用则很好。对于互不发生作用的钎料与母材，可在钎料中加入能与母材形成固溶体或化合物的第三物质，来改善其润湿作用。例如，Pb 与 Cu 及钢都不发生作用，所以 Pb 在 Cu 和钢上的润湿作用很差，但若在 Pb 中加入能与铜及钢形成固溶体或化合物的 Sn 后，钎料的润湿作用就大为改善，随着含 Sn 量的提高，润湿作用愈来愈好。

2）钎焊温度　随着加热温度的升高，液态钎料与气体的界面张力减小，液态钎料与母材的界面张力也降低，这两者均有助于提高钎料的润湿能力。但是，钎焊温度不能过高，以免出现溶蚀、钎料流失和母材晶粒长大等问题。

3）母材表面氧化物 在有氧化物的母材表面上，液态钎料往往凝聚成球状，不与母材发生润湿，也不发生填缝。这是因为覆盖着氧化物的母材表面比起无氧化物的洁净表面来说，与气体之间的界面张力要小得多，致使 $\sigma_{gs} < \sigma_{ls}$，出现不润湿现象，所以，必须充分清除母材表面的氧化物，以保证良好的润湿作用。

4）母材表面粗糙度 母材表面的粗糙度对钎料的润湿能力有不同程度的影响。钎料与母材作用较弱时，粗糙表面上的纵横交错的细槽对液态钎料起了特殊的毛细作用，促进了钎料沿母材表面的铺展。但对于与母材作用比较强烈的钎料，由于这些细槽迅速被液态钎料溶解而失去作用，这些现象就不明显。

5）钎剂 钎焊时使用钎剂可以清除钎料和母材表面的氧化物，改善润湿作用。钎剂往往又可以减小液态钎料的界面张力。因此，选用适当的钎剂对提高钎料对母材的润湿作用是非常重要的。

6）间隙 间隙是直接影响钎焊毛细填缝的重要因素。毛细填缝的长度（或高度）与间隙大小成反比，随着间隙减小，填缝长度增加；反之减小。因此，毛细钎焊时一般间隙都较小。

7）钎料与母材的相互作用 实际钎焊过程中，只要钎料能润湿母材，液态钎料与母材或多或少的发生相互溶解和扩散作用，致使液态钎料的成分密度、黏度和熔化温度等发生变化，这些变化都将在钎焊过程中影响液态钎料的润湿和毛细填缝作用。

8.1.2 钎料与母材的相互作用

液态钎料在毛细填缝过程中与母材发生物理化学作用，这种作用可以归结为两种：一种是固态母材向液态钎料的溶解，另一种是液态钎料向母材的扩散。这些相互作用对钎焊接头的性能影响很大。

1. 母材向钎料的溶解

如果钎料和母材在液态下是能够相互溶解的，则钎焊过程中一般发生母材溶于液态钎料的现象。例如，用 Cu 钎焊钢时，在钎缝中可发现 Fe 的成分；用 Al 钎料钎焊铝时，钎缝中 Al 的含量增多。

溶解作用对钎焊接头质量的影响很大，母材向钎料的适当溶解可改变钎缝的成分。如果改变的结果有利于最终形成的钎缝组织，则钎焊接头的强度和延性可以提高；如果母材溶解的结果在钎缝中形成脆性化合物相，则钎缝的强度和延性降低。母材的过度溶解会使液态钎料的熔化温度和黏度提高，流动性变坏，导致不能填满接头间隙。有时，过量的溶解还会造成母材溶蚀缺陷，严重时甚至出现溶穿。

母材向钎料溶解作用的大小，取决于母材和钎料的成分（即他们之间形成的状态图）、钎焊温度、保温时间和钎料数量等。如果母材的溶解有助于在钎缝中形成共晶体，则母材的溶解作用比较激烈，也比较容易发生溶解。温度愈高、保温时间愈长、钎料量愈多，溶解作用也进行得愈激烈。

2. 钎料组分向母材的扩散

钎焊时，在母材向液态钎料溶解的同时，也出现钎料组分向母材的扩散。扩散以两种方式进行：一种是体积扩散，此时钎料组元向整个母材晶粒内部扩散。另一种是晶间扩散，这时钎料组元扩散到母材晶粒的边界。

体积扩散的结果是在钎料与母材交界处、毗邻母材一边形成固溶体层，它对钎焊接头不会产生不良影响。晶间扩散常常使晶界发脆，对薄件的影响尤为明显。应降低钎焊温度或缩短保温时间，使晶间扩散减小到最低程度。

3. 钎焊接头的显微组织

由于母材与钎料间的溶解与扩散，改变了钎缝和界面母材的成分，使钎焊接头的成分、组织和性能同钎料和母材本身往往有很大的差别。钎料与母材的相互作用可以形成下列组织：

1）固溶体　当母材与钎料具有同一类型的结晶点阵和相近的原子半径，在状态图上出现固溶体时，则母材熔于钎料并在钎缝凝固结晶后，就会出现固溶体，当钎料与母材具有相同基体时，也往往可能形成固溶体。属于前者的情况有用铜钎焊镍；属于后者的情况有用铜基钎料钎焊铜、铝基钎料钎焊铝及铝合金等。尽管钎料本身不是固溶体组织，但在近邻钎缝区以及钎缝中可出现固溶体组织。

又如前所述，由于钎料组元向母材扩散，母材界面区会形成固溶体层，如用铝硅钎料钎焊铝时就会发生这种现象。

固溶体组织具有良好的强度和延性，钎缝和界面区出现这种组织对于钎焊接头性能是有利的。

2）化合物　如果钎料与母材具有形成化合物的状态图，则钎料与母材的相互作用将使接头中形成金属间化合物。例如250℃时以 Sn 钎焊 Cu，由于 Cu 向 Sn 中溶解，冷却时在界面区形成 Cu_6Sn_5 化合物相。如果母材与钎料能形成几种化合物，则在钎缝一侧界面上可能形成几种化合物。如用 Sn 钎焊 Cu，当钎焊温度超过 350℃，除形成 Cu_6Sn_5 外，还在 Cu_6Sn_5 相与 Cu 之间出现了 E 相。用多数钎料钎焊 Ti 时，在钎缝一侧界面上也往往形成化合物相。当接头中出现金属间化合物相，特别是在界面区形成连续化合物层时，钎焊接头的性能将显著降低。表 8-1 是一些钎焊接头的强度数据，这些数据表明，当界面出现化合物时，如用镉基钎料钎焊黄铜，用银基钎料钎焊合金时，接头强度比钎料本身强度要低得多。

表 8-1　化合物相对钎焊接头强度的影响

母材	钎料	钎料强度 σ/MPa	钎焊接头强度 σ/MPa		钎缝界面化合物
			对接	搭接	
铜	Cd-3Ag-1Zn	112.7	26.9	22.4	有
	Cd-5Ag-2Zn	148.0	43.1	44.1	
	Zn-8Al-5Cu-1.4Pb-0.6Sn	157.0	54.0	49.0	
TI-3AL-5Mn	Ag-15Mn	292	181	190	有
	Ag-28Cu	327	125	106	
	Ag-27Cu-1Ni-5Li	279	163.5	89.1	
黄铜	25Ag-40Cu-35Zn	274	301	250	无

3）共晶体　钎缝中的共晶体组织可以以下两种情况出现，一是在采用含共晶体组织的钎料时，如铜磷、银铜、铝硅、锡铅等材料，这些钎料均含大量共晶体组织；二是母材与钎料能形成共晶体，如用银钎焊铜时就是这样。

将银箔置于铜件间，并使之保持良好的接触，当加热到800℃左右时，银和铜虽然不能熔化，但依靠银和铜的相互扩散，在778℃时形成银铜共晶液相，从而将铜连接起来。这种钎焊方法称为接触反应钎焊。

8.2 钎焊方法

钎焊方法通常是以所应用的热源来命名的，其主要作用是依靠热源将工件加热到必要的温度，随着新热源的发现和使用，近年来出现了不少新的钎焊方法。本节将介绍生产中的一些主要的钎焊方法。按加热方式区分钎焊方法，如图8.2-1所示。

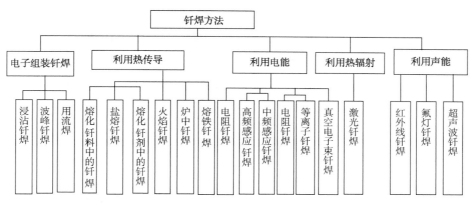

图 8.2-1　钎焊方法分类图

8.2.1 火焰钎焊

火焰钎焊是利用可燃气体吹以空气或纯氧点燃后的火焰进行加热。火焰钎焊由于设备简单、燃气来源广、灵活性大，因而应用很广。

火焰钎焊所用焊炬可以是通用的气焊炬，也可以是专用的钎焊炬。专用钎焊炬的特点是火焰比较分散，加热集中程度较低，因而加热比较均匀。钎焊比较大的工件或机械化火焰钎焊时，可采用装有多焰喷嘴的专用钎焊炬。

火焰钎焊所用的可燃气体可以是乙炔、丙烷、石油气、雾化汽油和煤气等。助燃气体为氧和压缩气体。加热范围十分广阔，从酒精喷灯的数百度到氧乙炔火焰的超过3000℃。火焰有两层结构，外层淡蓝色的冠状焰是氧化焰，燃烧完全，温度最高，富氧，过度加热容易使工件金属表面氧化；内层深蓝色的焰心是还原焰，温度较低，缺氧，覆CO，能保护金属免于氧化。可燃气体燃烧产物都是CO_2和高温水蒸汽(氢氧焰只有水蒸气)，无论是钎剂还是钎料都忌讳高温水蒸气。

氧乙炔焰是最常用的火焰，由于火焰温度高，而钎焊温度则低得多，因此，常用火焰的内焰来加热，因为该区火焰的温度低而体积大，加热比较均匀。一般使用中性火焰或轻微过乙炔焰。

当加热温度不要求太高时，可以用压缩空气代替氧，用丙烷、石油气、雾化汽油代替乙炔。这些火焰的温度较低，而且，不用乙炔的火焰不会污染钎剂，适用于钎焊比较小的工件以及铝和铝合金。

火焰钎焊时，将钎剂溶液预先涂在接头表面上或者先将钎料棒加热，沾以钎剂，再带到加热了的接头表面。钎料可预先安置或手工送进。钎焊时，应先将工件均匀地加热到钎焊温度，然后再加钎料，否则钎料不能均匀地填充间隙。对于预置钎料的接头，也应先加热工件，避免因火焰与钎料直接接触，使其过早熔化。以软钎料进行钎焊时，还可采用喷灯来加热。

火焰钎焊时，除可用单焰钎焊外，还可用多焰焊炬。钎焊方式除手工操作外，还有专门的自动火焰钎焊机。图 8.2-2 表示的即为特种火焰钎焊的设备。

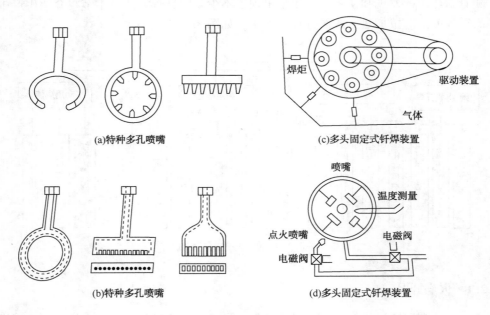

(a)特种多孔喷嘴   (c)多头固定式钎焊装置

(b)特种多孔喷嘴   (d)多头固定式钎焊装置

图 8.2-2　特种火焰钎焊设备

8.2.2　浸渍钎焊

浸渍钎焊是将工件局部或整体浸入熔态的盐混合物（称盐浴）或钎料（又称金属浴）中，实现加热和钎焊的方法。该法的优点是加热迅速，生产率高，液态介质保护零件不受氧化，有时还能同时完成淬火等热处理过程，特别适用于大量生产。

浸渍钎焊分为盐浴钎焊和金属浴钎焊。

1. 盐浴钎焊

盐浴钎焊主要用于硬钎焊。盐液由于是加热和保护的介质，故必须予以正确选择。

盐液成分应满足具有合适的熔化温度、成分和性能稳定，对工件起保护作用。盐液的组分通常分以下几类：①中性氯盐，它可以防止工件表面氧化，除了用铜钎焊低碳钢外，用铜基钎料和银基钎料时，应在工件上施加钎剂。钎剂可以在组装前、组装过程中或组装钎剂后通过刷、浸沾或喷洒等方式加到工件上。②在中性氯盐中加入少量钎剂，如硼砂，以提高盐浴的去氧化能力，这时，在工件上不必再施加钎剂，为了保持盐液的去氧化能力，需要周期性地加入补充钎剂。③渗碳和氮化盐，这些盐本身具有钎剂作用。此外，在钎焊钢时，尚可对钢表面起渗碳和渗氮作用。钎焊铝和铝合金用的盐液既是导热的介质，又是钎焊过程中的钎剂。为了保证钎剂质量，必须定期检查盐液的组分和杂质含量，并加以调整。

盐浴浸渍钎焊的主要设备是盐浴槽。加热方式有两种：一种是外热式的，盐浴槽实质是一个坩埚，坩埚可用碳钢或不锈钢制造，用于铝钎焊时，坩埚还应砌上石墨砖，外部用电阻丝加热。另一种是内热式的，盐浴槽的内壁由能耐盐液腐蚀的材料制成，通常为不锈钢或高铝砖，铝钎焊盐浴槽材料系碳钢或纯铜，而钎焊铝用的盐浴槽的电极材料则采用石墨或不锈钢。为了操作安全，均用低电压(10V~15V)大电流加热。当电流通过盐液时，由于电磁场的搅拌作用，整个盐液温度比较均匀，可控制在±3℃范围，但盐液的电磁循环作用可使零件或钎料发生错位，因此必须对组件进行可靠的固定。

放入盐浴前，为了去除水分和均匀加热，装配好的工件要进行预热。如为了去除工件及钎剂的水分，以防止盐液飞溅，则预热到120~150℃即可。为了减小工件进入时盐浴温度的下降，缩短钎焊时间，并保持均匀加热，预热温度可提高。

钎焊时，工件通常以某一角度倾斜浸入盐浴，以免空气被堵塞而阻碍盐液流入，造成漏钎。钎焊结束后，工件也应以一定角度取出，以便盐液流出，但倾角不能过大，以免尚未凝固的钎料流积或流失。

盐浴浸渍钎焊的优点是生产率高，容易实现机械化，适宜于批量生产。不足之处是这种方法不适宜于间歇操作，工件的形状必须便于盐液能完全充满和流出，而且盐浴钎焊成本高，污染严重，现已很少采用这种钎焊方法。

2. 金属浴钎焊

这种钎焊方法是将装配好的工件浸入熔态钎料中，依靠熔态钎料的热量使工件加热到规定温度。与此同时，钎料渗入接头间隙，完成钎焊过程。

施加钎剂的方式有两种，一种是先将工件浸入钎剂液中，取出干燥后再浸入熔态钎料；另一种是，在熔态钎料表面加一层熔态钎剂，工件通过熔态钎剂时就沾上了钎剂。为了防止熔态钎剂的失效，必须不断更换或补充新的钎剂。在后一种情况下，熔态钎剂还可防止熔态钎料的氧化。

这种方法的优点是装配比较容易(不必安放钎料)，生产率高，特别适合于钎缝多而复杂的工件，如散热器等。其缺点是，工件表面沾满钎料，增加了钎料的消耗量，必要时还须清除表面不应沾留的钎料。又由于钎料表面的氧化和母材的溶解，熔态钎料成分容易发生变化，需要不断的精炼和进行必要的更新。

金属浴钎焊由于熔态钎料表面容易氧化，主要用于软钎焊。

3. 波峰钎焊

波峰钎焊是金属浴钎焊的一种变种，主要用于印刷电路板的钎焊。在熔化钎料的底部安放一个泵，依靠泵的作用使钎料不断地向上涌动，印刷电路板在与钎料的波峰接触的同时随传送带向前移动，从而实现元器件引线与焊盘的连接。

波峰钎焊又可分为单波峰钎焊、双波峰钎焊和及喷射空心波钎焊等。图8.2-3所示的是双波峰钎焊的原理图。

波峰钎焊的特点是，钎料波峰上没有氧化膜，能使钎料与电路板保持良好地接触，可大大加快钎焊速度，提高生产率。因钎料在液态下不断流动，容易氧化，为此在表面常施加覆盖剂，或采用抗氧化锡铅钎料。

8.2.3 电阻钎焊

电阻钎焊又称为接触钎焊，该法是依靠电流通过钎焊处电阻产生的热量来加热工件和熔化钎料的。电阻钎焊分直接加热和间接加热两种方式，如图8.2-4所示。

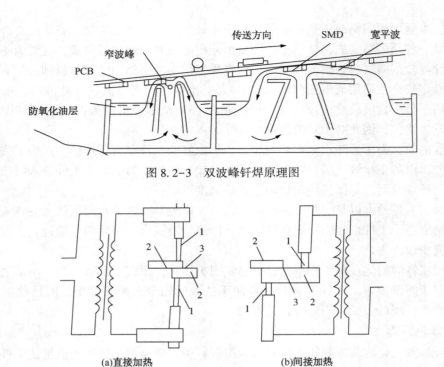

图 8.2-3　双波峰钎焊原理图

(a)直接加热　　　　(b)间接加热

图 8.2-4　电阻钎焊原理图

1—电极；2—焊件；3—钎料

直接加热电阻钎焊，钎焊处由通过的电流直接加热，加热很快，但要求钎焊面紧密贴合。加热程度视电流大小和压力而定，加热电流在 6000～15000A，压力在 100～2000N 之间。电极材料可选用铜、铬铜、钼、钨、石墨和铜钨烧结合金，他们的性能列于表 8-2 和表 8-3 中。

表 8-2　电极的特性

材质	电阻率/($\Omega \cdot cm^2/m$)	硬度/HV	软化温度/℃
铜	1.89	95	150
铜合金	2.0～2.13	110～150	250～450
铜钨合金	5.3～5.9	200～280	1000
钨	5.5	450～480	1000 以上
钼	5.7	150～190	1000 以上

表 8-3　石墨电极特性

状态及特征	软质	中等	硬质
电阻率/$\Omega \cdot cm^2/m$	0.001	0.002	0.0061
热导率/$W \cdot m^{-1} \cdot K^{-1}$	151	50	33.5

直接加热的电阻钎焊，由于只有工件的钎焊区域被加热，因此加热迅速，但对工件形状及接触配合的要求高。图 8.2-5 和图 8.2-6 为电阻钎焊实例。

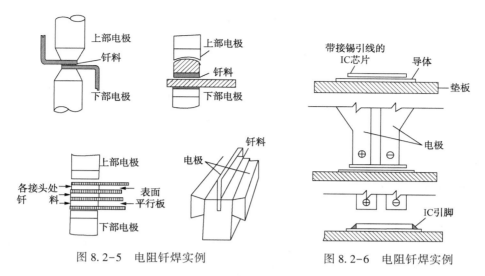

图 8.2-5　电阻钎焊实例　　　　　　图 8.2-6　电阻钎焊实例

间接加热电阻钎焊，电流可只通过一个工件，而另一个工件的加热和钎料的熔化是依靠被通电加热的工件的热传导来实现的。也可以将电流通过一个较大的石墨板，工件放在此板上，依靠由电流加热的石墨板的传热实行加热。间接加热电阻钎焊的加热电流介于 100～3000A 之间，电极压力为 50～500N。间接加热电阻钎焊灵活性较大，对工件接触面配合的要求较低，但因不是依靠电流直接通过加热的，整个工件被加热，加热速度慢。适宜于钎焊热物理性能差别大和厚度相差悬殊的工件，而且，对钎焊面的配合要求可适当降低。

电阻钎焊广泛使用铜基和银基钎料，钎料常以片状放在接头处。在某些情况下，工件表面可电镀或包覆一层金属做钎料用。为使钎焊处导电，钎料以水溶液或酒精溶液涂于钎焊处。

电阻钎焊可在通常的电阻焊机上进行，也可采用专门的电阻钎焊设备和手焊钳。

电阻钎焊的优点是加热极快，生产率高，但适于钎焊接头尺寸不大、形状不太复杂的工件，如刀具、带锯、导线端头、电触点、电动机的定子线圈和集成电路块元器件的连接等。

8.2.4　感应钎焊

感应钎焊是依靠工件在交流电的交变磁场中产生感应电流的电阻热来加热的钎焊方法。由于热量由工件本身产生，因此加热迅速，工件表面的氧化比炉中钎焊少，并可防止母材的晶粒长大和再结晶。此外，还可实现对工件的局部加热。

感应钎焊时，工件放在感应器内（或附近），当交变电流通过感应器时，在其周围产生了交变磁场，由于电磁感应作用，使工件内产生感应电流，将工件迅速加热。感应电流的大小可按下式确定

$$I = \frac{E}{Z} = \frac{4.44 \times 10^{-8} f w \phi}{Z} \tag{8-4}$$

式中　E——电动势，V；

f——频率，Hz；

w——感应圈的匝数；

ϕ——磁通，Wb；

Z——工件的阻抗，Ω。

从上式中可以看到，工件中产生的感应电流的大小与感应回路中交流电的频率 f、感应圈的匝数 w 和磁通 Φ 成正比。

感应电流和其他交流电一样，电流通过导体时，沿导体表面电流密度最大，愈往中心，电流密度愈小，这就是所谓的"集肤效应"。通常取内部电流密度降至表面的 1/2.7 处的表面层（其产生的热量为全电流发生热量的 86.5%）厚度称为电流渗透深度，按下式计算：

$$d = 5030 \sqrt{\frac{\rho}{uf}} \qquad\qquad (8-5)$$

式中　d——电流渗透深度，cm；

　　　ρ——电阻率，$\Omega \cdot cm$；

　　　u——相对磁导率，H/m；

　　　f——频率，Hz。

显然，感应加热的厚度取决于电流的渗透深度。从上式可以看出，频率愈高，加热厚度愈小，表面加热愈迅速；相对磁导率愈小，加热厚度愈大；而电阻率愈大，加热厚度也愈大。

必须指出，对含有铁磁材料的零件，在低温时其相对磁导率很大，而加热至磁性转变温度（居里点）以上时，其相对磁导率（u）降低为1，由于相对磁导率的显著变化，使加热厚度也相应改变，故钎焊时可采用较高的频率，一般使用不低于 10kHz 的高频感应电流。而非磁性材料（如铜）的磁导率较小，与温度无关，集肤效应较小，因而电流分布较均匀，加热也较均匀，故感应钎焊时应采用较低的频率和较大的功率。感应钎焊的设备主要由感应电流发生器和感应器组成。

感应圈是传递感应电流的部件，感应圈设计的好坏对加热影响极大。单匝感应圈的加热宽度小，多匝感应圈的加热宽度大。对多匝感应圈来说，改变节距可使加热形态发生变化。节距小时，加热宽度小，加热深度大；节距大时，正好相反，但节距不能过大。感应圈与工件的耦合对加热的影响也比较明显。原则上说，感应圈与工件的耦合，愈紧愈好，这时加热效率最高，加热均匀程度也比较好；当感应圈与工件的距离较大，即属于松耦合时，加热均匀程度下降。当感应圈与工件的距离较大时，改变感应圈的形状与节距，也能改善加热形态，如增加感应圈中间圈的直径或采用不等的节距。对多匝内热式感应圈，为改善加热形态，也可用直径变化的感应圈。对于单匝外热式感应圈，可采用改变感应圈面积的方法来达到较均匀加热的目的。

感应圈大部分由铜管制成，工作时内部通以冷却水，为了提高热效率，又防止感应线圈与工件发生短路，感应圈与工件的距离为 3~6mm。感应圈的匝距一般为 1.5~2.2mm，必要时可根据工件的加热状态来进行适当的调整。

感应钎焊可使用各种钎料。由于钎焊加热速度很快，钎料和钎剂都在装配时预先放好。感应钎焊除可在空气中进行外（这时一定要加钎剂），也可在真空或保护气体中进行。在这种情况下，可同时将工件和感应圈放入容器内，也可将装有工件的容器放在感应圈内，而容器抽以真空或通保护气体。

感应钎焊广泛地用于钎焊钢、不锈钢、铜和铜合金等，即可用于软钎焊，也可用于硬钎焊，主要用来钎焊比较小的工件，特别适用于对称形状的工件，如管状接头、管与法兰、轴和盘的连接等。

8.2.5 炉中钎焊

炉中钎焊可广泛地用于可以预先将钎料放于接头附近或内部的工件，该法特别适用于高生产率的钎焊。预放置的钎料有丝、箔片、屑块、棒、粉末、带状和软膏等。

炉中钎焊可分为空气炉中钎焊、保护气氛炉中钎焊和真空炉中钎焊。炉中钎焊的特点是工件系整体加热，加热均匀，工件变形小，但加热慢。一炉可以同时钎焊多件，以弥补加热慢的不足，对批量生产尤为合适。

1. 空气炉中钎焊

将装有钎料和钎剂的工件放入一般的工业炉中，加热到规定的钎焊温度，钎剂熔化后先去除钎焊处的氧化膜，熔化的钎料随后流入接头间隙，冷凝后即形成接头。

炉中钎焊因加热速度低，在空气中加热时工件容易氧化，尤其在钎焊温度高时更为显著，不利于钎剂去除氧化物，故应用受到限制，已逐渐为保护气氛钎焊和真空钎焊所取代。空气炉钎焊目前较多地用于钎焊铝和铝合金，这时要求炉膛温度均匀，控温精度不低于±5℃。

2. 保护气氛炉中钎焊

保护气氛炉中钎焊根据所用气氛不同，可分为还原性气氛炉中钎焊和惰性气体炉中钎焊。还原性气体的主要组分是 H_2 和 CO，不仅能防止空气侵入，还能还原工件表面的氧化物，有助钎料润湿母材。

还原性气体的还原能力，不但同 H_2 和 CO 的含量有关，而且取决于气体的 H_2 和 CO_2 的含量，气体的含水量以露点来表示，含水量越小，露点越低。钎焊钢和铜等金属时，由于这些金属的氧化物容易还原，允许气体的 CO_2 含量和露点高些。钎焊含铬、锰量较多的合金，如不锈钢时，由于这些元素的氧化物难以还原，应选用露点低和 CO_2 含量小的气体。还原性气氛钎焊原理如图 8.2-7 所示。高温氢气是许多金属氧化物的一种最好的活性还原剂。在干燥氢气中，硬钎焊时特别需要注意露点控制，并且在整个钎焊过程中都必须仔细地控制。由于氢气会使铜、钛、铌、钽等金属脆化，因此，在考虑采用氢气作为钎焊保护气氛时应慎重。此外，空气中(H)高于4%时，会成为一种易爆气体。

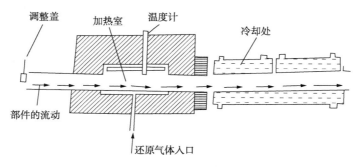

图 8.2-7 还原性气氛炉中钎焊原理图

推荐用于硬钎焊的气氛范围很广泛，其中一些列于表 8-4 中，这些数据不是全部气氛与金属的组合表，而只能作为比较广泛采用的一些组合的一般性概述。稀有金属或比较复杂的异种金属必须进行硬钎焊时，由于气氛和热处理会对金属力学性能和冶金特性产生各种各样的影响，所以，必须寻求适宜的冶金措施。

表 8-4 美国焊接学会推荐硬钎焊使用的气氛

气氛类号	气源	最高露点/真空度	成分近似值(体积分数)(%)				应用		备注
			H_2	N_2	CO	CO_2	钎料	母材	
1	燃气(低氢)	室温	1~5	87	1~5	11~12	BAg[1]，BCuP，RBCuZn[1]	铜，黄铜	—
2	燃气(脱碳)	室温	14~15	70~71	9~10	5~6	BCu，BAg[1]，BCuP，RBCuZn	铜，黄铜[2]，低碳钢，蒙乃尔合金，中碳钢[3]	—
3	燃气(增碳)	-40℃	15~16	73~75	10~11	—	BCu，BAg，BCuP，RBCuZn	与2相同，加上中、高碳钢，蒙乃尔合金	脱碳
4	分解氨	-40℃	38~40	41~45	17~19	—	BCu，BAg，BCuP，RBCuZn	与2相同，加上中、高碳钢	增碳
5	气瓶氢气	-54℃	75	25	—	—	BCu，BAg，BCuP，RBCuZn，BNi	与1.2.3.4相同，加上含铬合金[4]	脱碳
6	脱氧而干燥的氢气	室温	97~100	—	—	—	与2相同	与2相同	—
7	加热挥发性材料	-59℃					与5相同	与5相同，加上钴、铬、钨合金和硬质合金	—
8	纯惰性气体	无极蒸汽	—	—	—	—	BAg	黄铜	专用于与1-7气体共同使用
9	真空	惰性气体(如氩)	—	—	—	—	与5相同	与5相同，加上钛、铬、铅	专用工件清洁/气体提纯
10	真空	真空>266pa	—	—	—	—	BCuP，BAg	铜	—
10A	真空	66.5-266pa	—	—	—	—	BCu，BAg	低碳钢，铜	—
10B	真空	0.13-66.5pa	—	—	—	—	BCu，BAg	碳钢，低合金钢和铜	—
10C	真空	0.133pa 以下					BNi，BAu，BALSi，钛合金	耐热和耐腐蚀钢、铝、铬、钛和难熔合金	

注：美国焊接学会分类号6、7和9，包括压力降到226Pa。
①当采用含有挥发性元素的合金时，气氛中应加入钎剂。
②铜必须完全脱氧或无氧．
③加热时间要保持最短，以防止有害的脱碳。
④如果铝、钛、硅或铍含量较多，气氛中应加入钎剂。

3. 真空炉中钎焊

在抽出空气的炉中或焊接室中硬钎焊，是连接许多同种或异种金属接头的一种经济方法，过程中不使用钎剂。真空条件特别适合于钎焊面很大而连续的接头，这种接头是，①在钎焊时难以彻底清除钎焊界面的固态或液态钎剂；②保护气体不完全有效，因为气氛不能排尽藏在紧贴钎焊界面中的气体。真空硬钎焊也适于连接许多同种和异种金属，包括钛、锆、铌、钼和钽。这些金属的特点是，甚至很少量的大气中的气体也会使其脆化，有时在钎焊温度下就会碎裂。如果惰性气体有足够高的纯度，能防止金属的污染及性能的降低，那么这些金属及其合金也可以采用惰性气体做保护气氛进行钎焊。但是，值得注意的是，真空系统应抽气达到 0.0013Pa，而只含有 $10^{-5} \times 0.1\%$ 的残余气体（体积分数）。真空钎焊原理如图 8.2-8 所示，真空钎焊有如下优点和缺点：

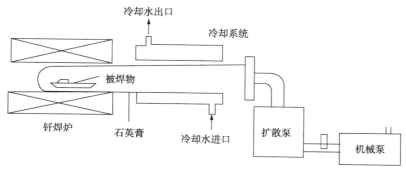

图 8.2-8 真空钎焊炉原理图

1）抽真空从根本上清除了钎焊区所有的气体，因此，不再需要去提纯所供给的气氛。工业上真空钎焊采用的压力一般为 0.065Pa 或更高些，实际采用的压力取决于所焊的材料、所用的钎料、钎焊界面的面积和钎焊循环中从母材中排除气体的程度。

2）母材的某些氧化物在真空钎焊温度下回分解，采用特殊技术，可将真空炉中钎焊广泛地用于钎焊不锈钢、超级合金、铝合金以及难熔金属。

3）钎焊界面由于母材排气有时会受到污染，母材一旦排气，就会直接从界面将裹入气体排出来。

4）高温下，在母材和钎料周围存在低的压力，可使金属中的挥发性杂质和气体排除出去。

这种特性也是一个缺点，由于周围压力低，钎料、母材以及其中的元素在钎焊温度下要发生蒸发，但是，采用合适的真空钎焊技术可以防止这种倾向发生。

真空硬钎焊有高真空钎焊和局部真空钎焊两种。

高真空钎焊特别适合于那些氧化物难以分解的母材。在硬钎焊温度下，母材或钎料在高真空条件下易于挥发时，则常采用局部真空。在硬钎焊温度下，金属能保持固相或液相的最低压力是由计算或经验确定的，钎焊室抽气达到高真空状态。在高真空中钎焊加热循环始终要使温度刚好低于汽化开始的温度。逐渐地送进足量的高纯度氩气、氦气，或有时送进氢气，以便平衡在硬钎焊温度下挥发金属的范汽压力。采用这种技术，可以扩大真空硬钎焊可焊材料的范围。

常常在进行高纯度干燥氢气硬钎焊前进行抽真空除气，这是应该特别注意的，要除去即使是少量外来的或污染的气体，以确保气氛的高纯度。同样地，在抽真空前通以干燥氢气或惰性气体来驱气，对于在高真空气氛中获得更好的硬钎焊结果有时是有好处的。

有时，有计划地将锆、钛与氧气及其他气体亲和力高的元素接近进行高真空硬钎焊，并不接触，这些元素称为吸气剂，他们能够迅速地吸收存在的很少量的氧气、氮气和其他硬钎焊时从母材中出来的气体，从而改善钎焊质量。

由于某些元素在真空中易挥发，因此，真空炉钎焊不适用于含锌、镉、锰和磷等元素含量高的钎料，也不适用于含大量这些元素的母材。

8.2.6 特种钎焊

1. 气相钎焊

气相钎焊是利用非活性有机溶剂(氟化物)被加热沸腾产生的饱和范汽与工件表面接触时凝结放出的潜热而进行加热的。气相钎焊原理如图 8.2-9 所示。

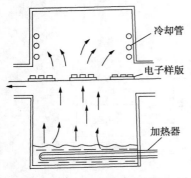

图 8.2-9 气相钎焊原理图

用加热器将工件液体加热、挥发，使饱和范汽充满容器，工作液体主要是$(C_3F_{11})_3N$，其沸点为 215℃，可满足锡铅共晶钎料钎焊温度的要求。当工件进入工作液体饱和范汽时，由于工件温度低，范汽在其表面沉积后冷凝，释放出潜热，进行钎焊加热。为了防止范汽逸出大气，可使用辅助范汽(三氯二氟乙烷，沸点为 47.5℃)。辅助范汽的密度介于工作范汽与大气之间，成为工作范汽与大气之间的阻挡层。容器上方装有凝聚用的冷却螺旋管，以防止进入大气。

这种钎焊方法的优点是加热均匀、能精确控制温度、生产率高和钎焊质量好等。缺点是氟液价格昂贵。这钎焊方法可用于钎焊印刷电路上接线柱、陶瓷基片上钎焊瓷片或钎焊芯片基座外部的引线等

2. 放热反应钎焊

放热反应钎焊是另一种特殊硬钎焊方法。使钎料熔化和流动所需的热量是由化学反应放热产生的。放热化学反应是两个或多个反应物之间的任何反应，并且反应中热量是由于系统的自由能变化而释放的。虽然自然界为我们提供了无数的这类反应，但只有固态或接近于固态的金属与金属氧化物之间的反应才适用于放热反应钎焊装置。

放热反应钎焊是利用很简易的工具和设备，利用反应热使邻近或靠近的金属连接面达到一定温度，使预先放在接头中的钎料熔化并润湿金属交界面的表面。放热反应的特点是不需要绝热装置，故适用于难以加热的部位，或在野外钎焊的场合。目前，已有在宇宙空间条件下实现钢管放热反应钎焊的实例。

3. 机械热脉冲劈刀钎焊

这种方法依靠劈刀来传递热量，加热焊接点。预成型的钎料放置在两个被焊物(母材)之间，劈刀以一定的压力压在其中一被焊物上，停留片刻使钎料熔化。它能够十分精确地控制由劈刀传给被焊物的热量和焊区的加热时间。劈刀的形状根据被焊物的形状而定，可以是楔形、圆柱形或凹槽形。所用的钎料多半是低熔点的软钎料。如果配置适当的自动化设备，可以进行半自动或全自动的焊接。目前，这种方法应用在梁式引线晶体管焊接和混合电路中的元件引线焊接及集成电路封盖。

4. 超声波钎焊

超声波钎焊法是利用超声波振动传入熔化钎料，利用钎料内发生的空化现象破坏和去除母材表面的氧化物，使熔化钎料润湿纯净的母材表面而实现钎焊。其特点是钎焊时不需使用钎剂。

超声波钎焊法常应用于低温软钎焊工艺。随着温度升高，空化破坏加剧。当零件受热超过 400℃，则超声波振动不仅使钎料的氧化膜微粒脱落，且钎料本身也会小块小块地脱落。因此，通常先将零件搪上钎料，再利用超声波烙铁进行钎焊。

5. 光学及激光钎焊

光学钎焊是利用光的能量使焊点处发热，将钎料熔化、浸润被焊件，填充连接的空隙。目前，常用的光学钎焊法有两种，一种是红外灯直接照射，使钎料熔化，另一种是利用透镜和反射镜等光学系统，将点光源的射线经聚光透镜成平行光束，光束的大小由一组透镜聚焦调节，光线与被焊物的作用时间长短靠特殊的快门来控制，根据不同的设备，可以应用在微电子器件内引线焊接和管壳的封装。它所用的钎料一般是预成型的环形、圆形、矩形和球形钎料。

激光钎焊法与光学钎焊法的基本原理相同，不同点是光源运用了光量子振荡器。

6. 扩散钎焊法　扩散钎焊

把互相接触的固态异种金属或合金加热到他们的熔点以下，利用相互的扩散作用，在接触处产生一定深度的熔化而实现连接。当加热金属能形成共晶或一系列具有低熔点的固溶体时，就能实现这样的扩散钎焊。接触处所形成的液态合金在冷却时是连接两种材料的钎料，这种钎焊方法也称接触反应钎焊或自身钎焊。当两种金属或合金不能形成共晶时，可在工件间放置垫圈状的其他金属或合金，以同时与两种金属形成共晶，实现扩散钎焊。

扩散钎焊的主要工艺参数是温度、压力和时间。压力有助于消除结合面微细的凹凸不平，它与温度、时间有着密切关系。

扩散钎焊过程分为三个阶段：首先是接触处在固态下进行扩散，合金接触处附近的合金元素饱和，但未达到共晶的浓度；接着是接触处达到共晶成分的地方形成液相，促进合金元素的继续扩散，共晶的合金层将随时间增加；最后停止加热，接触处合金凝固。

8.2.7　各种钎焊方法的比较

钎焊方法种类较多，合理选择钎焊方法的依据是工件的材料和尺寸、钎料和钎剂、生产批量、成本、各种钎焊方法的特点等。表 8-5 综合了各种钎焊方法的优缺点及适用范围。

表 8-5　各种钎焊方法的优缺点及适用范围

钎焊方法	主要特点		用　途
烙铁钎焊	设备简单，灵活性好，适用于微细钎焊	需使用钎剂	只能用于软钎焊，钎焊小件
火焰钎焊	设备简单，灵活性好	控制温度困难，操作技术要求较高	钎焊小件
金属浴钎焊	加热快，能精准控制温度	钎料消耗大，焊后处理复杂	用于软钎焊及其批量生产
盐浴钎焊	加热快，能精准控制温度	设备费用高，焊后处理复杂	用于批量生产，不能钎焊密闭工件
气相钎焊	能精准控制温度，加热均匀，钎焊质量高	成本高	只用于软钎焊及其批量生产
波峰钎焊	生产率高	钎料消耗大	—
电阻钎焊	加热快，生产率高，成本较低	控制温度困难，工件形状、尺寸受限	钎焊小件

钎焊方法	主要特点		用　途
感应钎焊	加热快，钎焊质量好	温度不能精准控制，工件形状受限制	批量钎焊小件
保护气体炉中钎焊	能精准控制温度，加热均匀，变形小，一般不用钎剂，钎焊质量好	设备费用较高，加热慢，钎料和工件不宜含大量易挥发元素	大、小件的批量生产，多焊缝工件的钎焊
真空炉中钎焊	能精准控制温度，加热均匀，变形小，一般不用钎剂，钎焊质量好	设备费用高，钎料和工件不宜含较多易挥发元素	重要工件
超声波钎焊	不用钎剂，温度低	设备投资大	用于软钎焊

8.3　钎焊工艺

钎焊工艺包括钎焊前工件表面准备、装配、安置钎料、钎焊、焊后处理等各工序，每一工序均会影响产品的最终质量。

8.3.1　工件表面准备

钎焊前必须仔细地清除工件表面的氧化物、油脂、脏物及油漆等，因为熔化了的钎料不能润湿未经清理的零件表面，也无法填充接头间隙。有时，为了改善母材的钎焊性以及提高钎焊接头的抗腐蚀性，钎焊前还必须将零件预先镀覆某种金属层。

1. 除油

油污可用有机溶剂去除。常用的有机溶剂有酒精、四氯化碳、汽油、三氯乙烯，二氯乙烷及三氯乙烷等。

小批生产时，可将零件浸在有机溶剂中清洗干净。大批生产时，应用最广的在有机溶剂的蒸汽中脱脂。此外，在热的碱溶液中清洗也可得到满意的效果。例如，钢制零件可浸入 70~80℃ 的 10% 苛性钠溶液中脱脂，铜和铜合金零件可在 50g 磷酸三钠、50g 碳酸氢钠加 1L 水的溶液中清洗，溶液温度为 60~80℃。零件的脱脂也可在洗涤剂中进行，脱脂后用水仔细清洗。当零件表面能完全被水润湿时，表明表面油脂已去除干净。

对于形状复杂而数量很大的小零件，也可在专门的槽子中用超声波清洗，超声波去油效率高。

2. 除氧化物

钎焊前，零件表面的氧化物可用机械方法、化学浸蚀法和电化学浸蚀方法去除。

机械方法清理时，可采用锉刀、金属刷、砂纸、砂轮、喷砂等去除零件表面的氧化膜。其中锉刀和砂纸清理用于单件生产，清理时形成的沟槽还有利于钎料的润湿和铺展。批量生产时用砂轮、金属刷和喷砂等方法。铝和铝合金、钛合金的表面不宜用机械法清理。

化学浸蚀法广泛用于清除零件表面的氧化物，特别在批量生产中，因为它的生产率比较高，但要防止表面的过侵蚀。适用于不同金属的化学浸蚀液成分列于表 8-6。对于大批量生产及必须快速清除氧化膜的场合，可采用电化学浸蚀法（表 8-7）。

表 8-6　化学侵蚀液成分

适用的母材	侵蚀液成分(体积分数)	处理温度/℃
铜和铜合金	1. 10%H_2SO_4，余量水	50~80
	2. 12.5%H_2SO_4+1%~3%Na_2SO_4，余量水	20~77
	3. 10%H_2SO_4+10%$FeSO_4$，余量水	50~80
	4. 0.5%~10%HCl，余量水	室温
碳钢与低合金钢	1. 10%H_2SO_4+缓蚀剂，余量水	40~60
	2. 10%HCL+缓蚀剂，余量水	40~60
	3. 10%H_2SO_4+10%HCl，余量水	室温
铸铁	12.5%H_2SO_4+12.5%HCl，余量水	室温
不锈钢	1. 16%H_2SO_4，15%HCl，5%HNO_3，64%H_2O	100℃，30s
	2. 25%HCL+30%HF+缓蚀剂，余量水	50~60
	3. 10%H_2SO_4+10%HCl，余量水	50~60
钛及钛合金	2%~3%HF+3%~4%HCl，余量水	室温
铝及铝合金	1. 10%NAOH，余量水	50~80
	2. 10%H_2SO_4，余量水	室温

表 8-7　电化学浸蚀

成分	时间/min	电流密度/A·cm^{-2}	电压/V	温度/℃	用途
硫酸 63% 碳酸 15% 铬酐 5% 甘油 12% 水 5%	15~30	0.06~0.07	4~6	室温	用于不锈钢
硫酸 15g 硫酸铁 250g 氯化钠 40g 水 1L	15~30	0.05~0.1	—	室温	零件接阳极，用于有氧化皮的碳钢
氯化钠 50g 氯化铁 150g 盐酸 10g 水 1L	10~15	0.05~0.1	—	20~50	零件接阳极，用于有薄氧化皮的碳钢
硫酸 120g 水 1L	—	—	—	—	零件接阴极，用于碳钢

化学侵蚀和电化学侵蚀后，还应进行光泽处理(表 8-8)，随后在热水或冷水中洗净，并加以干燥。

表 8-8　光泽处理或中和处理

成分(体积分数)	温度/℃	时间/min	用　途
HNO_3 30%溶液	室温	3~5	铝，不锈钢
$NaCO_3$ 15%溶液	室温	10~15	铜和铜合金
H_2SO_4 8%，HNO_3 10%溶液	室温	10~15	铸铁

3. 母材表面镀覆金属

在母材表面镀覆金属，其主要目的是改善一些材料的钎焊性，增加钎料对母材的润湿能力，防止母材与钎料相互作用对接头质量产生不良的影响，防止产生裂纹，减少界面产生脆性金属间化合物。某些母材镀覆金属的使用情况列于表8-9。

表 8-9　母材表面镀覆金属

母材	镀覆材料	方法	功　用
铜	银	电镀，化学镀	用作钎料
铜	锡	热浸	提高钎料的润湿作用
不锈钢	铜，镍	电镀，化学镀	提高钎料的润湿作用，铜可用作钎料
钼	铜	电镀，化学镀	提高钎料的润湿作用
石墨	铜	电镀	使钎料容易润湿
钨	镍	电镀，化学镀	提高钎料的润湿作用
可伐合金	铜，镍	电镀，化学镀	防止母材开裂
钛	钼	电镀	防止界面产生脆性相
铝	铜，镍，锌	电镀，化学镀	提高钎料的润湿作用，提高接头抗腐蚀性
铝	铝硅合金	包覆	用作钎料

在母材表面镀覆金属可用不同的方法进行，常用的有电镀、化学镀、熔化钎料中热浸和轧制包覆等。

8.3.2　装配与固定

模锻钎焊零件应装配定位，以确保他们之间的相互位置。固定零件的方法很多，对于尺寸小、结构简单的零件，可采用较简单的固定方法，诸如依靠自重、紧配合、滚花、翻边、扩口，旋压、镦粗、收口、咬口、弹簧夹、定位销、螺钉、铆钉、点焊和熔焊等。图8.3-1列出了典型的零件定位方法。其中紧配合主要用于以铜钎料钎焊钢；滚花、翻边、扩口、旋压、收口和咬边等方法简单，但间隙难以保证均匀；螺钉、铆钉、定位销的定位比较可靠，但比较麻烦；点焊和熔焊固定既简单又迅速，但定位点周围往往发生氧化，故应根据具体情况进行选择。对于结构复杂的零件一般采用专门的夹具来定位，对钎焊夹具的要求是，夹具材料应具有良好的耐高温和抗氧化性；夹具与零件材料应具有相近的热膨胀系数；夹具应具有足够的刚度，但结构要尽可能简单，尺寸尽可能小，使夹具既工作可靠，又能保证较高的生产效率。

8.3.3　钎料的放置

在各种钎焊方法中，除火焰钎焊和烙铁钎焊外，大多数是将钎料预先安置在接头上的。安置钎料时，应尽可能利用钎料的重力作用和间隙的毛细作用来促进钎料填满间隙。图8.3-2a)、b)所示环状钎料的安置方式是合理的。为避免钎料沿平面流失，应将钎料放在稍高于间隙的部位。为了完全防止钎料沿法兰平面流失，可采用图8.3-2c)、d)形式的接头。在图8.3-2e)、f)中，工件是水平放置的，必须使钎料紧贴接头，方能依靠毛细作用吸入缝隙。对于紧密配合和搭接长度大的接头，可采用图8.3-2g)、h)形式，即在接头上开出钎料安置槽。

膏状钎料应直接涂在钎焊处；粉末状钎料可用黏结剂调合后粘附在接头上。

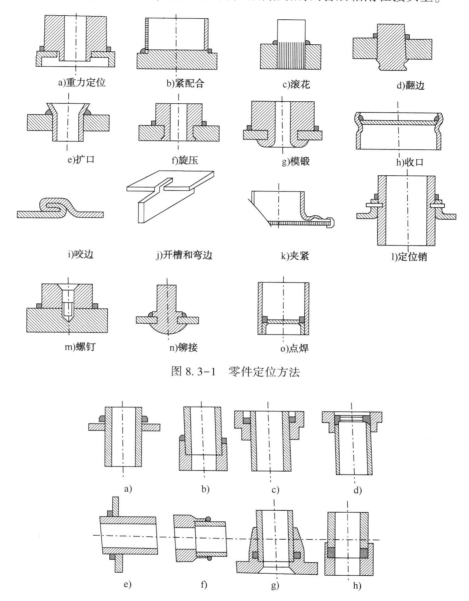

a)重力定位　　b)紧配合　　c)滚花　　d)翻边

e)扩口　　f)旋压　　g)模锻　　h)收口

i)咬边　　j)开槽和弯边　　k)夹紧　　l)定位销

m)螺钉　　n)铆接　　o)点焊

图 8.3-1　零件定位方法

a)　　b)　　c)　　d)

e)　　f)　　g)　　h)

图 8.3-2　环状钎料的安置方法

8.3.4　涂阻流剂

为了完全防止钎料流失，有时需要涂阻流剂。阻流剂主要由氧化物，如氧化铝、氧化钛或氧化镁等稳定氧化物与适当的黏接剂组成。钎焊前将糊状阻流剂涂在邻近接头的零件表面上。由于钎料不能润湿这些物质，故被阻止流动。钎焊后再将它去除。阻流剂在保护气氛炉中钎焊和真空炉中钎焊中用得很广。

8.3.5　钎焊工艺参数

钎焊的主要工艺参数是钎焊温度和保温时间。钎焊温度通常选为高于钎料液相线温度 25~60℃，以保证钎料能填满间隙，但有时也发生例外。例如，对某些结晶温度间隔宽的钎料，由于在液相线温度以下已有相当量的液相存在，具有一定的流动性，这时，钎焊温度可以等于或稍低于钎料液相线温度。对于某些钎料，如镍基钎料，希望钎料与母材发生充分地反应，钎焊温度可高于钎料液相线温度 100℃以上。

钎焊保温时间视工件大小、钎料与母材相互作用的剧烈程度而定。大件的保温时间应长些，以保证加热均匀。钎料与母材作用强烈的，保温时间要短。一般说来，一定的保温时间是促使钎料与母材相互扩散，形成牢固结合所必需的，但过长的保温时间将导致溶蚀等缺陷的发生。

8.3.6　钎焊后清洗

钎剂残渣大多数对钎焊接头起腐蚀作用，也妨碍对钎缝的检查，需清除干净。

软钎剂松香不会起腐蚀作用，不必清除。含松香的活性钎剂残渣不溶于水，可用异丙醇、酒精、汽油，三氯乙烯等有机溶剂除去。

由有机酸及盐组成的钎剂，一般都溶于水，可采用热水洗涤。若为由凡士林调制的膏状钎剂，则可用有机溶剂去除。

由无机酸组成的软钎剂溶于水，因此可用热水洗涤。含碱金属及碱土金属氯化物的钎剂（例如氯化锌），可用 2%盐酸溶液洗涤，其目的是溶解不溶于水的金属氧化物与氯化锌相互作用的产物。为了中和盐酸，再用含少量 NAOH 的热水洗涤。若为由凡士林调成的含氯化锌的钎剂，则可先用有机溶剂清除残留的油脂，再用上述方法洗涤。

硬钎焊用的硼砂和硼酸钎剂残渣基本上不溶于水，很难清除，一般用喷砂去除。比较好的方法是将已钎焊的工件在热态下放入水中，使钎剂残渣开裂而易于去除，但这种方法不适用于所有的工件。也可将工件放在 70~90℃ 的 2%~3%重铬酸钾溶液中较长时间清洗。

含氟硼酸钾或氟化镓的硬钎剂残渣可用水煮或在 10%柠檬酸热水中清除。

铝用软钎剂残渣可用有机溶剂（例如甲醇）清除。铝用硬钎剂残渣对铝具有很大的腐蚀性，钎焊后必须清除干净。下面列出了一些清洗方法，可以得到较好的效果。

（1）60~80℃热水中浸泡 10min，用毛刷仔细清洗钎缝上的残渣，冷水冲洗，HNO_3 15%水溶液中浸泡约 30min，再用冷水冲洗。

（2）60~80℃流动热水冲洗 10~15min，放在 65~75℃、$CrO_3$2%、$H_3PO_4$5%水溶液中浸泡 5min，再用冷水冲洗、热水煮，冷水浸泡 8h。

（3）60~80℃流动热水冲洗 10~15min，流动冷水冲洗 30min，放在草酸 2%~4%、NaF1%~7%、海鸥牌洗涤剂 0.05%溶液中浸泡 5~10min，再用流动冷水冲洗 20min，然后放在 $HNO_3$10%~15%溶液中浸泡 5~10min，取出后再用冷水冲洗。

对于有氟化物组成的无腐蚀性铝钎剂，可将工件放在 7%草酸、7%硝酸组成的水溶液中，先用刷子刷洗钎缝，再浸泡 1.5h，取出后用冷水冲洗。

8.4　钎焊接头设计

设计钎焊接头时，首先应考虑接头的强度，其次，还要考虑如何保证组合件的尺寸精度、零件的装配定位、钎料的安置和钎焊接头的间隙等工艺问题。

8.4.1 钎焊接头的形式

用钎焊连接时，由于钎料及钎缝的强度一般比母材低，若采用对接的钎焊接头，则接头强度比母材差，对接接头不能保证接头具有与母材相等的承载能力，所以，钎焊接头大多采用搭接形式。可以通过改变搭接长度达到钎焊接头与母材等强度。搭接接头的装配同对接接头相比也比较简单。为了保证搭接接头与母材具有相等的承载能力，搭接长度可按下式计算：

$$L = a \frac{\sigma b}{\sigma r} \delta \tag{8-6}$$

式中　σb——母材的抗拉强度，MPa；

　　　σr——钎焊接头的抗剪强度，MPa；

　　　δ——母材厚度，mm；

　　　a——安全系数。

在生产实践中，对采用银基、铜基、镍基等强度较高的钎料钎焊接头，搭接长度通常取为薄件厚度的2~3倍；对用锡、铅等软钎料钎焊的接头，可取为薄件厚度的4~5倍，但不希望搭接长度大于15mm。因为此时钎料很难填满间隙，往往形成大量缺陷。由于工件的形状不同，搭接接头的具体形式各不相同。

（1）平板钎焊接头形式，如图8.4-1所示。图中a）、b）、c）是对接形式。当要求两个零件连接后表面平齐，而又能承受一定负载时，可采用8.4-1b)、c)的形式，这时对零件的加工要求较高。其他接头有的是搭接接头，有的是搭接和对接的混合接头。随着钎焊面积增大，接头承载能力也可提高。图8.4-1j)是锁边接头，适用于薄件。

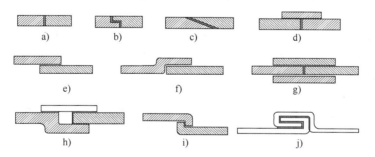

图 8.4-1　平板钎焊接头形式

（2）管件钎焊接头形式如图8.4-2所示。当零件在连接后的内孔径要求相同时，可采用图8.4-2a)形式；当两个零件在连接后的外径要求相同时，可采用图8.4-2b)形式；当接头的内外径都允许有差别时，可采用8.4-2c)形式。

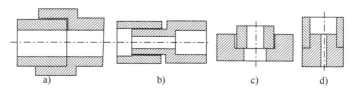

图 8.4-2　管件钎焊接头形式

（3）T形和斜角钎焊接头如图 8.4-3 所示，对 T 形接头来说，为增加搭接面积，可将图 8.4-3a）、b）改为 c）、d）的形式；对楔角接头可采用图 8.4-3g）、h）形式来代替图 8.4-3e）、f）形式；图 8.4-3i），j）形式的搭接主要用于薄件的钎焊。

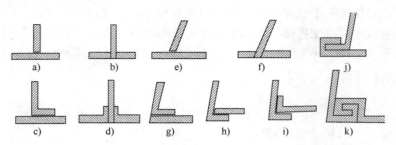

图 8.4-3　T 形和斜角钎焊接头形式

（4）端面接头，特别是承压密封接头采用图 8.4-4 形式。这种接头具有较大的钎焊面积，发生漏泄的可能性很小。

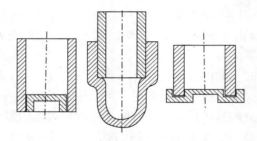

图 8.4-4　端面密封接头

（5）管或棒与板的接头形式如图 8.4-5 所示。图 8.4-5a）管板接头形式较少使用，常用 8.4-5b）、c）、d）接头替代。图 8.4-5e）形接头可用图 8.4-5f）、g）、h）形接头替代。板较厚时，可采用图 8.4-5i）、j）、k）形接头。

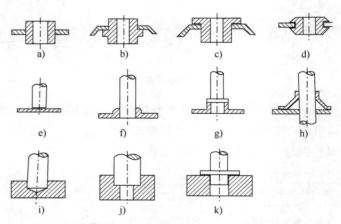

图 8.4-5　管或棒与板钎焊接头形式

（6）线接触接头形式如图 8.4-6 所示。这种接头的间隙有时是可变的，毛细力只在有限的范围内起作用，接头强度不是太高。这种接头主要用于钎缝受压或受力不大的结构。

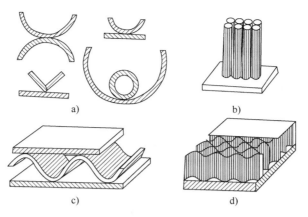

图 8.4-6 接触钎焊接头形式

8.4.2 钎焊接头形式与载荷的关系

设计钎焊接头时还应考虑应力集中问题，尤其接头受动载荷或大应力时，应力集中问题更为明显。在这种情况下的设计原则是，不应使接头边缘处产生过大的应力集中，而应将应力转移到母材上去。图 8.4-7 列出了一些受撕裂、冲击、振动等载荷的合理和不合理设计的接头形式。图 8.4-7a)、b)为受撕裂的接头，为避免在载荷作用下接头处产生应力集中，可局部加厚薄件的接头部分，使应力集中点发生在母材而不是在钎缝边缘。图 8.4-7c)所示接头，当载荷大时，不应用钎缝圆角来缓和应力集中，应在零件本身拐角处安排圆角，使应

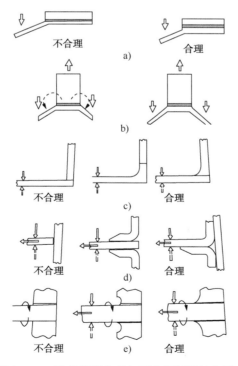

图 8.4-7 受动载荷合理与不合理钎焊接头形式

力通过母材上圆角形成适当的分布。如图8.4-7d)所示，为了增强承载能力，一方面是增大钎缝面积，另一方面是尽量使受力方向垂直于钎缝面积。图8.4-7e)是轴和盘的接头，可在盘的连接处做成圆角，以减小应力集中。

8.4.3　接头的工艺性设计

接头的工艺性设计包括接头的装配定位、安置钎料和限制钎料流动等。这里主要介绍开设工艺孔的问题。工艺孔是为满足工艺上的要求而在接头上开的孔，这对于密闭容器尤为重要。因为钎焊时，容器内的空气受热膨胀，阻碍钎料的填隙，也可能使已填满间隙的钎料重新排出，形成不致密性缺陷。密闭容器钎焊必须开工艺孔。对于其他接头，为使受热膨胀的空气逸出，也应开设类似的工艺孔。

8.4.4　接头间隙

钎焊时，依靠毛细力作用使钎料填满间隙，因此，必须正确选择接头间隙。间隙的大小在很大度上影响钎缝的致密性和接头强度。表8-10列出了在钎焊温度下常用的接头间隙范围。间隙过小，钎料流入困难，在钎缝内形成夹渣或未钎透，导致接头强度下降；接头间隙过大，毛细作减弱，钎料不能填满间隙，也会使接头的致密性变坏，强度下降。

表 8-10　钎焊接头间隙

母材	钎料	间隙值/mm
碳钢	铜	0.01~0.05
	铜锌	0.05~0.20
	银基	0.03~0.15
	锡铅	0.50~0.20
不锈钢	铜	0.01~0.05
	银基	0.05~0.20
	锰基	0.01~0.15
	镍基	0.02~0.10
	锡铅	0.50~0.20
铜和铜合金	铜锌	0.05~0.20
	铜磷	0.03~0.15
	银基	0.05~0.20
	锡铅	0.05~0.20
铝和铝合金	铝基	0.10~0.25
	锌基	0.10~0.30
钛和钛合金	银基	0.05~0.10
	钛基	0.05~0.15

接头间隙的选择与下列因素有关：

1) 用钎剂钎焊时，接头的间隙应选得大一些，因为钎焊时熔化的钎剂先流入接头，熔化的钎料后流进接头，将熔化的钎剂排出间隙。当接头间隙小时，熔化的钎料难以将钎剂排出间隙，从而形成夹渣。真空或气体保护钎焊时，不发生上述排渣的过程，接头间隙可适当小些。

2）母材与钎料的相互作用程度将影响接头间隙值。若母材与钎料的相互作用小，间隙值一般可取小些，如用铜钎焊钢或不锈钢时就是这种情况；若母材与钎料相互作用强烈，如用铝基钎料钎焊铝时，间隙值应大些。因为母材的溶解会使钎料熔点提高，流动性降低。

3）流动性好的钎料，如纯金属（铜）、共晶合金及自钎剂钎料，接头间隙应小些，结晶间隔大的钎料，流动性差，接头间隙可以大些。

4）垂直位置的接头间隙应小些，以免钎料流出；水平位置的接头间隙可以大些。搭接长度大的接头，间隙应大些。

5）设计异种材料接头时，必须根据热膨胀数据计算出钎焊温度时的接头间隙。最近开发的大间隙钎焊，钎焊间隙达1mm以上。

8.5　典型材料的钎焊

材料的钎焊性是指材料在一定的钎焊条件下获得优质接头的难易程度。对某种材料而言，若采用的钎焊工艺越简单，钎焊接头的质量越好，则该种材料的钎焊性越好；反之，如果采用复杂的钎焊工艺也难获得优质接头，那么该种材料的钎焊性就差。

影响材料钎焊性的首要因素是材料本身的性质。例如 Cu 和 Fe 的表面氧化物稳定性低而易去除，因而 Cu 和 Fe 的钎焊性好；Al 的表面氧化物非常致密稳定而难于去除，因而铝的钎焊性差。

材料的钎焊性可从工艺因素（包括采用何种钎料、钎剂和钎焊方法）来考察。例如大多数钎料对 Cu 和 Fe 的润湿作用都比较好，而对 W 和 MO 的润湿作用差，故 Cu 和 Fe 的钎焊性比较好，而 W 和 MO 的钎焊性差。又如，Ti 及其合金同大多数钎料作用后，在界面形成脆性化合物，故 Ti 的钎焊性差。再如，低碳钢在炉中钎焊对保护气氛的要求较低，而含 Al、Ti 的高温合金只有在真空钎焊时才能获得良好的接头，故碳钢的钎焊性好，而高温合金的钎焊性差。

总之，材料的钎焊性不但决定于材料本身，而且与钎料、钎剂和钎焊方法有关，因此，必须根据具体情况进行综合评定。

8.5.1　钢和低合金钢的钎焊

碳钢和低合金钢的钎焊性很大程度上取决于材料表面上所形成氧化物的种类。随着温度的升高，在碳钢的表面上会形成 $r\text{-}Fe_2O_3$、$a\text{-}Fe_2O_3$、Fe_3O_4 和 FeO 四种类型的氧化物。这些氧化物除了 Fe_3O_4 之外都是多孔和不稳定的，它们都容易被钎剂所去除，也容易被还原性气体所还原，因而碳钢具有很好的钎焊性。

对低合金钢而言，如果所含的合金元素相当低，则材料表面上所存在的氧化物基本上是铁的氧化物，这时的低合金钢具有与碳钢一样的钎焊性。如果所含的合金元素增多，特别是 Al 和 Cr 这样易形成稳定氧化物的元素的增多，会使低合金钢的钎焊性变差，这时应选用活性较大的钎剂或露点较低的保护气体进行钎焊。

1. 钎料

碳钢和低合金钢的钎焊包括软钎焊和硬钎焊。软钎焊中应用最广的钎料是锡铅钎料，这种钎料对钢的润湿性随含锡量的增加而提高，因而对密封接头宜采用含锡量高的钎料。锡铅钎料中的锡与钢在界面上可能形成 $FeSn_2$ 金属间化合物层，为避免该层化合物的形成，应适当控制钎焊温度和保温时间。几种典型的锡铅钎料钎焊的碳钢接头的抗剪强度如表 8-11 所示，其中以 W(Sn) 为 50% 的钎料钎焊的接头强度最高，不含锑的钎料所焊的接头强度比含锑的高。

碳钢和低合金钢硬钎焊时，主要采用纯铜、铜锌和银铜锌钎料。纯铜熔点高，钎焊时易使母材氧化，主要用于气体保护钎焊和真空钎焊。但应注意，钎焊接头间隙宜小于 0.05mm，以免产生铜的流动性好而使接头间隙不能填满的问题。用纯铜钎焊的碳钢和低合金钢接头具有较高的强度，一般抗剪强度在 150~215MPa 范围内，而抗拉强度在 170~340MPa 之间。

表 8-11　锡铅钎料钎焊的碳钢接头的抗剪强度

钎料牌号	S-Pb90Sn	S-Pb80Sn	S-Pb70Sn	S-Pb60Sn	S-Sn50Pb	S-Sn60Pb
抗剪强度/MPa	19	28	32	34	34	30
钎料牌号	S-Pb90SnSb	S-Pb80SnSb	S-Pb70SnSb	S-Pb60SnSb	S-Sn50PbSb	S-Sn60PbSb
抗剪强度/MPa	12	21	28	32	34	31

与纯铜相比，铜锌钎料因 Zn 的加入而使钎料熔点降低。为防止钎焊时 Zn 的蒸发，一方面可在铜锌钎料中加入少量的 Si；另一方面必须采用快速加热的方法，如火焰钎焊、感应钎焊和浸沾钎焊等。采用铜锌钎料钎焊的碳钢和低合金钢接头都具有较好的强度和塑性。例如，用 B-Cu62Zn 钎料钎焊的碳钢接头抗拉强度达 420MPa，抗剪强度达 290MPa。银铜锌钎料的熔点比铜锌钎料的熔点还低，便于钎焊的操作。这种钎料适用于碳钢和低合金钢的火焰钎焊、感应钎焊和炉中钎焊，但在炉中钎焊时应尽量降低 Zn 的含量，同时应提高加热速度。采用银铜锌钎料钎焊碳钢和低合金钢，可获得强度、塑性均较好的接头，具体数据如表 8-12 所示。

表 8-12　银铜锌钎料钎焊低碳钢接头的强度

钎料牌号	B-Ag25CuZn	B-Ag45CuZn	B-Ag50CuZn	B-Ag40CuZn	B-Ag50CuZn
抗剪强度/MPa	199	197	201	203	231
抗拉强度/MPa	375	362	377	386	401

2. 钎剂

钎剂钎焊碳钢和低合金钢时均需使用钎剂或保护气体。钎剂按所选的钎料和钎焊方法而定。当采用锡铅钎料时，可选用氯化锌与氯化铵的混合液作钎剂，这种钎剂的残渣一般都具有很强的腐蚀性，钎焊后应对接头进行严格清洗。

采用铜锌钎料进行硬钎焊时，应选用 FB301 或 FB302 钎剂，即硼砂或硼砂与硼酸的混合物。火焰钎焊时，还可采用硼酸甲酯与甲酸的混合液作钎剂，其中起去膜作用的是 B_2O_3 蒸气。

当采用银铜锌钎料时，可选择 FB102、FB103 和 FB104 钎剂，即硼砂、硼酸和某些化物的混合物。这种钎剂的残渣具有一定的腐蚀性，钎焊后应清洗干净。

3. 钎焊技术

采用机械或化学方法清理待焊表面，确保氧化膜和有机物彻底清除。清理后的表面不宜过于粗糙，不得粘附金属屑粒和其他污物。

采用各种常见的钎焊方法均可进行碳钢和低合金钢的钎焊。火焰钎焊时，宜用中性或稍带还原性的火焰,操作时应尽量避免火焰直接加热钎料和钎剂。感应钎焊和浸沾钎焊等快速加热方法非常适合于调质钢的钎焊,同时,宜选择淬火或低于回火的温度进行钎焊,以防母材发生软化。保护气氛中钎焊低合金高强钢时,不但要求气体的纯度高,而且,必须配用气体钎剂才能保证钎料在母材表面上的润湿和铺展。

钎剂的残渣可以采取化学或机械的方法清除。有机钎剂的残渣可用汽油、酒精、丙酮等有机溶剂擦拭或清洗。氯化锌和氯化铵等强腐蚀性钎剂的残渣,应先在NaOH水溶液中中和,然后再用热水和冷水清洗。硼酸和硼酸盐钎剂的残渣不易清除,只能用机械方法或在沸水中长时间浸煮清除。

8.5.2 工具钢和硬质合金的钎焊

工具钢通常包括碳素工具钢、合金工具钢和工具钢,而硬质合金是碳化物(如WC、TiC等)与黏结金属(如Co等)经粉末烧结而成的。工具钢和硬质合金的钎焊技术主要用于刀具、模具、量具和采掘工具的制造上。

工具钢钎焊中的主要问题是它的组织和性能易受钎焊过程的影响。如果钎焊工艺不当,极易产生高温退火、氧化和脱碳等问题。例如,高速钢W18Cr4V的淬火温度为1260~1280℃,为避免上述问题的发生,确保切削时具有最大的硬度和耐磨性,要求钎焊温度必须与淬火温度相适应。

硬质合金的钎焊性是较差的。这是因为硬质合金的含碳量较高,未经清理的表面往往含有较多的游离碳,从而妨碍钎料的润湿。此外,硬质合金在钎焊温度下容易氧化形成氧化膜,也会影响钎料的润湿。因此,钎焊前的表面清理对改善钎料在硬质合金上的润湿性是很重要的,必要时还可采用表面镀铜或镀镍等措施。

硬质合金钎焊中的另一个问题是接头易产生裂纹。这是因为它的线膨胀系数仅为低碳钢的一半,当硬质合金与这类钢的基体钎焊时,会在接头中产生很大的热应力,从而导致接头的开裂。因此,硬质合金与不同材料钎焊时,应设法采取防裂措施。

1. 钎料

钎焊工具钢和硬合金通常采用纯铜、铜锌和银铜钎料。纯铜对各种硬质合金均有良好的润湿性,但需在氢的还原性气氛中钎焊才能得到最佳效果。同时,由于钎焊温度高,接头中的应力较大,导致裂纹倾向增大。采用纯铜钎焊的接头抗剪强度约为150MPa,接头塑性也较高,但不适用于高温工作。

铜锌钎料是钎焊工具钢和硬质合金最常用的钎料。为提高钎料的润湿性和接头的强度,在钎料中常添加Mn、Ni、Fe等合金元素。例如,B-Cu58ZnMn中就加有$w(Mn)4\%$,使硬质合金钎焊接头的抗剪强度在室温达到300~320MPa;在320℃时仍能维220~240MPa,在B-Cu58ZnMn的基础上加入少量的Co,可使钎焊接头的抗剪强度达到350MPa,并且具有较高的冲击韧性和疲劳强度,可显著提高刀具和凿岩工具的使用寿命。

银铜钎料的熔点较低,钎焊接头产生的热应力较小,有利于降低硬质合金钎焊时的开裂倾向。为改善钎料的润湿性并提高接头的强度和工作温度,钎料中还常添加Mn、Ni等合金元素。例如,B-Ag50CuZnCdNi钎料对硬质合金的润湿性极好,钎焊接头具有良好的综合性能。

除上述3种类型的钎料外,对于工作在500℃以上且接头强度要求较高的硬质合金,可以选用Mn基和Ni基钎料,如B-Mn50NiCuCrCo和B-Ni75CrSiB等。对于高速钢的钎焊,应选择钎焊温度与淬火温度相匹配的专用钎料。这种钎料分为两类，一类为锰铁型钎料，主要由锰铁及硼砂组成，所钎焊的接头抗剪强度一般为 100MPa 左右，但接头易出现裂纹；另一类为含 Ni、Fe、Mn 和 Si 的特殊铜合金，用它钎焊的接头不易产生裂纹，其抗剪强度能提高到 300MPa。

2. 钎剂

钎剂的选择应与所焊的母材和所选的钎料相配合。工具钢和硬质合金钎焊时，所用的钎剂主要以硼砂和硼酸为主，并加入一些氟化物（KF、NaF、CaF_2 等）。铜锌钎料配用 FB301、FB302 和 FB105 钎剂，银铜钎料配用 FB101~FB104 钎剂。采用专用钎料钎焊高速钢时，主要配用硼砂钎剂。

为了防止工具钢在钎焊加热过程中的氧化和免除钎焊后的清理，可以采用气体保护钎焊。保护气体可以是惰性气体，也可以是还原性气体，要求气体的露点应低于−40℃。硬质合金可在氢气保护下进行钎焊，所需氢气的露点应低于−59℃。

3. 钎焊技术

工具钢在钎焊前必须进行清理。机械加工的表面不必太光滑，以便于钎料和钎剂的润湿和铺展。硬质合金的表面在钎焊前应经喷砂处理，或用碳化硅（或金刚石）砂轮打磨，清除表面过多的碳，以便于钎焊时被钎料所润湿。含碳化钛的硬质合金比较难润湿，通过在其表面上涂敷氧化铜或氧化镍膏状物，并在还原性气氛中烘烤使铜或镍过渡到表面上去，从而增强钎料的润湿性。

碳素工具钢的钎焊最好在淬火工序前进行或者同时进行。如果在淬火工序前进行钎焊，所用钎料的固相线温度应高于淬火温度范围，以使焊件在重新加热到淬火温度时仍然具有足够高的强度而不致失效。当钎焊和淬火合并进行时，选用固相线温度接近淬火温度的钎料。

合金工具钢的成分范围很宽，应根据具体钢种确定适宜的钎料、热处理工序以及将钎焊和热处理工序合并的技术，从而获得良好的接头性能。

高速钢的淬火温度一般高于银铜和铜锌钎料的熔化温度，因此，需在钎焊前进行淬火，并在二次回火期间或之后进行钎焊。如果必须在钎焊后进行淬火，只能选用前述的专用钎料进行钎焊。钎焊高速钢刀具时采用焦炭炉比较合适，当钎料熔化后，取出刀具并立即加压挤出多余的钎料，再进行油淬，然后在 550~570℃ 回火。

硬质合金刀片与钢制刀杆钎焊时，宜采取加大钎缝间隙和在钎缝中施加塑性补偿垫片的方法，并在焊后进行缓冷，以减小钎焊应力，防止裂纹产生，延长硬质合金刀具组件的使用寿命。

钎焊后，焊件上的钎剂残渣先用热水冲洗或用一般的除渣混合液清洗，随后用合适的酸洗液酸洗，以清除基体刀杆上的氧化膜。但注意不要使用硝酸溶液，以防腐蚀钎缝金属。

8.5.3 铸铁的钎焊

根据碳在铸铁中所处的状态及存在形式，铸铁可分为白口铸铁、灰口铸铁、可锻铸铁和球墨铸铁等。在应用中，常要求将灰口铸铁、可锻铸铁及球墨铸铁的本身或与异种金属（多数为铁基金属）相连接，而白口铸铁很少使用钎焊。事实上，铸铁钎焊主要用于破损部件的补焊。

铸铁钎焊时的首要问题是，铸铁中石墨妨碍钎料对母材的润湿，使钎料与铸铁不能形成良好的结合，尤其是灰口铸铁中的片状石墨，对钎料的润湿性影响最大。

铸铁钎焊时的另一个问题是组织和性能易受钎焊工艺的影响而变差。当钎焊温度超过奥氏体的转变温度（820℃）且冷却速度较快时，将形成马氏体或马氏体和二次渗碳体的脆硬组织。可锻铸铁和球墨铸铁在加热到800℃以上温度进行钎焊时，析出渗碳体和马氏体组织的倾向更大，所以，钎焊温度不能过高，钎焊后的冷却速度也应缓慢。

1. 钎料

铸铁钎焊主要采用铜锌钎料和银铜钎料。常用的铜锌钎料牌号为 B-Cu62ZnNiMnSiR、B-Cu6OZnSnR 和 B-Cu58ZnFeR 等，所钎焊的铸铁接头抗拉强度一般达到 120~150MPa。在铜锌钎料的基础上，添加 Mn、Ni、Sn 和 Al 等元素，可使钎焊接头与母材等强度。

银铜钎料的熔化温度低，钎焊铸铁时可避免产生有害的组织，钎焊接头的性能好。尤其是含 Ni 的钎料，如 B-Ag50CuZnCdNi 和 B-Ag40CuZnSnNi 等，增强了钎料与铸铁的结合力，特别适合于球墨铸铁的钎焊，可使接头与母材等强度。

2. 钎剂

采用铜锌钎料钎焊铸铁时，主要配用 FB301 和 FB302 钎剂，即硼砂或硼砂与硼酸的混合物。此外，采用 H_3BO_3 40%、NaF 7.4%、Li_2CO_3 16%、Na_2CO_3 24%、NaCl 126%组成的钎剂效果更好。

采用银铜钎料钎焊铸铁时，可选择 FB101 和 FB102 等钎剂，即硼砂、硼酸、氟化钾和氟硼酸钾的混合物。

3. 钎焊技术

钎焊铸铁前，应仔细清除铸件表面上的石墨、氧化物、砂子及油污等杂物。清除油污可采用有机溶剂擦洗的方法；而石墨、氧化物的清除可采用喷砂或喷丸等机械方法，也可采用电化学方法。此外，还可用氧化火焰灼烧石墨而将其去除。

钎焊铸铁可采用火焰、炉中或感应等加热方法。由于铸铁表面上易形成 SiO_2，使保护气氛中的钎焊效果不好，故一般都使用钎剂进行钎焊。用铜锌钎料钎焊较大的工件时，应先在清理好的表面上撒一层钎剂，然后把工件放进炉中加热或用焊炬加热。当工件加热到800℃左右时，再加入补充钎剂，并把它加热到钎焊温度，再用钎料在接头边缘刮擦，使钎料熔化填入间隙。为了提高钎缝强度，钎焊后要在 700~750℃进行 20min 的退火处理，然后缓慢冷却。

钎焊后过剩的钎剂和残渣采用温水冲洗即可清除。如果难以去除，则可先用 10%的硫酸水溶液或 5%~10%的磷酸水溶液清洗，然后再用清水洗净。

8.5.4 不锈钢的钎焊

1. 不锈钢材料

根据组织不同，不锈钢可分为奥氏体不锈钢、铁素体不锈钢、马氏体不锈钢和沉淀硬化不锈钢等。不锈钢钎焊接头广泛应用于航空航天、电子通信、核能及仪器仪表等工业领域，如蜂窝结构、火箭发动机推力室、微波波导组件、热交换器及各种工具等。此外，诸如不锈钢锅、不锈钢杯等日常用品也常用钎焊方法来制造。

不锈钢钎焊中的首要问题是存在的氧化膜严重影响钎料的润湿和铺展。各种不锈钢中都含有相当数量的 Cr，有的还含有 Ni、Mn、MO、Nb 等元素，它们在表面上能形成多种氧化物，甚至复合氧化物。其中，Cr 和 Ti 的氧化物 Cr_2O_3 和 TiO_2 相当稳定，较难去除。在空气中钎焊时，必须采用活性强的钎剂才能去除它们；在保护气氛中钎焊时，只有在低露点的高纯气氛和足够高的温度下，才能将氧化膜还原；真空钎焊时，必须有足够高的真空度和足够高的温度，才能取得良好的钎焊效果。

不锈钢钎焊的另一个问题是，加热温度对母材的组织有严重影响。奥氏体不锈钢的钎焊加热温度不应高于1150℃，否则晶粒将严重长大。若奥氏体不锈钢不含稳定元素 Ti 或 Nb，而含碳量又较高，还应避免在敏化温度（500～850℃）内钎焊，以防止因碳化铬的析出而降低耐蚀性能。马氏体不锈钢的钎焊温度选择要求更严，一种是要求钎焊温度与淬火温度相匹配，使钎焊工序与热处理工序结合在一起；另一种是要求钎焊温度低于回火温度，以防止母材在钎焊过程中发生软化。沉淀硬化不锈钢的钎焊温度选择原则与马氏体不锈钢相同，即钎焊温度必须与热处理相匹配，以获得最佳的力学性能。

除上述两个主要问题外，奥氏体不锈钢钎焊时还有应力开裂倾向，尤其是采用铜锌钎料钎焊更为明显。为避免应力开裂发生，工件在钎焊前应进行消除应力退火，且在钎焊过程中应尽量使工件均匀受热。

2. 钎焊材料

1）钎料

根据不锈钢焊件的使用要求，不锈钢焊件常用的钎料有锡铅钎料、银基钎料、铜基钎料、锰基钎料、镍基钎料及贵金属钎料等。

不锈钢软钎焊主要采用锡铅钎料，并以含锡量高为宜。因钎料的含锡量越高，不锈钢的润湿性越好。几种常用锡铅钎料钎焊的 ICr18Ni9Ti 不锈钢接头的抗剪强度列于表 8-13 中。由于接头强度低，只用于钎焊承载不大的零件。

表 8-13 锡铅钎料钎焊 1Cr18Ni9Ti 不锈钢接头的抗剪强度

钎料牌号	Sn	S-Sn90Pb	S-Pb58SnSb	S-Pb68SnSb	S-Pb80SnSb	S-Pb97Ag
抗剪强度/MPa	30.3	32.3	31.3	32.3	21.5	20.5

银基钎料是钎焊不锈钢最常用的钎料，其中银铜锌及银铜锌镉钎料由于钎焊温度对母材性能影响不大而应用最为广泛。几种常用银基料钎焊的 ICr18Ni9Ti 不锈钢接头的强度列于表 8-14 中。银基钎料钎焊的不锈钢接头很少用于强腐蚀性介质中，接头的工作温度一般也不超过300℃。钎焊不含镍的不锈钢时，为防止钎焊接头在潮湿环境中发生腐蚀，应采用含镍多的钎料，如 B-Ag50CuZnCdNi。钎焊马氏体不锈钢时，为防止母材发生软化现象，应采用钎焊温度不超过650℃的钎料，如 B-Ag40CuZnCd。保护气氛中钎焊不锈钢时，为去除表面上的氧化膜，可采用含锂的自钎剂钎料，如 B-Ag92CuLi 和 B-Ag72CuLi。真空中钎焊不锈钢时，为使钎料在不含易蒸发的 Zn、Cd 等元素时仍具有好的润湿性，可选用含 Mn、Ni、Pd 等元素的银钎料。

表 8-14 银基钎料钎焊 1Cr18Ni9Ti 不锈钢接头的强度

钎料牌号	B-Ag10CuZn	B-Ag25CuZn	B-Ag45CuZn	B-Ag50CuZn	B-Ag65CuZn
抗拉强度/MPa	386	343	395	375	382
抗剪强度/MPa	198	190	198	201	197
钎料牌号	B-Ag70CuZn	B-Ag35CuZnCd	B-Ag40CuZnCd	B-Ag50CuZnCd	B-Ag50CuZnCdNi
抗拉强度/MPa	361	360	375	418	428
抗剪强度/MPa	198	194	205	259	216

用于不锈钢钎焊的铜基钎料主要有纯铜、铜镍和铜锰钴钎料。纯铜钎料主要用在气体保护或真空条件下进行钎焊，不锈钢接头工作温度不超过400℃，但接头抗氧化性不好。铜镍钎料主要用于火焰钎焊和感应钎焊，钎焊 ICr18Ni9Ti 不锈钢接头的抗剪强度如表 8-15 所示。可见，接头性能与母材等强度，且工作温度较高。铜锰钴钎料主要用于保护气氛中钎焊马氏体不锈钢，接头强度和工作温度可与用金基钎料钎焊的接头相匹配。如采用 B-Cu58MnCo 钎料钎焊的 1Cr13 不锈钢接头与用 B-Au82Ni 钎料钎焊的同种不锈钢接头，二者性能相当(见表 8-16)，但生产成本大大降低。

表 8-15　高温铜基钎料钎焊 1Cr18Ni9Ti 不锈钢接头的抗剪强度

钎料牌号	抗剪强度/MPa			
	20℃	400℃	500℃	600℃
B-Cu68NiSiB	324~339	186~216	—	154~182
B-Cu68NiMnCoSiB	241~298	—	139~153	13~152

表 8-16　1Cr13 不锈钢接头的抗剪强度

钎料牌号	抗剪强度/MPa			
	室温	427℃	538℃	649℃
B-Cu58MnCo	415	217	221	104
B-Au82Ni	441	276	217	149
B-Ag54CuPd	299	207	141	100

锰基钎料主要用于气体保护钎焊，且要求气体的纯度较高。为避免母材的晶粒长大，宜选用钎焊温度低于1150℃的相应钎料。用锰基钎料钎焊的不锈钢接头可获得满意的钎焊效果，如表 8-17 所示，接头工作温度可达 600℃。

表 8-17　锰基钎料钎焊 1Cr18Ni9Ti 不锈钢接头的抗剪强度

钎料牌号	抗剪强度/MPa					
	20℃	300℃	500℃	600℃	700℃	800℃
B-Mn70NiCr	323	—	—	152	—	86
B-Mn40NiCrFeCo	284	255	216	—	157	108
B-Mn68NiCo	325	—	253	160	—	103
B-Mn50NiCuCrCo	353	294	225	137	—	69
B-Mn52NiCuCr	366	270		127		67

采用镍基钎料钎焊不锈钢时，接头具有相当好的高温性能。这种钎料一般用于气体保护钎焊或真空钎焊。为了克服在接头形成过程中，钎缝内产生较多脆性化合物而使接头强度和塑性严重降低的问题，应尽量减小接头间隙，保证钎料中易形成脆性相的元素（B、Si、p 等）充分扩散到母材中去。为防止钎焊温度下因保温时间过长，而使母材晶粒长大现象的发生，可采取短时保温并在焊后进行较低温度(与钎焊温度相比)扩散处理的工艺措施。

钎焊不锈钢所用的贵金属钎料主要有金基钎料和含钯钎料，其中最典型的 B-Au82Ni 和 B-Ag54CuPd、B-Au82Ni 具有很好的润湿性，所钎焊的不锈钢接头具有很高的高温强度和抗氧化性，最高工作温度可达 800℃。B-Ag54CuPd 具有与 B-Au82Ni 相似的特性，且价格较低，因而有取代 B-Au82Ni 的趋向。

2）钎剂

不锈钢的表面含有 Cr_2O_3 和 TiO_2 等氧化物，必须采用活性强的钎剂才能将其去除。采用锡铅钎料钎焊不锈钢时，可配用的钎剂为磷酸水溶液或氯化锌盐酸溶液。磷酸水溶液的活性时间短，必须采用快速加热的钎焊方法。采用银基钎料钎焊不锈钢时，可配用 FB102、FB103 或 FB104 钎剂。采用铜基钎料钎焊不锈钢时，由于钎焊温度较高，故采用 FB105 钎剂。

炉中钎焊不锈钢时，常采用真空气氛或氢气、氩气、分解氨等保护气氛。真空钎焊时，要求真空压力低于 10^{-2}Pa。保护气氛中钎焊时，要求气体的露点不高于-40℃。如果气体纯度不够或钎焊温度不高，还可在气氛中掺加少量的气体钎剂，如三氟化硼等。

3）钎焊技术

不锈钢在钎焊前必须进行更为严格的清理，以去除任何油脂和油膜，清理后最好立即进行钎焊。

不锈钢钎焊可以采用火焰、感应和炉中加热等方法。炉中钎焊用的炉子必须具有良好的温度控制系统（钎焊温度的偏差求±6℃），并能快速冷却。用氢气作为保护气体进行钎焊时，对氢气的要求视钎焊温度和母材成分而定，即钎焊温度越低，母材越含有稳定剂，要求氢气的露点越低。例如，对 1Cr13 和 Cr17Ni2 等马氏体不锈钢，在 1000℃ 下钎焊时，要求氢气的露点低于-40℃；对于不含稳定剂的 18-8 型铬镍不锈钢，在 1150℃ 钎焊时，要求氢气的露点低于-25℃；对含钛稳定剂的 1Cr18Ni9Ti 不锈钢，在 1150℃ 钎焊时的氢气露点必须低于-40℃。采用氩气保护进行钎焊时，要求氩气的纯度更高。若在不锈钢表面上镀铜镀镍，则可降低对保护气体纯度的要求。为了保证去除不锈钢表面上的氧化膜，还可添加 BF_3 气体钎剂，也可采用含锂或硼的自钎剂钎料。真空钎焊不锈钢时，对真空度的要求视钎焊温度而定。随着钎焊温度的提高，所需要的真空度可以降低。

不锈钢钎焊后的主要工序是清理残余钎剂和残余阻流剂，必要时进行钎焊后的热处理。根据所采用的钎剂和钎焊方法，残余钎剂可以用水冲洗、机械清理或化学清理。如果采用研磨剂来清洗残余钎剂或接头附近加热区域的氧化膜时，应使用砂子或其他非金属细颗粒。马氏体不锈钢和沉淀硬化不锈钢制造的零件，钎焊后需要按材料的特殊要求进行热处理。用镍铬硼和镍铬硅钎料钎焊的不锈钢接头，钎焊后常常进行扩散热处理，以降低对钎缝间隙的要求和改善接头的组织与性能。

8.5.5 铝及铝合金的钎焊

铝及铝合金的钎焊性如表 8-18 所示。与其他常见的金属材料相比，铝及铝合金的钎焊性是较差的，首要原因在于其表面上的氧化膜很难去除。铝对氧的亲和力很大，在表面上很容易形成一层致密而稳定且熔点很高的氧化膜，同时，含镁的铝合金也会生成非常稳定的氧化膜 MgO，它们会严重阻碍钎的润湿和铺展，而且很难去除。钎焊时，只有采用合适的钎剂才能使钎焊过程得以进行。

其次，铝及铝合金钎焊的操作难度大。铝及铝合金的熔点与所用的硬钎料的熔点相差不大时，可选择的温度范围很窄，温度控制稍有不当就容易造成母材过热甚至熔化，使钎焊过程难于进行。一些热处理强化的铝合金还会因钎焊加热而引起过时效或退火等软化现象，导致钎焊接头性能降低。火焰钎焊时，因铝合金在加热中颜色不改变而不易判断温度的高低，这也增加了对操作者操作水平的要求。

表 8-18　铝及铝合金的钎焊性

类　别		牌号	主要成分(质量分数)/%	熔化温度/℃	钎焊性	
					软钎焊	硬钎焊
工业纯铝		1060-8A06	Al≥99.0	600	优良	优良
变形铝合金	防锈铝 铝镁	LF1	Al—1Mg	634-654	良好	优良
		5A02	Al—2.5Mg—0.3Mn	627-652	困难	良好
		5A03	Al—3.5Mg—0.45Mn—0.65Si	627-652	困难	很差
		5A05	Al—4.5Mg—0.45Mn	568-638	困难	很差
		5A06	Al—6.3Mg—0.65Mn	550-620	很差	很差
	铝锰	3A21	Al—1.2Mg	643-654	优良	优良
	热处理强化铝合金 硬铝	2A11	Al—4.3Cu—0.6Mg—0.6Mn	612-641	很差	很差
		2A12	Al—4.3Cu—1.5Mg—0.5Mn	502-638	很差	很差
		2A16	Al—6.5Cu—0.6Mn	549	困难	良好
	锻铝	602	Al—0.4Cu—0.7Mg—0.25Mn—0.8Si	593-652	良好	良好
		2B50	Al—2.4Cu—0.6Mg—0.9Si—0.15Ti	555	困难	困难
		2A90	Al—4Cu—0.5Mn—0.75Fe—0.75Si—2Ni	509-633	很差	困难
		2A100	Al—4.4Cu—0.6Mg—0.7Mn—0.9Si	510-638	很差	困难
		704	Al—1.7Cu—2.4Mg—0.4Mn—6Zn—0.2Cri	477-638	很差	困难
		919	Al—1.6Mg—0.45Mn—5Zn—0.15Cri	600-650	良好	良好
		ZL102	Al—12Si	577-52	很差	困难
铸造铝合金		ZL202	Al—5Cu—0.8Mn—0.25Ti	549-584	困难	困难
		ZL301	Al—10.5Mg	525-615	很差	很差

再者，铝及铝合金钎焊接头的耐蚀性易受钎料和钎剂的影响。铝及铝合金的电极电位与钎料相差较大，使接头的耐蚀性降低，尤其对软钎焊接头的影响更为明显。此外，铝及铝合金钎焊中采用的大部分钎剂都具有强烈的腐蚀性，即使钎焊后进行了清理，也不会完全消除钎剂对接头耐蚀性的影响。

1. 钎料

铝及铝合金的软钎焊是不常应用的方法，因为软钎焊中钎料与母材的成分及电极电位相差很大，易使接头产生电化学腐蚀。软钎焊主要采用锌基钎料和锡铅钎料，按使用温度范围可分为低温软钎料(150~260℃)、中温软钎料(260~370℃)和高温软钎料(370~430℃)。当采用锡铅钎料并在铝表面预先镀铜或镀镍进行钎焊时，可防止接头界面处产生腐蚀，从而提高接头的耐蚀性。

铝及铝合金的硬钎焊方法应用很广，如滤波导、蒸发器、散热器等部件大量采用硬钎焊方法。铝及铝合金的硬钎焊只采用铝钎料，其中铝硅钎料应用最广，其具体适用范围和所钎焊的接头抗剪强度分别如表 8-19 和表 8-20 所示。但这些钎料的熔点都接近于母材，因此，钎焊时应严格而精确地控制加热温度，以免母材过热甚至熔化。

表 8-19　铝及铝合金用硬钎料的适用范围

钎料牌号	钎焊温度/℃	钎焊方法	可钎焊的铝及铝合金
B-A192Si	599~621	浸渍，炉中	1060-8A06，3A21
B-A190Si	588~604	浸渍，炉中	1060-8A06，3A21
B-A188Si	582~604	浸渍，炉中，火焰	1060-8A06，3A21，LF1，LP2，6A02
B-A186SiCu	585~604	浸渍，炉中，火焰	1060-8A06，3A21，LF1，5A02，6A02
B-A176SiZnCu	562~582	炉中，火焰	1060-8A06，3A21，LF1，5A02，6A02
B-A167CuSi	555~576	火焰	1060-8A06，3A21，LF1，5A02，6A02，2A50，ZL102，ZL202
B-A190SiMg	599~621	真空	1060-8A06，3A21
B-A188SiMg	588~604	真空	1060-8A06，3A21，6A02
B-A186SiMg	582~604	真空	1060-8A06，3A21，6A02

表 8-20　铝硅系钎料钎焊铝及铝合金接头的抗剪强度

钎料牌号	抗剪强度/MPa		
	纯铝	3A21	2A12
B-A188Si	59~78	98~118	—
B-A167CuSi	59~78	98~108	118~196
B-A186SiCu	59~78	98~118	
B-A176SiZnCu	59~78	98~118	

铝硅钎料通常以粉末、膏状、丝材或薄片等形式供应。在某些场合下，采用以铝为芯体、以铝硅钎料为复层的钎料复合板，这种钎料复合板通过滚压方法制成，并常作为钎焊组件的一个部件。钎焊时，复合板上的钎料熔化后，受毛细作用和重力作用而流动，填满接头间隙。

2. 钎剂

铝及铝合金软钎焊时常以专用的软钎剂进行去膜。与低温软钎料配用的是以三乙醇胺为基的有机钎剂，如 FS204 等。这种钎剂的优点是对母材的腐蚀作用很小，但钎剂作用时会产生大量的气体，影响钎料的润湿和填缝。与中温和高温软钎料配用的是以氯化锌为基的反应钎剂，如 FS203、FS220A 等。反应钎剂具有强烈的腐蚀性，其残渣必须在钎焊后清除干净。

铝及铝合金的硬钎焊目前仍然以钎剂去膜为主，所采用的钎剂包括氯化物基钎剂和氟化物基钎剂。氯化物基钎剂去氧化膜能力强，流动性好，但对母材的腐蚀作用大，钎焊后必须彻底清除其残渣。氟化物基钎剂是一种新型钎剂，其去膜效果好，而且对母材无腐蚀作用；但其熔点高，热稳定性差，只能配合铝硅钎料使用。

铝及铝合金硬钎焊时，常采用真空、中性或惰性气氛，当采用真空钎焊时，真空度一般应达到 10^{-3} Pa 的数量级。当采用氮气或氩气保护时，其纯度要求很高，露点必须低于 $-40℃$。

3. 钎焊技术

铝及铝合金的钎焊对工件表面的清洁有较高的要求。要获得良好的质量，必须在钎焊前去除表面的油污和氧化膜，去除表面油污可用温度为 60~70℃ 的 Na_2CO_3 水溶液清洗 5~10min，再用清水漂净；去除表面氧化膜可用温度为 20~40℃ 的 NaOH 水溶液浸蚀 2~4min，再用热水洗净；去除表面油污和氧化膜后的工件，再用 HNO_3 水溶液光泽处理 2~5min，再在流水中洗净并最后风干。经过这些方法处理后的工件勿用手摸或沾染其他污物，并在 6~8h 内进行钎焊，在可能的条件下最好立即钎焊。

铝及铝合金的软钎焊方法主要有火焰钎焊、烙铁钎焊和炉中钎焊等。这些方法在钎焊时一般都采用钎剂，并对加热温度和保温时间有严格要求。火焰钎焊和烙铁钎焊时，应避免热源直接加热钎剂以防钎剂过热失效。由于铝能溶于含锌量高的软钎料中，因而接头一旦形成就应停止加热，以免发生母材溶蚀。在某些情况下，铝及铝合金的软钎焊有时不采用钎剂，而是借助超声波或刮擦方法进行去膜。利用刮擦去膜进行钎焊时，先将工件加热到钎焊温度，然后用钎料棒的端部（或刮擦工具）刮擦工件的钎焊部位，在破除表面氧化膜的同时，钎料端部熔化并润湿母材。

铝及铝合金的硬钎焊方法主要有火焰钎焊、炉中钎焊、浸沾钎焊、真空钎焊及气体保护钎焊等。火焰钎焊多用于小型工件和单件生产。为避免使用氧乙炔焰时因乙炔中的杂质同钎剂接触使钎剂失效，以使用汽油压缩空气火焰为宜，并使火焰具有轻微的还原性，以防母材氧化。具体钎焊时，可预先将钎剂、钎料放置于被钎焊处，与工件同时加热；也可先将工件加热到钎焊温度，然后将蘸有钎剂的钎料送到钎焊部位，待钎剂与钎料熔化后，视钎料均匀填缝后，慢慢撤去加热火焰。

空气炉中钎焊铝及铝合金时，一般应预置钎料，并将钎剂溶解在蒸馏水中，配成浓度为 50%~75% 的稠溶液，再涂覆或喷射在钎焊面上，也可将适量的粉末钎剂覆盖于钎料及钎焊面处，然后，将装配好的焊件放到炉中再进行加热钎焊。为防止母材过热甚至熔化，必须严格控制加热温度。

铝及铝合金的浸沾钎焊一般采用膏状或箔状钎料。装配好的工件应在钎焊前进行预热，使其温度接近钎焊温度，然后浸入钎剂中钎焊，钎焊时，要严格控制钎焊温度及钎焊时间。温度过高，母材易于溶蚀，钎料易于流失；温度过低，钎料熔化不够，钎着率降低。钎焊温度应根据母材的种类和尺寸、钎料成分和熔点等具体情况而定，一般介于钎料液相线温度和母材固相线温度之间。工件在钎剂槽中的浸沾时间必须保证钎料能充分熔化和流动，但时间不宜过长。否则，钎料中的硅元素可能扩散到母材金属中去，使近缝区的母材变脆。

铝及铝合金的真空钎焊常采用金属镁作活化剂，以使铝的表面氧化膜变质，保证钎料的润湿和铺展。镁可以以颗粒形式直接放在工件上使用，或以蒸气形式引入到钎焊区内，也可以将镁作为合金元素加入到铝硅钎料中。对于结构复杂的工件，为了保证镁蒸气对母材的充分作用，以改善钎焊质量，常采取局部屏蔽的工艺措施，即先将工件放入不锈钢盒（通称工艺盒）内，然后置于真空炉中加热钎焊。真空钎焊的铝及铝合金接头，表面光洁，钎缝致密，钎焊后不需清洗；但真空钎焊设备费用高，镁蒸气对炉子污染严重，需要经常清理维护。

在中性或惰性气体中钎焊铝及铝合金时，采用镁活化剂去膜，也可采用钎剂去膜。采用镁活化剂去膜时，所需的镁量远比真空钎焊低，一般 $W(Mg)$ 在 0.2%~0.5% 左右，含镁量高时反而使接头质量降低。采用氟化物钎剂配合氮气保护的 Nocolok 钎焊法是近年来迅速发展的一种新方法。由于氟化物钎剂的残渣不吸潮，对铝没有腐蚀性，因此，可省略钎焊后清除钎剂残渣的工序。在氮气保护下，只需涂敷较少数量的氟化物钎剂，钎料就能很好地润湿母材，易于获得高质量的钎焊接头。目前，这种 Nocolok 钎焊法已用于铝散热器等组件的批量生产中。

采用除氟化物钎剂之外的钎剂钎焊的铝及铝合金，钎焊后必须彻底清除钎剂残渣。有机钎剂的残渣，可用甲醇、三氯乙烯之类的有机溶剂去除。钎剂的残渣，可先用盐酸溶液洗涤，再用氢氧化钠水溶液中和处理，最后用热水和冷水洗净。氯化物基硬钎剂残渣的清除可按下述方法进行。先在60~80℃的热水中浸泡10min，用毛刷仔细清洗钎缝上的残渣，并用冷水清洗，再在体积分数为15%的硝酸水溶液中浸泡30min，最后用冷水冲洗干净。

8.5.6 陶瓷和金属的钎焊

陶瓷与陶瓷、陶瓷与金属构件的钎焊比较困难，大多数钎料在陶瓷表面形成球状，很少或根本不产生润湿。能够润湿陶瓷的钎料，钎焊时接合界面易形成多种脆性化合物（如碳化物、硅化物及三元或多元化合物），这些化合物的存在影响了接头的力学性能。此外，由于陶瓷、金属与钎料三者之间的热膨胀系数差异大，从钎焊温度冷却到室温后，接头会产生残余应力并有可能引起接头开裂。

在普通钎料的基础上添加活性金属元素制成活性钎料，可以改善钎料在陶瓷表面的润湿；采用低温、短时钎焊可以减轻界面反应的影响；设计合适的接头形式，使用单层或多层金属作中间层，可以减小接头的热应力。

1. 钎料

陶瓷与金属连接多在真空炉或氢气、氩气炉中进行。真空电子器件封接用钎料除具有一般特性外，还应有一些特殊要求。例如，钎料不宜含有产生高蒸气压的元素（如 Zn、Cd、Bi、Mg、Li 等），以免引起器件电介质漏电和阴极中毒等现象发生。一般规定器件工作时，钎料的蒸气压不超过 $10^{-3}Pa$，所含蒸气杂质不超过 0.002%~0.005%。钎料的 $w(O)$ 不超过 0.001%，以免在氢气中钎焊时生成水气，引起熔融钎料金属的飞溅；此外，还要求钎料必须清洁，不得有表面氧化物。

陶瓷金属化后再进行钎焊时，可使用铜基、银-铜、金-铜等合金钎料，常用钎料见表 8-21。

表 8-21 陶瓷与金属钎焊常用钎料

钎料成分(质量分数)/%	固相线/℃	液相线/℃
Cu	1083	1083
Ag(>99.99)	960.5	960.5
B-Au82.5Ni17.5	950	950
B-Cu87.75Ge12Ni0.25	850	965
B-Ag65Cu20Pd15	852	898
B-Au80Cu20	889	889
B-Ag50Cu50	779	850
B-Ag58Cu32Pd10	824	852
B-Au60Ag20Cu20	835	845
B-Ag72Cu28	779	779
B-Ag63Cu27In10	685	710

陶瓷与金属直接钎焊时，应选含有活性元素 Ti、Zr 的钎料。其中二元系钎料以 Ti-Cu、Ti-Ni 为主，可在 1100℃ 范围内使用。在三元系钎料中，最常用的是 Ag-Cu-Ti[w(Ti)低于

5%]钎料，可用于各类陶瓷与金属的直接钎焊。该三元系钎料可以采用箔片、粉状或Ag-Cu共晶钎料片配合Ti粉使用。B-Ti49Cu49Be2钎料具有与不锈钢相近的耐腐蚀性，并且蒸气压较低，在防氧化、防泄漏的真空密封接头中可优先选用。在Ti-V-Cr系钎料中，W(V)为30%时熔化温度最低（1620℃），Cr的加入能有效缩小熔化温度范围。不含Cr的B-Ti47.5Zr47.5Ta5钎料，已用于氧化铝和氧化镁的直接钎焊，其接头可在1000℃的环境温度下工作。陶瓷与金属直接连接的活性钎料如表8-22所示。

表8-22　陶瓷与金属钎焊用活性钎料

钎料成分(质量分数)/%	钎焊温度/℃	用途及接头材料
B-Ag69Cu26Ti5	850~880	陶瓷-Cu、Ti、Nb及可伐等
B-Ag85Ti15	1000	氧化陶瓷-Ni、Mo等
B-Ag85Zr15	1050	氧化陶瓷-Ni、Mo等
B-Cu70Ti30	900~1000	陶瓷-Cu、Ti、难熔金属及可伐等
BNi83Fe17	1500~1675	陶瓷-Ta(接头强度140MPa)
B-Ti92Cu8	820~900	陶瓷-金属
B-Ti72Ni28	900~950	陶瓷-金属
B-Ti75Cu25	1140	陶瓷-陶瓷　陶瓷-金属　陶瓷-石墨
B-Ti50Cu50	980~1050	陶瓷-金属
B-Ti49Cu49Be2	1000	陶瓷-金属
B-Ti48Zr48Be4	1050	陶瓷-金属
B-Ti68Ag28Be4	1040	陶瓷-金属
B-Ti47.5Zr47.5Ta5	1650~2100	陶瓷-钽
B-Zr75Nb19Be6	1050	陶瓷-金属
B-Zr56V28Ti16	1250	陶瓷-金属

2. 钎焊技术

经过预先金属化处理的陶瓷可以在高纯度的惰性气体、氢气或真空环境中进行钎焊。不经过金属化的陶瓷直接钎焊时，一般应选用真空钎焊。

（1）通用钎焊工艺　陶瓷与金属钎焊的通用工艺可分为表面清洗、涂膏、陶瓷表面金属化、镀镍、装配、钎焊及焊后检验7个工艺过程。

表面清洗是为了除去母材表面的油污、汗迹和氧化膜等。金属零件和钎料先去油，再酸洗或碱洗去氧化膜，经流动水冲洗并烘干。对要求高的零件应在真空炉或氢气炉中（也可用离子轰击的方法）用适当的温度和时间进行热处理，以净化零件表面。清洗后的零件不得再与有油污的物体或裸手接触，应立即进入下道工序或放入干燥器内，不能长时间暴露在空气中。陶瓷件应采用丙酮加超声清洗，再用流动水冲洗，最后用去离子水煮沸2次，每次煮沸15min。

涂膏是陶瓷金属化的一个重要工序，涂敷时用毛笔或涂膏机涂于需要金属化的陶瓷表面，涂层厚度一般为30~60μm。膏剂一般由粒度约为1~5μm的纯金属粉末（有时还添加适当的金属氧化物）和有机黏接剂调成。

将涂好膏的陶瓷件送入氢气炉中，用湿氢或裂化氨在1300~1500℃温度下烧结30~60min。对于涂氢化物的陶瓷件，应加热到900℃左右，使氢化物分解，与纯金属或残留在陶瓷表面的钛(或锆)发生反应,在陶瓷表面上获得金属涂层。

对于 MO-Mn 金属化层,为了使其与钎料润湿,还必须电镀上 4~5μm 的镍层或涂一层镍粉。如果钎焊温度低于 1000℃,则镍层还需经在氢气炉中进行预烧结,烧结温度和时间为 1000℃/15~20min。

处理好的陶瓷及金属件,用不锈钢或石墨、陶瓷模具装配成整体,在接缝处装上钎料,并在整个操作过程中保持工件清洁,不得用裸手触摸。

在通氩气、氢气或真空炉中进行钎焊,钎焊温度视钎料而定。为防止陶瓷件开裂,降温速度不得过快。此外,钎焊还可以施加一定的压力(约 0.49~0.98MPa)。

钎焊后的焊件除进行表面质量检验外,还应进行热冲击及力学性能检验,真空器件用的封接件还必须按有关规定进行检漏试验。

(2) 直接钎焊法 直接(活性金属法)钎焊时,首先将陶瓷及金属被焊件进行表面清洗,然后进行装配。为避免构件材料因热膨胀系数不同而产生裂纹,可在焊件之间放置缓冲层(一层或多层薄金属片)。应尽可能将钎料夹置在两个被焊件之间或放置在利用钎料填充间隙的位置,然后像普通真空钎焊一样进行钎焊。

使用 Ag-Cu-Ti 钎料进行直接钎焊时,应采用真空钎焊的方法。当炉内的真空度达 2.7×10^{-3}Pa 时开始加热,此时可快速升温;当温度接近钎料熔点时应缓慢升温,以使焊件各部分的温度趋于一致;待钎料熔化时,快速升温到钎焊温度,保温时间 3~5min;冷却时,在 700℃ 以前应缓慢降温,700℃ 以后可随炉自然冷却。

Ti-Cu 活性钎料直接钎焊时,钎料的形式可以采用 Cu 箔加 Ti 粉或 Cu 零件加 Ti 箔,也可以在陶瓷表面涂上 Ti 粉再加 Cu 箔。钎焊前,所有的金属零件都要真空除气,无氧铜除气的温度为 750~800℃,Ti、Nb、Ta 等要求在 900℃除气 15min,此时真空度应不低 6.7×10^{-3}Pa。钎焊时,将待焊组件装配在夹具内,在真空炉中加热到 900~1120℃之间,保温时间为 2~5min。在整个钎焊过程中,真空度不得低于 6.7×10^{-3}Pa。Ti-Ni 法的钎焊工艺与 Ti-Cu 法相似,钎焊温度为 900±10℃。

(3) 氧化物钎焊法 氧化物钎焊法是利用氧化物钎料熔化后形成玻璃相,向陶瓷渗透并润湿金属表面而实现可靠连接的方法,可以进行陶瓷与陶瓷、陶瓷与金属的连接。氧化物钎料的成分主要是 Al_2O_3、CaO、Bao、Mgo 加入 B_2O_3、Y_2O_3 和 Ta_2O_3 等,可以得到各种熔点和线膨胀系数的钎料,典型氧化物钎料成分见表 8-23。此外,以 CaF_2 和 NaF 为主要成分的氟化物钎料也可以用来连接陶瓷和金属,能获得高强度、高耐热性的接头。

表 8-23 典型氧化物钎料的成分

系列	成分(质量分数)/%						钎焊温度/℃
	Al_2O_3	CaO	MgO	BaO	Y_2O_3	其他	
Al-Ca-Mg-Ba	49	36	11	4	—	—	—
	45	36.4	4.7	13.9	—	—	—
Al-Ca-Ba-B	46	36		16		2(B_2O_3)	1325
Al-Ca-Ba-Sr	44~50	35~40	—	12~16		1.5~5(Sr)	1330
Al-Ca-Ta-Y	45	49	—		3	3(Ta_2O_3)	1380
Al-Ca-Mg-Ba-Y	40~50	30~40	3~8	10~20	0.5~5	—	1480~1560

第9章 扩散焊接

扩散焊（或称扩散连接）是在一定的温度和压力下使待焊表面相互接触，通过微观塑性变形或通过在待焊表面上产生的微量液相而扩大待焊表面的物理接触，然后，经较长时间的原子相互扩散来实现结合的一种焊接方法。

与其他焊接方法相比较，扩散焊有以下一些优点：

1）接头质量好 扩散焊接头的显微组织和性能与母材接近或相同。扩散焊主要工艺参数易于控制，批量生产时接头质量较稳定。

2）零部件变形小 因扩散焊时所加压力较低，宏观塑性变形小，工件多数是整体加热，随炉冷却，故零部件变形小，焊后一般无需进行机加工。

3）可一次焊接多个接头 扩散焊可作为部件的最后组装连接工艺。

4）可焊接大断面接头 在大断面接头焊接时所需设备的吨位不高，易于实现，采用气体压力加压扩散焊时，很容易对两板材实施叠合扩散焊。

5）可焊接其他焊接方法难于焊接的工件和材料 对于塑性差或熔点高的同种材料，对于相互不溶解或在熔焊时会产生脆性金属间化合物的那些异种材料，对于厚度相差很大的工件和结构很复杂的工件，扩散焊是一种优先选择的方法。

6）与其他热加工、热处理工艺结合可获得较大的技术经济效益 例如，将钛合金的扩散焊与超塑成形技术结合，可以在一个工序中制造出刚度大、重量轻的整体钛结构件。

扩散焊的缺点是：

1）零件待焊表面的制备和装配要求高。

2）焊接热循环时间长，生产率低。

3）设备一次性投资大，而且，焊接工件的尺寸受到设备的限制。

4）接头连接质量的无损检测手段尚不完善。

目前扩散焊有两种分类法，见表9-1。

表 9-1 扩散的种类

分类法	划分依据	类别名称	
第一种	按被焊材料的组合形式	无中间层扩散焊	同种材料扩散焊
			异种材料扩散焊
		加中间层扩散焊	
第二种	按焊接过程中接头区是否出现液相	固相扩散焊	
		液相扩散焊	

1. 同种材料扩散焊

同种材料扩散焊通常指不加中间层的两同种金属直接接触扩散焊。这种类型的扩散焊，一般要求待焊表面制备质量较高，焊接时要求施加较大的压力，焊后接头的成分、组织与母材基本一致。钛、铜、锆、钽等最易焊接；铝及其合金、含铝、铬、钛的铁基及钴基合金，因氧化物不易去除而难于焊接。

2. 异种材料扩散焊

异种材料扩散焊是指异种金属或金属与陶瓷、石墨等非金属的扩散焊。进行这种类型的扩散焊时，可能出现下列现象：

1）由于膨胀系数不同而在结合面上出现热应力；

2）在结合面上由于冶金反应而产生低熔点共晶组织或者形成脆性金属间化合物；

3）由于扩散系数不同而在接头中形成扩散孔洞；

4）由于两种金属电化学性能不同，接头易出现电化学腐蚀。

3. 加中间层扩散焊

当用上述两种方法难以焊接或效果较差时，可在被焊材料之间加入一层金属或合金（称为中间层），这样就可以焊接很多难焊的或冶金上不相容的异种材料，可以焊接熔点很高的同种材料。

4. 固相扩散焊

固相扩散焊指焊接过程中母材和中间层均不发生熔化或产生液相的扩散焊方法，是经典的扩散焊方法

5. 液相扩散焊

液相扩散焊是指在扩散焊过程中，焊缝区短时出现微量液相的扩散焊方法，短时出现的液相有助于改善扩散表面接触情况，允许使用较低的扩散焊压力。此微量液相在焊接过程中、后期经等温凝固、均匀化扩散过程，接头重熔温度将提高，最终形成了成分接近母材的接头。获得微量液相的方法主要有两种：

1）利用共晶反应　对于某些异种金属扩散焊，可利用它们之间可能形成低熔点共晶的特点进行液相扩散焊（称为共晶反应扩散焊），这种方法要求一旦液相形成之后应立即降温使之凝固，以免继续生成过量液相，所以要严格控制温度，实际上应用较少。

将共晶反应扩散焊原理应用于加中间层扩散焊时，液相总量就可通过中间层厚度来控制，这种方法称为瞬间液相扩散焊（或过渡液相扩散焊）。

2）添加特殊钎料　此种获得液相方法是吸取了钎焊特点而发展形成的，特殊钎料是采用与母材成分接近，含有少量既能降低熔点又能在母材中快速扩散的元素（如 B、Si、Be 等），用此钎料作为中间层，以箔或涂层方式加入。与普通钎焊比较，此钎料层厚度较薄。钎料凝固方式的不同是液相扩散焊的另一个特点，液相扩散焊时钎料凝固是在等温状态下完成，而钎焊时钎料是在冷却过程中凝固的。

液相扩散焊在有的文献中被称为，"扩散钎焊"。

每一类扩散焊根据所使用的工艺手段不同而有多种方法（见表 9-2），其中常用方法简述如下：

1）真空扩散焊　真空扩散焊是常用方法，通常在真空扩散焊设备中进行。被焊材料中间层合金中含有易挥发元素时不宜采用此方法，由于受设备尺寸限制，仅适于焊接尺寸不大的工件。

2）超塑成形扩散焊　对于超塑性材料，例如 TC4 钛合金可以在高温下用较低的压力同时实现成形和焊接，采用此种组合工艺可以在一个热循环中制造出复杂空心整体结构件。在该组合工艺中扩散焊的特点是：扩散焊压力较低，与成形压力相匹配；扩散焊时间较长，可长达数小时。在超塑状态下进行扩散焊有助于焊接质量的提高，该方法已在航空航天工业中得到应用。

3）热等静压扩散焊　热等静压扩散焊是在热等静压设备中进行焊接。焊前应将组装好的工件密封在薄的软质金属包囊之中，并将其抽真空，封焊抽气口，然后将整个包囊置于加热室中进行加热，利用高压气体与真空气囊中的压力差对工件施加各向均衡的等静压力，在高温高压下完成扩散焊过程。由于压力各向均匀，工件变形小。当待焊表面处于两被焊工件本身所构成的空腔内时，可不用包囊而直接用真空电子束焊等方法将工件周围封焊起来。焊接时所加气压压力较高，可高达100MPa。当工件轮廓不能充满包囊时，应采用夹具将其填满，防止工件变形，该方法尤其适合于脆性材料的扩散焊。

表 9-2　扩散焊方法

序号	划分依据	方法名称	特　　点
1	保护气体	真空扩散焊	在真空条件下进行扩散焊
		气体保护扩散焊	在惰性气体或还原性气体中进行扩散焊
2	加压方法	机械加压扩散焊	用机械压力对连接面施加压力，压力均匀性难于保证
		热膨差加压扩散焊	利用夹具和焊接材料或两个焊接工件热膨胀系数之差而获得压力
		气体加压扩散焊	利用保护气体对连接面施加压力，适于板材大面积扩散焊
		热等静压扩散焊	利用超高压气体对工件从四周均匀加压进行扩散焊
3	加热方式和方法	电热辐射加热扩散焊	利用电阻丝（带）高温辐射加热工件，控温方便、准确
		感应加热扩散焊	高频感应加热，适合小件
		电阻扩散焊	利用工件自身电阻和连接面接触电阻，通电加热工件，加热较快
		相变扩散焊	焊接温度在相变点附近温度范围内变动，缩短扩散时间，改善接头性能
4	与其他工艺组合	超塑成形扩散焊	将超塑成形和扩散焊结合在一个热循环中进行
		热轧扩散焊	将板材滚轧变形与扩散焊结合
		冷挤压-扩散焊	利用冷挤压变形增强扩散焊接头强度

9.1　扩散焊原理

在金属不熔化的情况下，要形成焊接接头就必须使两待焊表面紧密接触，使之距离达到$(1\sim5)\times10^{-8}$cm以内，在这种条件下，金属原子间的引力才开始起作用，才可能形成金属键，获得有一定强度的接头。

实际上，金属表面无论经什么样的精密加工，在微观上总还是起伏不平的（图9.1-1），经微细磨削加工的金属表面，其轮廓算术平均偏差$(0.8\sim1.6)\times10^{-4}$cm。在零压力下接触时，其实际接触点只占全部表面积的百万分之一，在施加一般压力时，实际紧密接触面积仅占全部表面积的1%左右，其余面之间距离均大于原子引力起作用的范围。即使少数接触点形成了金属键连接，其连接强度在宏观上也是微不足道的。此外，实际表面上还存在着氧化膜、污物及表面吸附层，均会影响接触点上金属原子之间形成金属键，所以，扩散焊时必须采取适当工艺措施来解决上述问题。

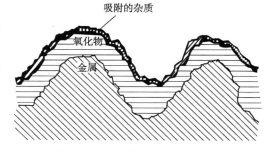

图 9.1-1　金属真实表面示意图

不同焊接方法的比较见表 9-3。

表 9-3　不同焊接方法的比较

条件 \ 方法	熔焊	扩散焊	钎焊
加热	局部	局部整体	局部整体
温度	母材熔点	0.5~0.8 倍母材熔点	高于钎焊熔点
表面准备	不严格	严格	严格
装配	不严格	精确	不严格，有无间隙均可
焊接材料	金属、合金	金属、合金、非金属	金属、合金、非金属
异种材料连接	受限制	无限制	无限制
裂纹倾向	强	无	弱
气孔	有	无	有
变形	强	无	轻
接头施工可达性	有限制	无限制	有限制
接头强度	接近母材	接近母材	决定于钎料强度
接头抗腐蚀性	敏感	好	差

9.1.1　同种金属扩散焊

此类扩散焊过程可用图 9.1-2 所示的三个阶段模型来形象地描述。图 9.1-2a 是接触表面初始情况。第一阶段，变形和交界面形成。在温度和压力的作用下，粗糙表面的微观凸起部位首先接触。由于最初接触点少，每个接触点上压应力很高，接触点很快产生塑性变形。在变形中表面吸附层被挤开，氧化膜被挤碎，表面上微观凸起点被挤平，从而达到紧密接触的程度，形成金属键连接。随着变形的继续，这个接触点区逐渐扩大，接触点数目也逐渐增多，达到宏观上大部分表面形成晶粒之间的连接（图 9.1-2b），其余未接触部分形成"孔洞"，残留在界面上。在变形的同时，由于相变、位错等因素，使表面上产生"微凸"，出现新的无污染的表面。这些"微凸"作为形成金属键的"活化中心"而起作用。在表面进一步压紧变形时，这些点首先形成金属键连接。第二阶段，晶界迁移和微孔的收缩和消除。通过原

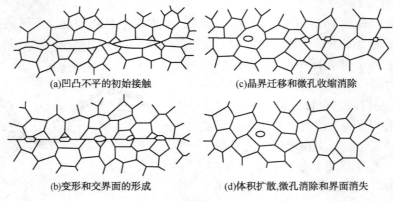

(a)凹凸不平的初始接触　　　　(c)晶界迁移和微孔收缩消除

(b)变形和交界面的形成　　　　(d)体积扩散,微孔消除和界面消失

图 9.1-2　同种金属固相扩散焊模型

子扩散(主要是孔洞表面或界面原子扩散)和再结晶，使界面晶界发生迁移。界面上第一阶段留下的孔洞逐渐变小(类似粉末冶金中的压力烧结机理)，继而大部分孔洞在界面上消失，形成焊缝(图 9.1-2c)。第三阶段，体积扩散，微孔消除和界面消失。在这个阶段，原子扩散向纵深发展，即出现所谓"体"扩散。随着体扩散的进行，原始界面完全消失，界面上残留的微孔也消失，在界面处达到冶金连接(图 9.1-2d)，接头成分趋向均匀。

在扩散焊过程中，在每一个微小区域内，上述三个阶段依次连续进行。但对整个连接面而言，由于表面不平、塑性变形不均匀等因素，上述各个阶段在接头区同时出现或相互交错出现。

扩散焊时，表面氧化膜除了通过破碎作用外，还可通过溶解或球化聚集作用而被去除，氧化物的溶解是通过氧原子向母材中扩散而发生的，而氧化物球化聚集是借氧化物薄膜的过多的表面能造成的扩散而实现的。因而，去除氧化膜的这两种方法同样是一个需要温度和时间的扩散过程。

氧化膜去除方式与基本材料的特性有关，表 9-4 给出了不同类型材料表面氧化膜在固相扩散焊过程中的行为。铝合金型材料表面的氧化膜非常稳定，它不可能在常规固相扩散焊过程中消失，氧化膜仍残留在界面，如果扩散焊表层变形量不大时，界面结合强度低，这是铝合金固相扩散焊的最大障碍。

表 9-4　不同材料表面氧化膜的行为

材料类型	钛合金型	铁铜合金型	铝合金型
氧化膜行为	溶解	球化聚集	破碎
结果	界面无氧化膜痕迹	界面留有细小分散氧化物	界面残留破碎的氧化膜

9.1.2　液相扩散焊

液相扩散焊过程可用图 9.1-3 所示的五个阶段来描述。

1) 置于两待焊表面之间的中间层在低压力作用下与待焊表面接触(图 9.1-3a)

2) 中间层与母材之间发生共晶反应或中间层熔化，形成液相并润湿填充接头间隙(图 9.1-3b)

3) 等温凝固阶段(图 9.1-3c)。工件处于保温阶段，液相层与母材之间发生扩散。起初，母材边缘因液相中低熔点元素扩散进来而熔点下降，直至熔入液相，液相熔点则因高熔点母材元素的熔入和低熔点元素扩散到固相中而相应提高。晶粒从被熔化的基体表面向液相生长，经一段时间扩散后，液相层变得越来越薄。

4) 等温凝固过程结束，液相层完全消失，接头初步形成(图 9.1-3d)。等温凝固所获得的结晶成分几乎完全一致，均为此温度下固-液相平衡成分，避免了熔焊或普通钎焊时的不平衡凝固组织。

5) 均匀化扩散阶段(图 9.1-3e)。接头成分和组织进一步均匀化，达到使用要求为止。此阶段可与焊后热处理合并进行。

对于异种材料〔包括非金属材料，如陶瓷、石墨等)的扩散焊和虽有中间层，但中间层不熔的扩散焊，仍可用三阶段模型来描述，只是扩散过程更复杂，原子扩散中包含了异种元素间的扩散问题，浓度梯度和化学作用的影响显著，有时需要限制第三阶段进程，防止产生脆性相。在异种金属 A 与 B 扩散焊时，由于 A 中某些元素的原子扩散系数较大，会向 B 大量扩散，而 B 中某些元素的扩散系数较小，向 A 扩散的数量较少，因此，在 A 中就易出现

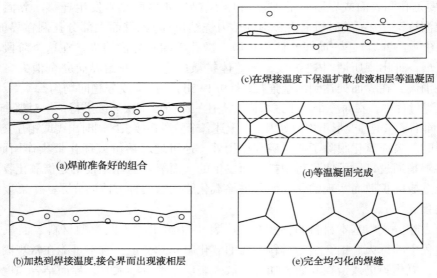

(a)焊前准备好的组合

(b)加热到焊接温度,接合界而出现液相层

(c)在焊接温度下保温扩散,使液相层等温凝固

(d)等温凝固完成

(e)完全均匀化的焊缝

图 9.1-3　液相扩散焊过程示意图

空穴,这些空穴聚集到一定密度后即形成孔洞,这类孔洞称作扩散孔洞,它存在于离界面有一段距离的地方。

9.2　扩散焊设备

9.2.1　真空扩散焊设备

真空扩散焊设备是通用性好的常用扩散焊设备,如图 9.2-1 和图 9.2-2 所示。主要由真空室、加热器、加压系统、真空系统、温度测控系统、水冷却系统和电源等几部分组成。加热器可用电阻丝(带),也可用高频感应圈。真空扩散焊设备除加压系统以外,其他几部分都与真空钎焊加热炉相似。扩散焊设备在真空室内的压头或平台要承受高温和一定的压力,因而常用铝或其他耐热、耐压材料制作。加压系统常为液压系统,对小型扩散焊设备也可用机械加压方式,加压系统应保证压力可调且稳定可靠。在设计传力杆时,应使真空室漏气尽可能小,热量散失尽量少。设计的上、下传力杆,其不同轴度应小于 0.05mm,上压头传力杆中可采用带球面的自动调整垫来传力,以保证上压头加压均匀。表 9-5 列举了五种真空扩散焊设备的主要技术数据。

表 9-5　五种真空扩散焊设备的主要技术数据

设备类型		ZKL-1	ZKL-2	超高真空扩散焊机	HKZ-40	DZL-1
加热区尺寸/mm		Φ600×800	Φ300×400	Φ300×350	300×300×300	—
真空度/Pa	冷态	$3×10^{-3}$	$3×10^{-3}$	$1.33×10^{-6}$	10^{-3}	$7.62×10^{-4}$
	热态	$5×10^{-3}$	$5×10^{-3}$	$1.33×10^{-5}$	—	—
加压能力/kN		245	58.8	50	80	300
最高炉温/℃		1200	1200	1350	1300	1200
炉温均匀性/℃		1000±10	1000±5	—	1300±10	1200±5

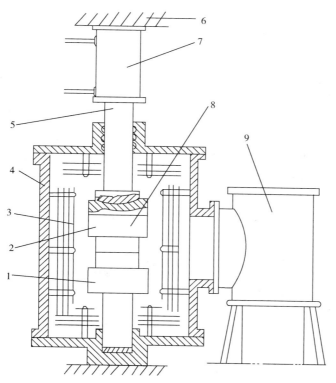

图 9.2-1　真空扩散焊(电阻辐射加热)设备结构图

1—下压头；2—上压头；3—加热器；4—真空炉炉体；5—传力杆；

6—机架；7—液压系统；8—工件；9—真空系统

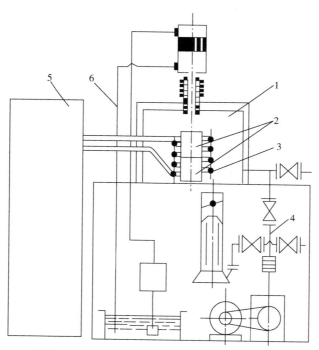

图 9.2-2　真空扩散焊(感应加热)设备结构图

1—真空室；2—被焊零件；3—高频感应加热圈；4—真空系统；5—高频电源；6—加压系统

9.2.2 超塑成形扩散焊设备

此类设备是由压力机、真空一供气系统、特种加热炉和电源等组成。加热炉中的加热平台应能承受一定压力，由高强度陶瓷（耐火）材料制成，安装在压力机的金属台面上。模具及工件置于两平台之间。如采用不锈钢板封焊成软囊式真空容器，而待扩散焊零件密封在该容器内，则该类设备可在真空下扩散焊接较大尺寸的工件（图9.2-3）。真空一供气系统中有机械泵、管路和气阀等。高压氩气经气体调压阀，向装有工件的模腔内或袋式毛坯内供气，以获得均匀可调的扩散焊压力和超塑成形压力。中小型工件也可采用金属平台，超塑成形扩散焊（金属平台）设备结构如图9.2-4所示。

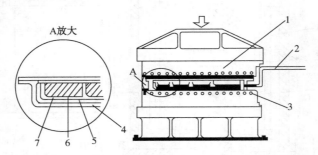

图 9.2-3 超塑成形扩散焊（陶瓷加热平台）设备结构图

1—陶瓷平台；2—真空系统；3—加热元件；4—不锈钢容器；5—底板；6—被焊零件；7—垫块

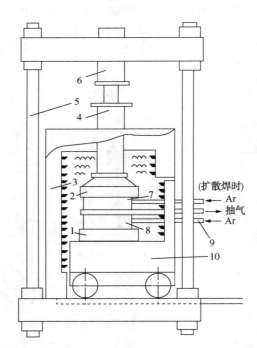

图 9.2-4 超塑成形扩散焊（金属平台）设备结构图

1—下金属平台；2—上金属平台；3—炉壳；4—导筒；5—立柱；6—油缸；
7—上模具；8—下模具；9—气管；10—活动炉底

9.2.3 热等静压扩散焊设备

热等静压扩散焊是在通用热等静压设备中进行，它是由水冷耐高压气罐(包括筒体、上塞和下塞)、加热器、框架、液压系统、冷却系统、供气系统和电源等部分组成。图9.2-5为该设备的结构图，表9-6列出三种型号热等静压设备的技术数据。

表9-6　热等静压设备的技术参数

型号	工作压力/MPa	工作温度/℃	工作室尺寸(D×H)/mm	装料方法	气体系统	备注
RD200	200	2000	200×300	上装料	气体不回收	试验型
RD270	150	1500	270×500	下装料	气体回收	生产型
RD690	150	1500	690×1120	下装料	气体回收	生产型

此外，热胀差加压扩散焊可用普通热处理炉，电阻扩散焊可用接触电阻焊机，其他扩散焊方法所使用的设备均应有加热加压功能，目前，扩散焊设备均为自行研制或专门订货。

9.3　扩散焊工艺

为获得优质的扩散焊接头，根据所焊工件的材料、形状和尺寸等选择合适的扩散焊方法和设备，精心制备待焊零件、选取合适的焊接条件，并在焊接过程中控制主要工艺参数是极其重要的。另外，从冶金因素来考虑，选择合适的中间层和其他辅助材料也是十分重要的。焊接加热温度、对工件施加的压力以及保温扩散的时间是主要的工艺参数。

9.3.1　工件待焊表面的制备和清理

工件的待焊表面状态对扩散焊过程和接头质量有很大影响，特别是固相扩散焊。因此，在装配焊接之前，待焊表面应作如下处理。

1）表面机加工　表面机加工的目的为了获得平整光洁的表面，保证焊接间隙极小，微观上紧密接触点尽可能的多。对普通金属零件可采用精车、精刨(铣)和磨削加工，通常使粗糙度 Ra≤3.2μm，Ra 大小的确定还与材料本身的硬度有关，对硬度较高的材料，Ra 应更小，对加有软中间层的固相扩散焊和液相扩散焊，以及热等静压扩散焊，粗糙度要求可放宽。对冷轧板叠合扩散焊时，因冷轧板表面粗糙度 Ra 较小(通常低于0.8μm)，故可不用表面加工。

2）除油和表面浸蚀　去除表面油污的方法很多，通常用酒精、丙酮、三氯乙烯或金属

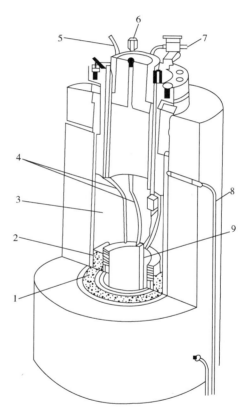

图9.2-5　热等静压设备结构图
1—电热器；2—炉衬；3—隔热屏；
4—电源引线；5—气体管道；6—安全阀；
7—真空管道；8—冷却管；9—热电偶

清洗剂除油。有些场合还可采用超声清洗净化方法．

为去除各种非金属表面膜(包括氧化膜)或机加工产生的冷加工硬化层,待焊表面通常用化学浸蚀方法清理。虽然硬化层内晶体缺陷密度高,再结晶温度低,对扩散焊有利,但对某些不希望产生再结晶的金属仍有必要将该层去掉。化学浸蚀方法和浸蚀剂配方与钎焊工艺相同。浸蚀时要控制浸蚀液浓度和浸蚀时间,不要产生过大过多的腐蚀坑,防止产生(如吸氢等)其他有害的副作用。工件浸蚀至露出金属光泽之后,应立即用水(或热水)冲净。对某些材料可用真空烘烤、辉光放电、离子轰击等来清理表面。清洗干净的待焊零件应尽快组装焊接。如需长时间放置,则应对待焊表面加以保护,如置于真空或保护气氛中。

9.3.2 中间层材料的选择

中间层的作用是下列中的一条或几条:

1) 改善表面接触,从而降低对待焊表面制备质量的要求,降低所需的焊接压力。

2) 改善扩散条件,加速扩散过程,从而降低焊接温度,缩短焊接时间。

3) 改善冶金反应,避免(或减少)形成脆性金属间化合物和不希望的共晶组织。

4) 避免或减少因被焊材料之间物理化学性能差异过大所引起的问题,如热应力过大,出现扩散孔洞等。

相应地,所选择的中间层材料应满足下列要求中的一条或几条:

1) 容易塑性变形。

2) 含有加速扩散或降低中间层熔点的元素,如硼、铍、硅等。

3) 物理化学性能与母材差异较小,被焊材料与母材之间的差异小。

4) 不与母材产生不良的冶金反应,例如,产生脆性相或不希望的共晶相。

5) 不会在接头上引起电化学腐蚀。

通常,固相扩散焊的中间层是熔点较低(但不低于焊接温度)、塑性好的纯金属,如铜、镍、银等,液相扩散焊的中间层是与母材成分接近,但含有少量易扩散的低熔点元素的合金,或者是能与母材发生共晶反应、又能在一定时间内扩散到母材中的金属。

中间层厚度一般为几十微米,以利于缩短均匀化扩散处理时间。厚度在 $30 \sim 100 \mu m$ 时,可以以箔片形式夹在两待焊表面之间,不能轧成箔的中间层材料,可用电镀、渗涂、真空蒸镀、等离子喷涂等方法直接将中间层材料涂覆在待焊表面,镀层厚度可仅数微米。中间层可以是两层或三层复合。中间层厚度可根据最终成分来计算、初选,通过试验修正确定。

扩散焊中为防止压头与工件或工件之间某些特定区域被扩散黏结在一起,需加隔离剂(或称止焊剂),这种辅助材料(片状或粉状以及黏结剂)应具有以下性能:

1) 高于焊接温度的熔点或软化点。

2) 有较好的高温化学稳定性,高温下不与工件、夹具或压头起化学反应。

3) 不释放有害气体污染附近待焊表面,不破坏保护气氛或真空度。例如,钢与钢扩散焊时,可用人造云母片隔离压头;钛与钛扩散焊时,可涂一层氮化硼或氧化钇粉,黏结剂可用易分解挥发的聚乙烯醇水溶液,或用聚甲基丙烯酸甲酯、乙酸乙酯和丙酮配制的溶液。

9.3.3 焊接工艺参数

1. 固相扩散焊

1) 温度 温度是扩散焊最重要的工艺参数,在一定的温度范围内,温度愈高,扩散过程愈快，所获得的接头强度也高。从这一点考虑，应尽可能选用较高的扩散焊温度。但加热温度受被焊工件和夹具的高温强度、工件的相变、再结晶等冶金特性所限制，而且温度高于一定值之后再提高时，接头质量提高不多，有时反而下降。对许多金属和合金，固相扩散焊温度为 $0.6 \sim 0.8 T_m$（K）（T_m 为母材熔点）。

2）压力　压力主要影响固相扩散焊第一、二阶段的进行。如压力过低，则表层塑性变形不足，表面形成物理接触的过程进行不彻底，界面上残留的孔洞过大且过多。较高的压力可产生较大的表层塑性变形，还可使表层再结晶温度降低，加速晶界迁移。高的压力有助于固相扩散焊第二阶段微孔的收缩和消除，也可减少或防止异种金属扩散焊时的扩散孔洞。在其他参数固定时，采用较高压力能产生较好的接头，接头强度与压力的关系见图 9.3-1。工件晶粒度较大或表面较粗糙时所需扩散压力也较大。压力上限取决于对焊件总体变形量的限制及设备吨位等。除热等静压扩散焊外，通常扩散焊压力在 $0.5 \sim 50 \mathrm{MPa}$ 之间选择。在正常扩散焊下，从限制工件变形量考虑，压力可在表 9-7 所示范围内选取。由于压力对第三阶级影响较小，在固相扩散焊时，允许在后期将压力减小，以便减少工件变形。

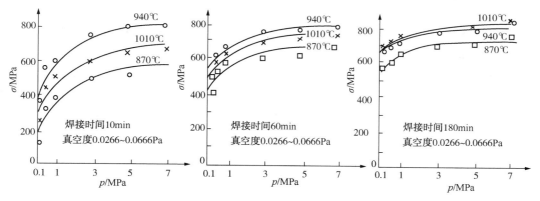

图 9.3-1　扩散焊接头强度与压力的关系（TC4 钛合金）

表 9-7　同种金属固相扩散焊常用压力

材料类型	碳钢	不锈钢	铝合金	钛合金
普通扩散焊压力/MPa	$5 \sim 10$	$7 \sim 12$	$3 \sim 7$	—
热等静压扩散焊压力/MPa	100	—	75	50

3）保温扩散时间　保温扩散时间是指被焊工件在焊接温度下保持的时间。扩散焊各个阶段的进行均需要较长的时间，如果扩散过程时间过短，严重时会导致焊缝中残留有许多孔洞，影响接头性能，接头强度达不到稳定的、与母材相等或相近的强度；但过长的高温高压持续时间，对接头质量不起任何进一步提高的作用，反而会使母材晶粒长大（图 9.3-2）。对可能形成脆性金属间化合物的接头，应控制扩散时间以求控制脆性层的厚度，使之不影响接头性能。

保温扩散时间并非一个独立参数，它与温度、压力是密切相关的。在实际焊接过程中，焊接时间可在一个非常宽的范围内变化。采用较高温度、压力时，焊接时间有数分钟即足够；而用较低温度、压力时，则可能需数小时。图 9.3-3 表示钛合金固相扩散焊压力与最小焊接时间的关系。对于加中间层的扩散焊，焊接时间还取决于中间层厚度和对接接头成分、组织均匀度的要求（包括脆性相的允许量）等。

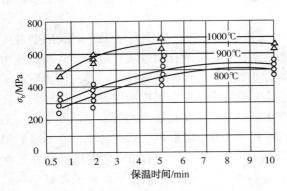

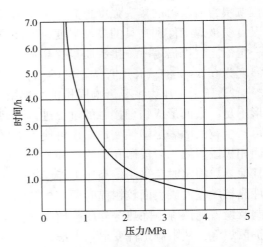

图 9.3-2 扩散焊接头强度与保温时间
　　　的关系(压力 20MPa,结构钢)

图 9.3-3　压力与最小焊接时间关系

目前,根据固相扩散焊理论模型建立起来的扩散焊工艺参数计算机计算程序,已可以用来初选新材料固相扩散焊的三个工艺参数。

4)保护气氛　焊接保护气氛纯度、流量、压力或真空度、漏气等均会影响扩散焊接头质量。常用保护气体是氩气,常用真空度为$(1\sim20)\times10^{-3}$Pa。对有些材料也可用高纯氮、氢和氦气,在超塑成形扩散焊组合工艺中,常用氩气氛负压(抽低真空—充氢—抽低真空,反复三次)保护钛板表面。在其他参数相同的条件下,在真空中扩散焊比在常压保护氩气中所需的扩散时间短。

5)其他　冷却过程中有相变的材料以及陶瓷类脆性材料扩散焊时,加热和冷却速度应加以控制。

2. 液相扩散焊

液相扩散焊温度比中间层材料熔点或共晶反应温度稍高一些。液相金属填充间隙后的等温凝固和均匀化扩散温度可略为下降。液相扩散焊选用较低的压力,压力过大时,在某些情况下可能导致液态金属被挤出,使接头成分失控。焊接时间取决于中间层厚度和对接头成分、组织均匀度的要求。在共晶反应扩散焊中,加热速度过慢,则会因扩散而使接触面上成分变化,影响熔融共晶生成。液相扩散焊对保护气氛的要求与钎焊相同。

在实际生产中,所有工艺参数的确定均应根据试焊所得接头性能挑选出一个最佳值(或最佳范围)。表9-8至表9-11列出一些常用材料组合的扩散焊工艺参数。

表 9-8　同种材料扩散焊工艺参数

序号	被焊材料	焊接温度/℃	焊接压力/MPa	保温时间/min	保护气氛/10^{-3}Pa
1	2Al4 铝合金	540	4	180	—
2	Cu	800	6.9	20	还原性气体
3	H72 黄铜	750	8	5	
4	可伐合金	1100	19.6	25	1.33
5	GH3039	1175	29.4~19.6	6~10	13.3

序号	被焊材料	焊接温度/℃	焊接压力/MPa	保温时间/min	保护气氛/10⁻³Pa
6	GH3044	1000	19.6	10	—
7	TC4 钛合金	900~930	1~2	60~90	13.3 或氩低真空
8	Ti3Al 金属间化合物合金	960~980	8~10	60	真空

表 9-9　异种材料扩散焊工艺参数

序号	被焊材料	焊接温度/℃	焊接压力/MPa	保温时间/min	保护气氛/10⁻³Pa
1	Al+Cu	500	9.8	10	6.67
2	5A06 铝合金+不锈钢	550	13.7	15	13.3
3	Al+钢	460	1.9	15	13.3
4	Cu+低碳钢	850	4.9	10	—
5	Cu+Ti	860	4.9	15	—
6	Cu+Mo	900	72	10	—
7	Cu+95 瓷	950~970	77.8~11.8	15~20	6.67
8	QCr0.8+高 Cr-Ni 合金	900	1	10	—
9	QSn10-10+低碳钢	720	4.9	10	—
10	Ti+不锈钢	770	—	10	—
11	可伐合金+Cu	850	4.9	10	—
12	可伐合金+青铜	950	6.8	10	1.33
13	硬质合金+钢	1100	9.8	6	13.3

表 9-10　加中间层扩散焊(同种材料)工艺参数

序号	被焊材料	中间层	焊接温度/℃	焊接压力/MPa	保温时间/min	保护气氛/10⁻³Pa
1	5A06 铝合金	5A02	500	3	60	50
2	Al	Si	580	9.8	1	—
3	H62 黄铜	Ag+Au	400~500	0.5	20~30	—
4	lCr18Ni9Ti	Ni	1000	17.3	60~90	13.3
5	A286 合金钢	Ni	1200	4.9	60	—
6	K18Ni 基高温合金	Ni-Cr-B-Mo 合金	1100	—	120	真空
7	GH141	Ni-Fe	1178	10.3	120	—
8	GH22	Ni	1158	0.7~3.5	240	—
9	GH188 钴基合金	97Ni-3Be	1100	10	30	—
10	Al₂O₃	Pt	1550	0.03	100	空气
11	95 瓷	Cu	1020	14~16	10	5
12	SiC	Nb	1123~1790	7.26	600	真空
13	Mo	Ti	900	68~86	10~20	—
14	W	Nb	915	70	20	—

表 9-11　加中间层扩散焊(异种材料)工艺参数

序号	被焊材料	中间层	焊接温度/℃	焊接压力/MPa	保温时间/min	保护气氛/10^{-3}Pa
1	Cu+Al$_2$O$_3$ 瓷	Al	580	19.6	10	—
2	TAl 钛+95 瓷	Al	900	9.8	20~30	<13.3
3	TC4 钛合金+1Cr18Ni9Ti 不锈钢	V+Cu	900~950	5~10	20~30	1.33
4	Al$_2$O$_3$+ZrO$_2$	Pt	1459	1	240	—
5	Al$_2$O$_3$+不锈钢	Al	550	50~100	30	—
6	Si$_3$N$_4$+钢	Al-Si	550	60	30	—
7	ZrO$_2$+不锈钢	Pt	1130	1	240	—

9.4　扩散焊接头形式及缺陷

9.4.1　接头形式

扩散焊常用接头形式如图 9.4-1 所示。

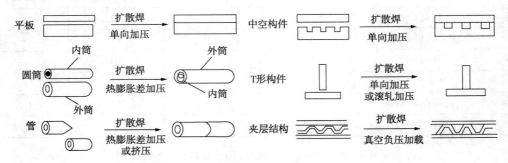

图 9.4-1　扩散焊常用接头形式

正常的同种金属扩散焊接头的组织和性能与基体材料相同。当扩散焊中存在未焊合或孔洞时，接头延性指标(如冲击韧性)和抗疲劳性能将明显下降，而抗拉强度在缺陷尺寸小、数量不多时，仍可能与母材相同。

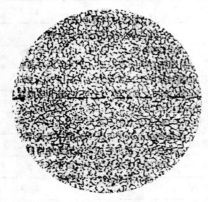

图 9.4-2　固相扩散焊未焊合的焊缝金相照片(200×)(TC4 与 TC4 扩散焊)

9.4.2　缺陷

扩散焊接头缺陷主要是未焊合和孔洞(界面空洞和扩散孔洞)。在表面制备清理不良、气氛中氧分压过高，以及工艺参数选择不当时，会产生上述缺陷，尤其是在工件边缘部分的焊缝，因应力状态不同，更易出现缺陷。图 9.4-2 为带有未焊合缺陷的扩散焊焊缝的金相照片。

扩散焊工艺过程较易控制，重复性好。生产中主要靠控制工艺过程中的各参数来保证质量，同时采用随机抽查进行金相检查，并配以超声等无损检测手段。用金相方法来检查焊缝情况时，根据金相检查的界面长度(L)与其中未焊合的线段长度($L_未$)来计算焊合率[($L-L_未$)/$L×100\%$]。目前，尚无可靠的无损检测方法来检查十分紧密接触、而对晶粒生长未穿过界面的不良焊合区域，生产和试验中也用超高频(≥50MHz)超声扫描检测装置来检查，但只对明显分离的未焊合和尺寸较大的孔洞才有效。对某些产品也可采用真空检漏方法和气压气密检查方法来检测穿透性未焊合缺陷。

9.5　扩散焊的应用

扩散焊在一些特种材料、特殊结构的焊接中得到相当成功地应用。在航空航天工业、电子工业和核工业等部门，许多零部件的使用环境恶劣，加之产品结构要求特殊，使得设计者不得不采用特种材料(如耐高温的镍基合金、钻基合金)和特殊结构(如为减轻重量而采用空心结构)，而且，往往要求焊接接头与母材等强度或等成分，性能上接近。在这种情况下，扩散焊就成为最优先考虑的焊接方法。

9.5.1　钛合金扩散焊

由于钛对氧的溶解能力较强，合金表面氧化物中的氧在高温下能快速扩散到合金表面层里，从而容易获得纯净、无氧化膜的扩散焊表面，易于用固相扩散焊方法制造出优质的、与母材等强的扩散焊接头。虽然钛材本身价格较高，但它的耐腐蚀性好、比强度高(拉伸强度与密度之比)，较易用扩散焊方法制得比刚度大的整体结构，所以在飞机、导弹、卫星等飞行器中，使用了不少钛合金构件。在超塑成形扩散焊工艺问世后，钛合金扩散焊的应用范围更加扩大了。飞机上一些舱门、口盖和隔框，航空发动机空心叶片、整体叶盘，火箭、导弹的翼面、舵面，经恰当的重新设计之后，均可用超塑成形扩散焊和同种金属扩散焊技术制造。图 9.5.1 为利用超塑成形扩散焊技术制作的钛合金结构。

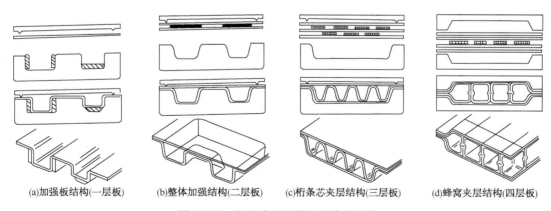

(a)加强板结构(一层板)　(b)整体加强结构(二层板)　(c)桁条芯夹层结构(三层板)　(d)蜂窝夹层结构(四层板)

图 9.5.1　超塑成形扩散焊制作的结构

对那些在固相扩散焊温度下，母材晶粒长大严重的钛构件，也采用加中间层(Cu 或 Ni-Cu)的液相扩散焊方法，采用该法已成功制造出航空发动机钛合金(TC4)空心叶片。

9.5.2　镍基合金扩散焊

镍基合金由于使用温度高而广泛应用在发动机高温部位，由于它的氧化膜为难熔解于母材的铬、铝的氧化物，因而镍基合金的固相扩散焊较难。镍基合金扩散焊多采用液相扩散焊，中间层含有能降低熔点又易于扩散到母材的 B、Si 等元素。此类中间材料很脆，常以粉末状态(加适当有机粘结剂)使用，或采用激冷法制成非晶态箔状材料，使中间层厚度控制更准确，使用也方便。采用液相扩散焊成功地焊接了燃气涡轮发动机的气冷涡轮工作叶片以及 K3 镍基合金的涡轮导向叶片扇形段。后者焊接时，中间层为 Ni-Cr-Co 合金加少量 B、Si 元素制成的非晶态箔，厚度为 0.025mm，采用真空扩散焊方法时，真空度低于 0.067Pa。

9.5.3 异种材料扩散焊

只要结构条件许可，异种材料的焊接可考虑采用扩散焊方法，许多情况下是采用加中间层的扩散焊。

1. 陶瓷与金属的扩散焊

陶瓷与金属的焊接是电子工业中经常遇到的问题。采用真空扩散焊方法可以满足使用要求，可提高电绝缘性能，避免了钎料沾污器件和钎料造成的附加内应力，提高器件的耐热、抗振、可靠性和使用寿命，此外，还可以使工艺过程简化。属于此类器件的有调速管电子枪、大功率超高频四极管叠芯柱以及某些管壳结构。常用陶瓷材料为氧化铝陶瓷(95 瓷或 99 瓷)和氧化锆陶瓷，与此类陶瓷焊接的金属有铜(无氧铜)、钛、钛钽合金(Ti-5Ta)。

2. 异种金属的扩散焊

异种金属扩散焊的应用实例如表 9-12 所示。

表 9-12　异种金属扩散焊的应用实例

序号	产品名称	材料组合	应用部位	特点和效益
1	导线过渡接头	Cu+Al		
2	冷挤压模	DT-40 硬质合金-模具钢		使用寿命大大提高
3	燃料喷注器	TC4+1Cr18Ni9Ti	卫星	
4	柱塞泵滑块	锡青铜和钢	航空发动机	提高了柱塞泵润滑性能和寿命
5	叶轮-轴	Ni 基合金-耐热钢	航空发动机	

9.5.4 新型高温材料扩散焊

1. 金属间化合物的扩散焊

该类材料较脆，焊接时易产生裂纹，宜用扩散焊。如 Ti_3Al 基合金可用真空扩散焊方法来焊接，随后加热处理，可获得满意的接头性能。而 Ni_3Al 基合金，可用液相扩散焊方法焊接。

2. 金属基复合材料的扩散焊

金属基复合材料(简称 MMC)的焊接或 MMC 与其他金属之间的焊接可采用扩散焊方法。钛基复合材料由于基体材料本身具有较好的扩散焊性能，更适合于采用扩散焊。例如，采用固相扩散焊方法将钛基复合材料面板焊接到钛合金芯板上，再经超塑成形而获得高性能的空心叶片。采用液相扩散焊方法可将铝基复合材料焊接到钛合金构件上。不少颗粒或晶须增强的金属基复合材料具有超塑性，可以在超塑变形同时进行扩散焊。MMC 扩散焊主要难题是连接面上两增强体之间的扩散焊，因此常用液相扩散焊。钛基复合材料扩散焊时，中间层可用 Ti-Cu-Zr 非晶态材料。Al_2O_3／A6061 铝基复合材料扩散焊时，可用 Cu 中间层。

　　扩散焊也是某些纤维增强金属基复合材料制造过程中的一个重要环节。例如，SiC 纤维增强的钛合金复合材料的制造方法是，将钛箔和纤维编织布叠合真空热压（或热等静压）复合，其中 SiC 纤维与基体箔材之间、箔材与箔材之间，在复合过程中是一个需要严格控制的扩散焊过程。

9.5.5　特殊结构扩散焊

　　某些零部件，如细丝网作成的气滤油器，虽然被焊材料为普通材料，其熔焊、钎焊的焊接性均较好，但因其结构复杂，用熔焊有困难，用钎焊也会因钎料流动不均匀或因钎料流失而造成结构性能恶化，此时，采用扩散焊就可获得满意的结果。例如，不同丝径、不同网目孔径的不锈钢丝网，用镀镍层作中间层，采用扩散焊成功地将它们焊接在一起，制得具有一定刚度的骨架和网孔很小的油滤器；将黄铜（H68）网扩散焊到纯铜环上，制得小尺寸气滤零件，此件尺寸小、厚度薄、可叠层，每次同时焊接数十件，每件之间用人造云母片或氧化物粉（Al_2O_3 或 ZrO 粉）作隔离剂隔开。微波通信设备中关键部件——高频波导，对几何形状和尺寸精度要求很高，如用机械组合则存在缝隙，焊后不能再进行加工，所以，采用加中间层的真空扩散焊方法。层板结构是另一个采用扩散焊的复合结构件，它是将两层或多层开有各种形状通孔及沟槽的金属片叠合在一起，经扩散焊后成为一整体板，其内部含有许多冷却通道，表面有许多小孔，这种结构常用作发动机燃料室构件和涡轮导向器叶片，使其使用寿命大大提高，发动机性能也得到提高。层板材料为高温合金，用加中间层的真空扩散焊焊接。

第10章 水下焊接

10.1 水下焊接分类及特点

10.1.1 水下焊接分类

水下焊接如何分类，目前还没有统一规定。从水下焊接所处的特殊环境分类，水下焊接分为3类：湿法水下焊接、干法水下焊接和局部干法水下焊接。但是，随着水下焊接技术的发展，又出现了一些新的水下焊接方法，如水下螺柱焊接、水下爆炸焊接、水下电子束焊接和水下铝热剂焊接等。这些焊接方法还难以确切地归属于哪一类，故暂按图10.1-1分类。

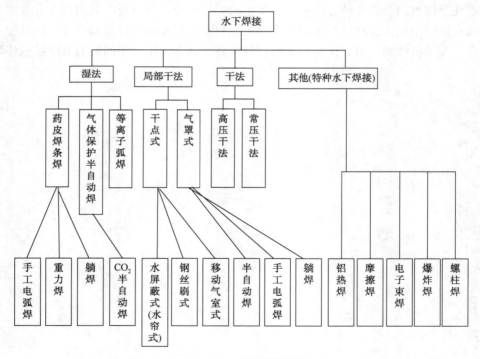

图 10.1-1 水下焊接分类

10.1.2 水下焊接特点

1. 水下环境对焊接过程的影响

水下环境使得焊接过程比陆上焊接复杂得多，除焊接技术本身外，还涉及到潜水作业技术等诸多因素。这里只论述直接在水下焊接时，水下环境对焊接过程有影响的几个主要问题。

1）能见度差　由于水对光线的吸收、反射及折射等作用，使光线在水中的传播能力显著减弱，只是大气中的千分之一左右。采用湿法水下焊接或国外通常用的局部干法焊接时，电弧周围产生气泡的影响，潜水焊工很难看清焊接熔池状态，妨碍了焊接技术的正常发挥。

2）急冷效应　海水的热传导系数较高，约为空气的20倍。即使是淡水，其热传导系数也为空气的十几倍。若采用湿法或局部干法水下焊接时，被焊工件直接处在水中，水对焊缝的急冷效应极明显，容易产生高硬度的淬硬组织。只有采用干法焊接时，才能避免急冷效应。

3）增加了焊缝含氢量　湿法水下焊接时，电弧周围的水被电弧热分解产生大量的氢和氧，使电弧气氛中 $\phi(H)$ 高达 62% ～ 82%，则熔池中溶解或吸附大量的氢，致使焊缝金属含氢量达 20 ～ 70mL/100g，高于陆上焊接的数倍。

高压干法水下焊接时，虽然工件不直接处在水中，但电弧气氛压力高，氢的溶解度大，也比陆上相同焊接方法焊接的焊缝含氢量高。只有常压干法水下焊接与陆上焊接相似。

4）水压力使电弧被压缩，降低了电弧稳定性。水深每增加 10m，则压力增加 0.1MPa，随着压力增加，电弧弧柱变细，焊道宽度变窄，焊缝高度增加。同时，导电介质密度增加，从而增加了电离难度，电弧电压随之升高，电弧稳定性降低，飞溅和烟尘增多。

2. 水下焊接电弧特性

水下焊接电弧与陆上焊接电弧一样均处在气体介质中，但在水下焊接时，由于水对电弧周围气体产生压力，使气体密度加大。对电弧的冷却作用加强，则电弧被压缩变细，弧柱的电位梯度随之增大，因此，随着水深增加，电弧静特性曲线逐渐向上移，上升的斜率也逐渐变大。图 10.1-2 为气体保护焊与陆上焊接时的电弧静特性曲线图。

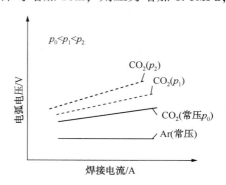

图 10.1-2　不同条件下同一弧长的电弧静特性曲线

由于电弧静特性曲线上升，斜率随着水深增加而增加，对同一台平外特性的焊接电源而言，电弧自调作用将逐渐减弱，电弧稳定性变差。表 10-1 列出了压力对 CO_2 焊接电源稳定性的影响。从表中可以看出，当压力为 0.5MPa 时，断弧时间的百分数可达 40%，此时已很难对电弧进行控制了。

表 10-1　不同 CO_2 气体压力下焊接电弧稳定性实验值

压力/MPa	短路过度频率/（次/min）	短路时间/min	最大短路电流/A	短路时间比率/%	燃弧时间比率/%	断弧时间比率/%	电弧稳定性
0	52	4.4	330	23.1	76.9	0	良
0.1	48	4.7	360	21.3	78.7	0	良
0.3	42	7.1	440	26.8	52.1	21.1	较差
0.5	38	7.9	450	30.3	29.5	40.2	差

另外，当环境压力增加时，焊丝、焊条的熔化速度还与气体种类和极性有关。熔化极电弧焊时，随着环境压力增加，焊丝在 Ar 气中的熔化速度减小，而在 CO_2 气体中的熔化速度增加，在混合气体中的熔化速度则介于二者之间。

水下焊条电弧焊时(湿法或干法),也与气体保护焊时类似,电弧被压缩,弧柱变细,亮度增加。而且,随水深压力增大,电弧电压增大,电弧特性也呈上升趋向。水下电弧的弧柱电流密度约为陆上相同条件下焊接的 5~10 倍。即若保持相同的电弧条件,压力每增加 0.1MPa(相当于 10m 水深)时,电流增加 10% 左右。

3. 水下焊接冶金特性

由于受到水深和相应水深压力的影响,水下焊接的冶金过程表现出与陆上焊接不同的特点。

1)水下焊接焊缝金属中氢含量比陆上焊接明显增多,而且,随着水深压力增大而增多,具体如表 10-2 所示。

表 10-2 不同焊接方法的焊缝金属扩散氢及 $\Delta t_{800\sim500℃}$ 实验值

焊接环境	焊接方法	焊接材料	扩散氢含量/(mL/100g)	$\Delta t_{800\sim500℃}$ /s
水下	局部干法钨极氩弧焊	H08A 焊丝,ϕ3.2mm	3.2	11[①]
	局部干法 CO_2 焊	H08Mn2Si 焊丝,ϕ1.0mm	3.6	4.0~5.5[②]
	湿法涂料焊条电弧焊	特-201 焊条	66.6	—
		特-202 焊条	40.0	2.5~3.5[③]
		焊-203 焊条(10-1)	19.5	
陆上	钨极氩弧焊	H08A 焊丝,ϕ3.2mm	0.2	17[④]
	CO_2 焊	H08Mn2Si 焊丝,ϕ1.0mm	3.2	9.2~10.2[⑤]
	涂料焊条电弧焊	结 422 焊条	~15.0	
		结 507 焊条	≤5.0	

①、④为焊接热输入 $Q=1.54$kJ/mm 时测定值;

②焊接热输入为 $Q=1.10$kJ/mm 时测定值;

③焊接热输入为 $Q=2.20$kJ/mm 时测定值;

⑤焊接热输入为 $Q=1.30$kJ/mm 时测定值。

出现上述现象的主要原因是压力增大,焊接冶金反应向不利于生成气态物质方向发展,不利于熔池中气体的析出,大量的氢熔解在焊缝金属中。

2)水和水压使焊接电弧气氛中氢分压增加的同时,也增加了氧分量,焊缝中含氧量也增加。在压力作用下,C 和 O 的反应受到抑制,导致合金元素烧损。研究表明,采用碱性焊条干法水下焊条电弧焊在水下 300m 完成的焊缝,焊缝中锰的质量分数 $W(Mn)$ 比陆上焊接减少 30%,$W(C)$ 增加 3 倍,氧从 300×10^{-6}(质量分数)增加到 750×10^{-6}(质量分数)。水下 76m 焊接时焊缝的 $W(Si)$ 降低 10%。

3)因水和水压的影响,使焊缝的冷却过程因不同焊接方法而出现很大差异,从而使焊缝的金相组织和力学性能也有很大不同。如湿法水下焊条电弧焊,即使焊接普通低碳钢,也往往产生马氏体组织。

10.2 湿法水下焊接

所谓湿法水下焊接是不采取排水措施,焊件在水湿状态下进行焊接的方法。

该类方法操作方便、灵活、设备简单,施工造价较低,故应用较广。但该类方法能见度差，焊缝金属中氢含量较高，焊接接头区易出现淬硬组织，导致焊缝质量及力学性能差，不易用在重要海洋结构上。

10.2.1 水下焊条电弧焊

1. 基本原理

水下焊条电弧焊是典型的湿法水下焊接，发展最早，应用较广。这种方法的基本原理是，当焊条与焊件接触时，电阻热将接触点处周围的水汽化，形成一个气相区。当焊条稍一离开焊件，电弧便在气相区里引燃，继而由电弧热将周围的水大量汽化，加上焊条药皮产生的气体在电弧周围形成一个一定大小的"气袋"，称为电弧空腔，把电弧和在焊件上形成的熔池与水隔开。由此可见，电弧在水中燃烧与在大气中燃烧大致相同，都是气体放电，只是电弧周围气体成分和压力不同而已。图10.2-1是湿法水下焊条电弧焊原理图。

电弧热使水蒸发或电离出的气体，使电弧空腔不断长大，但长到一定程度开始破裂，一部分气体以气泡形式逸出，电弧空腔变小，接着电弧热产生的气体又使空腔变大，就这样周而复始，电弧空腔处于亚稳定状态，电弧在亚稳定状态的电弧空腔中燃烧，完成焊接过程。

水下焊条电弧焊时，电弧空腔主要成分是 $62\% \sim 82\% H_2$、$11\% \sim 24\% CO$、$4\% \sim 6\% CO_2$，其余为水蒸气及金属和矿物蒸气等。测量表明，电弧空腔破裂前的排水面最大直径可达 $10 \sim 20mm$，而破裂后最小尺寸约为 $5 \sim 10mm$，随着水深增加，电弧空腔尺寸变小，电弧稳定性变差，焊接质量随之变差。

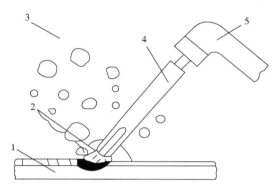

图 10.2-1　湿法水下焊条电弧焊原理图
1—工件；2—电弧气泡；
3—上浮气泡；4—焊条；5—焊钳

2. 焊接设备

水下焊条电弧焊的焊接设备比较简单，主要由焊接电源、焊接电缆、切断开关和水下焊钳等组成。水下焊接时，焊接电源放在陆上或工作船上(或平台上)，潜水焊工将焊钳带到工作地点。

1) 焊接电源　从安全角度来考虑，水下焊条电弧焊一般采用直流电源。实践证明，采用陆上用的弧焊发电机及弧焊整流器基本上满足需要。常用的有 AX-500 型弧焊发电机、ZX-400、ZX-500、ZX-630 等弧焊整流器。从节能角度考虑，尽量不用弧焊发电机。也可采用高空载电压的逆变焊接电源。

水下焊接施工环境比较恶劣，电器元件和金属构件易损坏，焊接电源在使用过程中要经常维护和保养。

2) 水下焊钳　水下焊钳与陆上焊钳基本相同，但由于水，特别是海水具有较好的导电性，故要求焊钳绝缘性更好些。图10.2-2所示为常用圆形水下焊钳结构图。图10.2-3为水下焊割两用钳。如果是单纯水下焊接作业，使用专用焊钳较方便和灵活些。

水下焊接时，尤其是在海水中焊接，焊钳易被水电解和腐蚀，使夹头部位损坏，从而导致夹紧力不足，使焊条松脱，或焊条与夹头间打弧而烧结。为延长焊钳使用寿命，要经常检查其绝缘状况，夹头夹紧力等，发现问题及时保养维修。

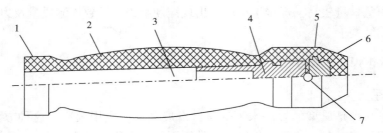

图 10.2-2 圆形水下焊钳结构图

1—尾部绝缘外壳；2—本体绝缘外壳；3—导线孔；4—铜质本体焊条夹块；
5—夹头部绝缘外壳；6—铜质头部夹头；7—焊条孔

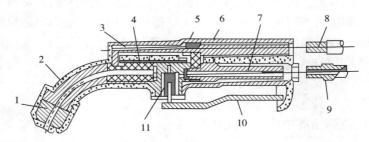

图 10.2-3 水下焊割两用焊钳结构图

1—焊钳夹头；2—气密股脘；3—导电铜排；4—绝缘接头；5—绝缘塑料外壳；6—绝缘体；
7—进气管道；8—电线；9—氧气管接头；10—阀门压柄；11—氧气阀

3）电缆和切断开关 目前，尚没有专用水下焊接电缆，用陆上焊接电缆代替。但水下焊接电缆一般都较长，为减少电压损失，导电截面要选大些。对于 ZX--400、ZX-500 型焊接电源，配用电缆截面不低于 70mm²，最好选用 95mm²。为了操作方便，靠近焊钳那段(3~5m)截面可小些。另外，电缆护套绝缘性能要好，最好选用 YHF 型氯丁护套焊接电缆，耐海水腐蚀，强度好，不易破损。

为了水下作业安全，焊接回路应装置切断开关，可用自动切断器，亦可用单刀闸开关。

3. 焊接材料

1）母材 目前，国内外用于制造水下结构的材料大多限于低碳钢和低合金高强度钢。母材焊接性的评定，还是沿用陆上的实验方法。

2）水下焊条 水下焊条结构与陆上焊条结构基本相似，都有焊芯和涂料药皮。不同之处在于水下焊条具有防水性，是通过药皮外涂防水层或在药皮中加具有防水性的酚醛树脂做粘结剂来实现。

由于水下焊接的特殊工作条件，陆上焊接用的焊条一般不适合水下焊接，很多国家都研究了水下专用焊条，而且，根据不同水深设计不同药皮成分。对于低碳钢及低合金钢焊条可分 3 个深度范围，即 0~3m，3~50m，50~100m。药皮类型基本是两类，钛钙型和铁粉钛型。钛钙型焊条的焊接工艺性好、电弧稳定、容易脱渣、成型美观。铁粉钛型焊条熔敷率高。

我国生产的水下低碳钢焊条，其化学成分及力学性能列于表 10-3。这些焊条的药皮都是钛钙型，适用于水深为 0~30m。

表 10-3　水下低碳钢焊条的化学成分及力学性能

焊条牌号	焊缝化学成分(质量分数)/%					接头力学性能	
	C	Si	Mn	S	P	抗拉强度/MPa	冷弯角/°
特 202	≤0.12	≤0.25	0.3~0.5	≤0.035	≤0.04	≥420	~90(d=3a)
特 212	≤0.12	≤0.30	0.8~1.00	≤0.04	≤0.04	≥500	~90(d=3a)
特 203(10-1)	0.070	0.126	0.383	0.015	0.022	400(断于母材)	130(d=2a)
15—1	0.050	0.109	0.399	0.015	0.023	417(断于母材)	123(d=2a)
TSH—1	<0.10	<0.20	0.35~0.65	<0.05	<0.05	≥420	

为了工程应急,陆上用的酸性焊条,如 J422,J423 等,可在药皮外涂上防水层(油漆、酚醛树脂等)后,直接用于水下焊接。当然,效果要差一些。

4. 焊接工艺

1)工作深度　我国尚未正式规定各种水下焊接方法在实际生产中的工作深度。考虑这一问题时,可参考美国 AWS. D3. 6-93 中的有关规定,即最大实际工作深度等于该水下焊接方法的实验深度再加上 10m(或比实验深度大 20%),在小于 3m 的深度进行湿法焊接时,可在等于实际工作深度或更浅的深度进行实验。

2)接头形式、焊缝类型及坡口的加工　水下焊接接头的形式及焊缝的类型大致与陆上焊接相同。坡口尺寸可根据焊接方法、板厚及结构的形状尺寸等参考陆上坡口的标准来决定。

3)焊接条件的选择　在实际操作时,焊接条件的选择原则与陆上焊时大致相同,一般情况下,应先进行试焊,以确定最佳的条件。

(1)焊条直径　焊条直径的选择一般应根据母材厚度、接头形式、焊缝位置及焊接层次等条件而定。例如,板厚小于 10mm 时,焊条直径一般不超过 4mm。

(2)焊接电流　焊接电流主要取决于焊条直径、母材厚度、焊接位置及现场条件等因素。使用同种直径的焊条时,水下焊接使用的焊接电流可比陆上焊时高 20%~30%。表 10-4 是不同焊条直径适用的电流范围。

(3)电弧电压　电弧电压主要由弧长决定。湿法焊条电弧焊时,焊条一般靠在焊件上运行,故弧长仅取决于焊条涂料层套筒的长度。实际焊接时,应尽量压低电弧。

(4)焊接速度　焊接速度对水下焊接的质量影响较大,应根据实际情况确定。在大坡口对接平焊、角焊缝平焊、船型焊时,焊接速度可慢些,一般在 10~20cm/min 左右。横焊、立焊、仰焊时,焊接速度可稍快,一般不低于 15cm/min。

(5)焊道层次　湿法焊条电弧焊时,由于运条方法的特点,焊缝宽度在很大程度上取决于焊条直径。实际焊接时,每层焊道的厚度为焊条直径的 0.8~1.2 倍较为合适。

表 10-4　不同焊条直径适用的电流范围

焊条直径/mm	3.2	4.0	5.0
适用电流/A	110~150	160~200	180~320

5. 焊接操作

水下焊条电弧焊接的基本操作也是引弧、运条和收弧操作。但由于水下可见度差,必须采取一些辅助工艺措施。具体操作方法如下:

1) 引弧　水下焊条电弧焊一般采用定位触动引弧，即引弧前焊接回路处于开路(断电状态)，焊接时，先将焊条端部放到选定的引弧点上，然后，通知水面辅助人员接通焊接回路，再用力触动焊条，或稍微抬起焊条，并碰击焊件，便可引弧。

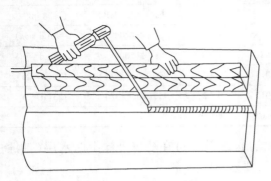

图 10.2-4　水下焊接操作示意图

2) 运条　在水下焊条电弧焊中，多采用拖拉运条法，即将焊条端部倚靠在工件上，使焊条与焊件成 60~80°角。引弧后，焊条始终不抬起来，让药皮套筒一直靠在焊件上，边往下压边往前拖着运行。在拖拉过程中，焊条可摆动，也可不摆动。为使运条均匀，可用左手扶持焊条，或用绝缘物体(木材或塑料)做靠尺，使焊条能准确地沿坡口运行，如图10.2-4所示。

3) 收弧　水下焊接收弧可采用陆上焊接收弧方法，即划圈式收弧或后移式收弧。但在水下焊接中，焊缝增高较大，如果后移收弧，会使收弧处的焊缝更高，尤其多层焊时，会给下层焊接带来困难，故一般采用划圈收弧较好。

水下焊条电弧焊时，不宜使用反复断弧法收弧。因为电弧一断，熔池很快被水淬冷，再引弧时如同在冷钢板上引弧，极易产生气孔。

6. 水下焊条电弧焊的应用

由于水下焊条电弧焊成本低、方便灵活、工期短，因而广泛地应用于船舶、海洋工程结构等应急性修理工作。这里介绍几种常用的水下焊补应用。

1) 漏洞的补焊　对于船体和闸门产生的漏洞，多采用外敷板的方法堵漏，补板的厚度根据需要而定。

焊补板时，较重要的工作是补板焊前的装配固定。一般补板要大出漏洞的边缘 20~30mm，补板和壳体间的间隙不得大于 2mm。如超过 2mm，必须在间隙内塞入薄铁板，并清除坡口附近的油污、泥沙和铁锈等。

补板的固定有以下几种方法：

(1) 直接点焊法　将补板扶持在补焊位置上，将该部位点焊上。定位焊缝长度不得小于 20mm，以防开裂滑落。然后分两侧按顺序轮换点焊，焊缝间距以 150~250mm 为宜。

(2) 螺钉加压法　在漏洞边缘适当的地方先焊两个马蹄形铁，用带有螺钉的杠杆压在补板上，具体如图 10.2-5 所示，然后点焊固定。

(3) 铆接法　在补板和壳体重叠处钻孔，用铆钉和螺栓固定住，待补板焊好后，再将铆钉或螺栓焊牢，如图 10.2-6 所示

焊接补板的搭接焊缝时，要分段对称施焊，以防焊接应力过大将焊缝拉开，焊接程

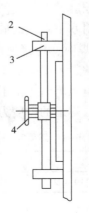
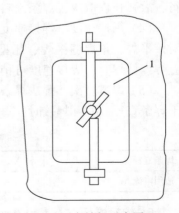

图 10.2-5　螺钉加压法固定补板示意图

1—补板；2—杠杆；

3—马蹄铁；4—压紧螺钉

序如图 10.2-7 所示。

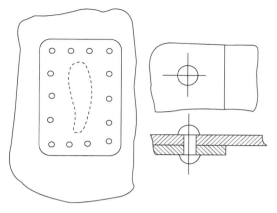
图 10.2-6 铆接法固定补板示意图

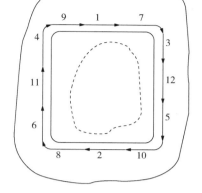
图 10.2-7 补板焊接程序示意图

2）裂纹的补焊 补焊裂纹一般分下列几个程序：

（1）止裂 补焊前先在裂纹两端钻直径 6～8mm 的止裂孔，如图 10.2-8 所示。止裂孔的位置要离裂纹可见端有一定距离，一般要求沿裂纹的延伸方向超出 10～20mm 为宜。

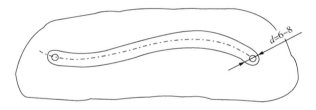
图 10.2-8 裂纹补焊示意图

（2）开坡口（清除裂纹） 用水下砂轮或风铲将裂纹清除，并修成 V 形或 U 形坡口。目前，我国还没有使用水下砂轮和水下风铲开坡口的经验。一般是用水下焊条清除，即采用较大的焊接电流、较大的焊条倾角，利用电弧吹力将熔化金属吹掉，形成 U 形坡口，具体如图 10.2-9 所示。

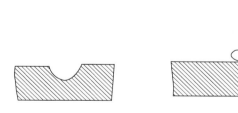
图 10.2-9 用焊条清除裂纹开 U 形坡口示意图

对于较短的裂纹，清除前也可以不钻止裂孔。但用焊条清除时，要从裂纹端部沿裂纹方向超前 20～30mm 处开始清除，以防裂纹扩展。

（3）补焊 采用分段反焊法（短裂纹除外）。多道焊时，每段焊道的接头要错开。

3）管结构焊接 水下金属结构，大部分是管结构（如钻采平台的导管架）。补焊管结构可采用两种形式：一是利用补板进行补焊，即在破损处敷一个曲率与管径相符的弧形补板，采用焊补板的方法进行补焊；二是将破损段切除，换一段新管，采用对接焊修复。

补焊管结构时，一条焊缝往往处在几种焊接位置上，潜水焊工必须掌握全方位焊接技术。下面介绍对接焊技术：

（1）水平固定管的对接　这种焊缝处于平、立、仰三种位置。焊接过程中，焊条必须不断地变换位置，而又不便于调节焊接参数，这就要求潜水焊工的操作技术必须熟练。

焊前将接缝开成 V 形坡口（薄壁管也可不开坡口）。组装时，管子轴线要对正，定位焊缝要均匀对称布置，焊缝长度不小于 20mm。

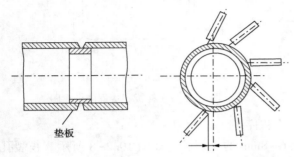

垫板

图 10.2-10　水平固定管焊接时焊条倾角示意图

焊接时，一般采用先上部后下部的施焊程序。组装时，下部装配间隙稍大一点，以补偿焊缝收缩而造成的下部间隙的减小。

一般情况下，将管口圆周沿垂线分成两部分进行焊接。起焊时，从 12 点位置超前 10～15mm 处引弧。在超过最低点（即 6 点钟位置）10～15mm 处熄弧。焊接时，焊条倾角如图 10.2-10 所示。后半周焊接时，应注意接头质量。

焊接层数视壁厚决定，每层之间各焊缝接头处均要错开。为了确保焊缝底层熔透，可在管内加环形垫板。垫板和管子焊在一起，留在管内。

（2）竖直固定管的对接　这种管结构的对接，是单一的横向环焊缝，与平板焊缝大体相同。

近年来，为了解决湿法水下焊接在重要海洋工程结构中的应用问题，按照结构适合于服役的思想，提出了焊接接头设计的概念，即只要采用恰当设计的焊接接头，虽然湿法水下焊接接头的延性较差，但并不影响水下工程结构的服役性能。按这个概念设计的焊接接头不仅可用于水下工程重要节点的修复，而且，对新结构的建造也可借鉴。

焊接接头设计可采用有限元方法，不需要昂贵的接头原形制备以及力学实验，只需按照实际结构建模，在计算机上模拟计算。接头几何尺寸、材料特性及加载条件可随意改变，并用可视化技术清晰地给出结构节点上的应力应变分布及变化规律。通过分析连接部位各区域在加载过程中应变的变化，并用临界断裂应变作为失效判据。经过多种方案进行比较，找出恰当的焊接设计以减轻焊缝的负担。例如，采用柔性连接板修理水下结构节点，如图 10.2-11 所示，使水下焊缝避开了重应力区，改善了装配及焊接条件。

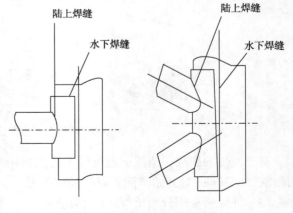

陆上焊缝　　水下焊缝　　陆上焊缝　　水下焊缝

图 10.2-11　柔性连接板示意图

10.2.2 其他湿法水下焊接

1. 药芯焊丝电弧焊

水下药芯焊丝电弧焊是将陆上药芯焊丝焊接的送丝机构和焊枪经过防水处理的一种湿法水下焊接。其原理与水下焊条电弧焊基本一样，只是用药芯焊丝替代了焊条而已。

水下用药芯焊丝多为自保护药芯焊丝。与水下焊条电弧焊相比，焊缝成形较差，气孔较多，但焊接效率较高。最近开发的不锈钢和镍基合金药芯焊丝，改善了水下湿法焊接的焊接性。由于药芯配方中不含卤族元素，有利于不锈钢焊接接头的抗腐蚀性，这种焊接方法已成功地应用于不锈钢和镍基合金结构水下焊接与堆焊。

最近，国外又开发一种双层保护的自保护药芯焊丝，其截面结构如图 10.2-12 所示。内层粉芯为造渣剂，外层粉芯为选气剂，形成渣、气联合保护，改善了电弧稳定性，促使熔滴过渡顺利。在粉芯中填加了稀土钇进一步改善了焊接工艺性，从而改善了焊接接头性能，可与焊条电弧焊比美，并满足 AWSD3.6 对 B 级焊接接头的要求。

图 10.2-12　双层药芯焊丝截面结构示意图

2. 水下等离子弧焊接

近年来，有人将陆上等离子弧焊接焊枪经过防水处置，直接在水下进行焊接，故把这种焊接方法亦归入湿法水下焊接。目前，这种焊接方法仅在"Ⅰ"形坡口对接试板试焊过，板厚4mm，水深 20cm，尚未见到实际应用的报道。

10.3　干法水下焊接

用气体将焊接部位周围的水排除，而潜水焊工处于完全干燥或半干燥的条件下进行焊接的方法称为干法水下焊接。

进行干法水下焊接时，需要设计和制造复杂的压力仓或工作室。根据压力仓或工作室内压力不同，干法水下焊接又可分为高压干法水下焊接和常压干法水下焊接。

10.3.1 高压干法水下焊接

国外自 50 年代初开始对该方法进行研究，并于 1966 年正式用于生产。实用水深已达300m，是目前水下焊接质量最好的方法之一。图 10.3-1 为一种高压干法水下焊接示意图。仓

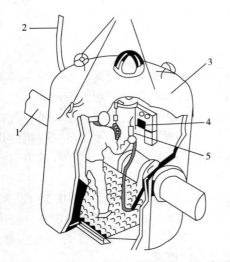

图 10.3-1　高压干法水下焊接压力仓示意图
1—工件；2—电缆；3—干室；
4—焊接设备；5—焊枪

内置有焊接设备和潜水焊工生命维持系统，被焊工件的坡口处在仓内干的条件下，潜水焊工在工作台上焊接操作。

高压干法水下焊接常采用的焊接方法是焊条电弧焊（SMAW）、惰性气体保护焊（GTAW）和药芯焊丝电弧焊（FCAW）。在高压条件下，GTAW 的电压较稳定，常用于打底焊道的焊接，其他焊接方法熔敷率较高，常用于坡口填充焊接。

1. 焊条电弧焊（SMAW）

干法水下焊条电弧焊仍使用陆上焊接的焊接设备，设备简单，方便灵活，虽然生产效率低，但生产成本也低，因此应用最广。这种焊接方法的电弧稳定性主要取决于焊条药皮。实验发现，金红石型焊条焊缝气孔较多，飞溅也较大，纤维素型焊条焊缝成形不均匀，碱性焊条较好。目前，市场销售的焊条可用于水深 90m。国外专门配制的高压干法水下焊条可用于水深 300m 以内。我国研制的高压干法水下焊条可用于水深 200m 以内。表 10-5 为我国生产的高压干法水下专用焊条熔敷金属化学成分及接头力学性能。

表 10-5　200m 水深焊条熔敷金属化学成分和力学性能

焊条牌号	环境压力/MPa	化学成分（质量分数）/%							力学性能			
		C	Si	Mn	S	P	Ni	Ti	σ_s/MPa	σ_b/MPa	δ/%	ψ/%
GST-1	0	0.04	0.38	1.37	—		0.74	0.04	446	548	20.9	78.2
	2	0.12	0.17	0.88	0.022	0.009	0.81	0.02	489	566	20.3	61.5

焊接工艺参数如表 10-6 所示。

表 10-6　GST—1 型水下焊条焊接工艺参数

焊条直径/mm	焊接电流/A	焊接电压/V	环境气体	极性
3.2	~160	~35	N_2	反

如果环境压力超过 1MPa，采用正极性焊接飞溅会小些。另外，该焊条端部钻有 $\Phi 1.8\sim 2.0mm$、深 3~5mm 的孔，孔内填有引弧剂，提高了高压环境下一次引弧的成功率。

高压干法水下焊条电弧焊操作技术与陆上焊条电弧焊操作技术相似，只是安全技术方面比陆地焊接要求严格些。

2. 惰性气体保护电弧焊（GTAW）

在高压环境下，电弧稳定性和熔池金属流动性变差，如果用焊条电弧焊焊接封底焊道，因坡口底层间隙较小，难以保证质量。一般均采用 GTAW 打底，然后再用焊条电弧焊填充坡口。

在浅水（45m 以内）条件下进行干法 GTAW，一般采用 Ar 做保护气体，采用普通焊枪即可。但在深水作业时，按潜水医学要求，压力仓内气体应由空气换成 He-O 混合气，以避免产生麻醉。如果在仓内进行 Ar 气保护 GTAW，则要控制单位时间内流入焊接压力仓内的 Ar，否则会使 Ar 分压超 0.4MPa，会产生 Ar 麻醉，影响焊工作业。为解决这一问题，人们采用 He 气作保护气体进行 GTAW。结果发现，在高压环境中，He 气保护进行 GTAW 引弧困难，电弧稳定性变差，钨极烧损严重。当压力达 2MPa 时几乎无法进行正常焊接。为了减缓焊接压力仓内 Ar 分压上升速度，最好采用双层气流保护 GTAW，内层用 Ar 气，电弧在 Ar 气介质中燃烧，焊接过程不失 Ar 弧焊特点，外层用 N 气或 He 气，以适应环境需要。我国自行开发了旋流式双层气流保护枪，如图 10.3-2 所示。这种焊枪比普通双层气流焊枪气流保持性好，保护效果好。在 2MPa 气压下，内层 Ar 气流量等于或大于 2.92m³/h、外层气（N、CO₂、He）流量等于或大于

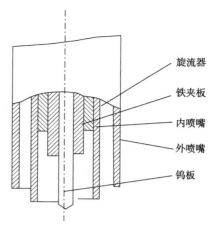

旋流器
铁夹板
内喷嘴
外喷嘴
钨板

图 10.3-2　旋流式双层气流保护
GTAW 焊枪示意图

1.8m³/h 时，就可得到良好效果。与单一 Ar 气保护相比，可减少 50% 的 Ar 气用量。也就是说，可使高压仓内 Ar 分压的上升速度降低 50% 左右。在 2MPa 压力下焊接时，钨极直径以 3mm 为宜，焊接电流 150A。

3. 熔化极气体保护电弧焊

水下熔化极气体保护电弧焊主要使用药芯焊丝。这种焊接方法熔敷效率较高，焊接操炸过程中不需要更换焊条，减少了焊接辅助时间，适于手工操作。

由于药芯中填加稳弧剂和能调整焊缝化学成分的物质，从而使焊缝成形和冶金质量得到保证，因此，可获得较高的焊接生产率和良好的焊接质量。

自保护药芯焊丝也可用于干法水下焊接，但这种焊丝在环境压力增加时，自保护效果下降，因此，用于较深水焊接时，也需用 CO₂ 或混合气体进行保护。

目前，市场上销售的药芯焊丝适用水深为 60m，深于 60m 的场合须配制专用药芯焊丝。

实芯焊丝气体保护焊实际应用不多。实验发现，在高压条件下，如果焊接设备是闭环控制的，实芯焊丝气体保护焊可适用于水深 150～400m。采用细径焊丝（φ0.9mm）并加入 He 气保护，效果好。最好采用 He/CO₂ 作保护气体。德国采用 He/O₂15%N₂ 作为保护气体，在 600m 水深成功地焊接了 445.7TM 控轧钢（相当于 API×65 管线钢）。

4. 等离子弧焊接

水下等离子弧焊接一般采用转移弧方式，气体流量常为 2～10L/min。在 5MPa 压力下的焊接实验表明，由于等离子弧的强烈压缩，阳极斑点在焊缝宽度 5%～10% 的范围内移动，而钨极惰性气体保护焊时，阳极斑点在焊缝宽度 50% 的范围内移动。当环境水压增加到 7MPa 时，电弧稳定性没有明显改变，这与其他水下电弧焊明显不同。预示等离子弧焊接可适宜更深的水下焊接。到目前为止，尚未发现有关水下等离子弧实际应用的报道。

10.3.2　常压干法水下焊接

这种方法是为了克服高压干法水下焊接时，压力对焊接过程的不利影响而发展起来的。其焊接仓制成封闭的，内部压力与陆上大气压相同，如图 10.3-3 所示。显而易见，焊接过程和焊缝质量与陆上焊接一样。

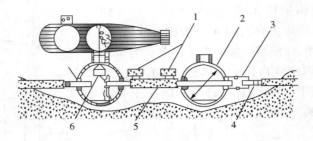

图 10.3-3　常压干法水下焊接压力仓示意图

1—浮力箱；2—气压室；3—液压千斤顶；4—闭合装配塞块；5—替换管段；6—可调节的管接头；7—活动夹钳

10.4　局部干法水下焊接

潜水焊工和工件直接处在水中，采用特殊构造的排水罩罩在待焊部位，用空气或保护气体将罩内的水排除，形成一个局部气相空间而进行焊接的方法，称局部干法水下焊接。

在焊接过程中，局部气相空间可随电弧一起移动，也可分段移动（即焊完一段后移动一次排水罩）。这样，电弧的燃烧及熔池凝固等过程都是在气相环境中进行。因此，采用这种方法可以获得接近干法的接头质量。同时由于设备较简单，成本较低，又具有湿法水下焊接的灵活性，所以近年来，这类方法越来越受到国内外的关注，已开发了多种局部干法水下焊接方法。

10.4.1　局部排水 CO_2 半自动焊（LD—CO_2 焊）

水下局部排水 CO_2 半自动焊接法，简称 LD-CO_2 焊接法，这种水下焊接方法的特点是：

1）可见度好　在焊接过程中，潜水焊工可直接从气室内看到电弧和熔池。

2）焊缝金属含氢量低　焊缝金属中扩散氢含量一般在 $2\sim4mL/100g$，与陆上低氢型焊条焊缝相近。

3）淬硬倾向小　焊接低碳钢焊接接头最高硬度不超过 300HV，16Mn、SM53B 等低合金高强钢焊接接头的最高硬度不超过 350HV。

4）焊接接头质量好　只要焊接操作不失误，就可获得无气孔、夹渣、裂纹等缺陷及成形美观的焊缝，力学性能接近母材，达到了美国 API 1104 规程的有关要求。

5）方便灵活，适应性强　焊枪结构简单，轻巧实用，可配合轻潜和重潜装具进行水下焊接施工，可全方位焊接对接、搭接焊缝。

6）焊接效率高　采用 $\phi1.0mm$ 焊丝，熔敷效率可达 $5kg/h$，可连续施焊，大幅度降低了辅助时间。

综上所述，LD-CO_2 焊接法是一种优质、高效、低成本的水下焊接方法，其配套设备 NBS-500 型水下半自动焊机已定型生产。

1. 基本原理

LD-CO_2 焊接法是一种可移动气室式局部干法水下焊接。该法的原理是，用一个特制的小型排水罩（亦称可移动气室），其上端与潜水面罩（或头盔）相连接并水密，下端带有弹性泡沫塑料垫。半自动焊枪从侧面插入罩内，焊枪的手把与罩体水密、铰接。焊接时，将排水罩压在坡口上，向罩内通入 CO_2 气体，由于气室上端被潜水面罩密封住，CO_2 气迫使罩内的水向下移动，从泡沫塑料垫与焊件的接触面处排出罩外，直至罩内全部充满 CO_2 气体，形成一个 CO_2 气室。这时引弧焊接，电弧便在 CO_2 气体介质中燃烧，从而实现了局部干法水下 LD-CO_2 焊接。LD-CO_2 焊接原理，如图 10.4-1 所示。

焊接时，半自动焊枪和送丝箱都随潜水员带进水中，其余设备都放在作业船(或工作平台)上，由水面的辅助人员操作。

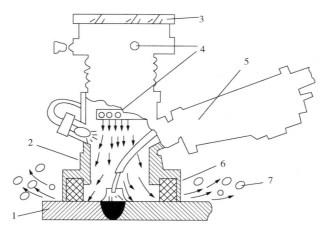

图 10.4-1 LD-CO_2 焊接原理图

1—工件；2—罩体；3—连接法兰；4—CO_2 进气孔；5—半自动焊枪；6—弹性泡沫垫；7—气泡

2. 焊接设备

LD-CO_2 焊接法配套设备是 NBS-500 型水下半自动焊机，该焊机由 ZDS-500 型晶闸管弧焊整流器、SX-Ⅲ型水下送丝箱、SQ-Ⅲ型水下半自动焊枪、供气系统和组合电缆等 5 部分组成。图 10.4-2 为该焊机组成图。

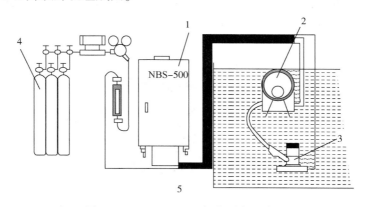

图 10.4-2 LD-CO_2 焊接设备组成图

1—焊接电源；2—水下送丝箱；3—水下半自动焊枪；4—供气系统；5—组合电缆

1) ZDS-500 晶闸管弧焊整流器 该整流器输入电压 380V，频率 50Hz，三相三线供电(无地线)，适应船上供电特点。额定电流 500A，最大电流达 600A，具有平、陡两种静外特性。除用于 LD-CO_2 焊接法外，还可用于湿法焊条电弧焊和水下电—氧切割。

2) SX-Ⅲ 型水下送丝箱 水下送丝箱由密封箱体和送丝机构组成，如图 10.4-3 所示。箱体可承受内压 0.5MPa，进出口电缆均采用可拆卸接头，装卸方便。送丝机构是两对双主动式送丝机构。可送焊丝直径 0.8~1.2mm，最大送丝速度为 600m/h，每次可装焊丝 2kg。送丝箱体积仅 21L 左右，空气中重量约 25kg，水中重量约 5kg。前后两个箱盖，类似高压锅盖，装卸方便，便于拆卸焊丝盘。

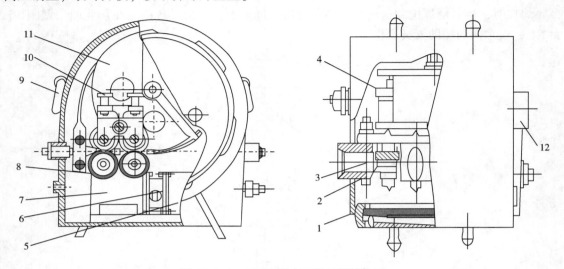

图 10.4-3　SQ-Ⅲ型水下送丝箱结构图

1—箱体；2—送丝轮；3—导位管；4—变速齿轮；5—电动机；6—联轴节；7—变速箱；
8—送丝齿轮；9—手把；10—压紧螺母；11—焊丝盘；12—电缆接头

3. SQ-Ⅲ型水下半自动焊枪

SQ-Ⅲ型水下半自动焊枪是 NBS-500 型水下半自动焊机关键组成部分，LD-CO_2焊接是通过该焊枪实现的。该焊枪结构如图 10.4-4 所示。焊枪有效排水面直径为 80~100mm，焊枪上下调节范围为 25mm，枪体最大直径为 130mm，高 280mm，在空气中重量 2.5kg。焊接厚度为 3~20mm 的钢板或钢管(直径不小于 300mm)。

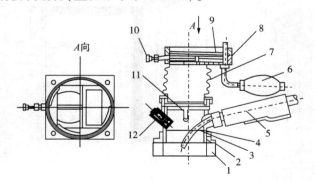

图 10.4-4　SQ-Ⅲ型水下半自动焊枪结构图

1—密封垫；2—密封垫法兰；3—锁紧螺母；4—罩体；5—手把；6—橡胶单向泵；7—波纹管；
8—连接法兰；9—护目玻璃；10—拉杆；11—进气环；12—照明灯

焊枪与送丝箱间由送丝软管连接，软管内的弹簧管用不锈钢丝制作，防止生锈。导电电缆截面不小于 50mm²。为水下操作方便，软管不宜太长。一般在 1.5~2m 为宜。

水下半自动焊用的导电嘴与陆上 CO_2 保护焊用的导电嘴不同。水下焊接用导电嘴在中段侧面钻有对称的两个孔(直径为 1~1.5mm)。这是因为水下焊接时，为防止水从导电嘴通过送丝软管进入送丝箱，要向送丝箱内充入一定压力的气体。使气体沿送丝软管流向导电嘴，阻止水进入。然而，如果导电嘴没有侧孔，这个气流就直接吹向熔池，甚至把熔池金属吹跑，造成成形不良。有了侧孔，大部分气体从侧孔逸出，从导电嘴端孔中出来的气体流量就很小，不致于影响焊缝成形。

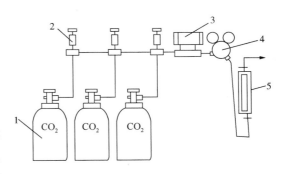

图 10.4-5　LD—CO_2 焊接供气系统组成图
1—气瓶；2—配气阀；3—加热器；
4—减压阀；5—流量计

4. 供气系统

LD—CO_2 焊接法用 CO_2 作保护气体和排水气体，用气量较大，需多瓶供气，一般至少用 3 瓶 CO_2 气瓶并联使用。工作时，打开两瓶供气，一瓶备用。加热器功率也必须大些，一般不少于 1kW。图 10.4-5 为供气系统组成图。

5. 组合电缆

LD—CO_2 焊接法用组合电缆由主回路焊接电缆、七芯控制电缆、供气气管和增强尼龙绳组合而成。用于 30m 水深焊接的电缆长度不小于 50m，导电截面不小于 70mm²。用于 60m 水深焊接的电缆，其长度不小于 90m，导电面积不小于 90mm²。气管通径不小于 10mm，耐压不小于 0.8MPa。

水下焊接设备工作环境较恶劣，为使设备能正确使用，需经常保养和维修。表 10-7 列出了设备常见故障及排除方法。

表 10-7　设备常见故障及排除方法

故障特点	产生原因	排除方法
焊丝送丝不均匀	1. 焊枪开关或控制线路接触不良 2. 送丝滚轮压力调整不当 3. 送丝滚轮磨损 4. 减速箱出故障 5. 送丝软管接头处或内层弹簧管松动或堵塞 6. 焊丝绕不好，时松时紧或有硬弯 7. 送丝软管弯曲太大	1. 检修、拧紧、用砂纸打磨触点等 2. 调整送丝滚轮压力 3. 更换送丝滚轮 4. 检修减速器 5. 清洗、修整 6. 换焊丝盘重绕，校直焊丝 7. 顺直送丝软管
焊丝停止送给	1. 送丝轮打滑 2. 焊丝与导电嘴熔合 3. 焊丝卷曲在焊丝进口管处 4. 送丝电动机不转	1. 调整压力或更换滚轮 2. 更换导电嘴 3. 将焊丝退出，剪去一段，重新引入 4. 检修电动机和控制系统
送丝电动机不转	1. 电动机炭刷磨损 2. 整流元件烧坏 3. 保险丝烧断 4. 电动机输入线折断 5. 开关失灵未接通电源	1. 更换 2. 更换 3. 更换 4. 查出，接通 5. 更换干簧触点或检修

故障特点	产生原因	排除方法
焊丝在送丝轮和软管进口间卷曲	1. 导电嘴与焊丝黏住 2. 导电嘴内径太小，软管内堵塞或软管弯曲太严重，致使送丝阻力太大 3. 软管进口管离送丝轮太远 4. 送丝轮、进口管、导位管不在一条直线上	1. 更换导电嘴 2. 更换导电嘴，清洗软管并顺直 3. 缩短两者间的距离 4. 调直
照亮灯不亮	1. 灯丝烧断 2. 灯线折断 3. 灯罩内进海水连电	1. 更换 2. 检修 3. 排除海水，清洗，检修，密封
焊接过程中，发生熄弧现象和焊接参数不稳	1. 焊丝和导电嘴熔合黏连 2. 送丝阻力太大 3. 导电嘴磨损，内孔太大 4. 焊接参数不合适 5. 送丝轮磨损，送丝不稳 6. 电感值选择不当. 7. 主回路少相或晶闸管触发线路有故障	1. 换导电嘴 2. 检修送丝系统 3. 换导电嘴 4. 调焊接参数 5. 换送丝轮 6. 调整电感值 7. 检修主回路控制系统
送丝电动机转速突然增高及发热	1. 励磁线圈与外壳短路 2. 晶闸管击穿	1. 检修短路处使之绝缘 2. 更换元件
焊接电压降低	1. 网路电源电压降低 2. 三相电源单相断路 (1) 单相保险丝烧断 (2) 晶闸管击穿 3. 三相变压器单相断线或短路 4. 接触器单相失灵	1. 调大一挡 2. (1) 更换 (2) 更换 3. 找出损坏线包，更换 4. 检修触点
焊接电流降低	1. 电缆接头松动 2. 地线接触不良 3. 软管与导电杆、送丝箱接头接触不良 4. 导电嘴内孔太大，接触不好 5. 焊丝伸出长度太长 6. 送丝速度降低 7. 因送丝箱进水、入水电缆、水下半自动焊枪漏电，产生分流	1. 拧紧接头，接通断线 2. 检修或更换 3. 检修 4. 更换 5. 检修或更换 6. 检修或更换元件 7. 检修接通、更换元件
电压失调	1. 焊接线路接触不良或断线 2. 三相断线或开关损坏 3. 变压器抽头接触不良 4. 大功率管击穿 5. 变压器烧损 6. 移向触发电路故障 7. 控制线路接触不良或断线	1. 拧紧接头，接通断线 2. 检修或更换 3. 检修 4. 更换 5. 检修或更换 6. 检修或更换元件 7. 检修接通，更换元件

故障特点	产生原因	排除方法
电流失调	1. 焊接主回路故障 2. 送丝电动机及其线路故障 3. 可控硅线路故障 4. 变压器断线或接触不良	1. 用万用表逐级检查 2. 用万用表逐级检查 3. 用万用表逐级检查 4. 检修
排水效果不良	1. 气量不足 1）气路漏气 2）减压器冻结，流量减小 3）加热器不热，减压器冻结 4）气瓶压力不足 2. 焊枪排水罩漏气 3. 焊枪头密封垫烧损	1. 加大气量 （1）检修气路 （2）加大加热器功率 （3）检修加热器 （4）开大气阀或换气瓶 2. 检查漏气部位、修补 3. 换修焊枪头
可见度变坏	1. 焊接区进水，雾气上窜 2. 气量不足，焊接烟雾排不出 3. 进气环出气孔堵塞，封锁不住烟雾 4. 电焊玻璃粘污 5. 白玻璃烧污	1. 查出漏水原因，彻底排水 2. 增加气量 3. 清理进气环 4. 清理、洗净 5. 更换

6. 焊接材料

1）母材　LD-CO₂焊接法适于焊接低碳钢和抗拉强度为 $500N/mm^2$ 的低合金钢。

2）焊接材料　LD-CO₂焊接使用 CO_2 作排水气体和保护气体，其成分应满足下列要求：

$$\phi(CO_2)\geq99\%，\phi(O_2)\leq0.1\%，H_2O<1\sim2g/m^3$$

LD-CO₂焊接使用 H08Mn2SiA 表面镀铜焊丝，其规格为 $\phi0.8\sim1.2mm$，化学成分应符合标准规定。

7. 焊接工艺参数

1）焊丝直径　一般选用直径 1mm 的焊丝，采用短路过渡的工艺参数进行焊接。板厚大于 6mm 且工件水平放置时，可选用直径为 1.2mm 的焊丝，采用短路和滴状混合过渡的工艺参数进行焊接。

2）焊接电流及电弧电压　焊接过程中，要求电弧电压与焊接电流有良好的配合。使用直径为 1mm 的焊丝时，焊接电流的常用范围为 90～180A，此时，电弧电压可在 19～23V 之间调节。焊丝直径为 1.2mm 时，上述参数范围分别为 110～200A 和 20～24V。

电弧电压的选择，除考虑焊接电流、焊丝直径外，还应考虑到水深压力的影响。

3）焊接速度　一般可在 100～300mm/min 之间选用。

4）焊丝伸出长度　经验表明，焊丝伸出长度为焊丝直径的 10 倍左右较合适。封底焊道焊接时，焊丝伸出长度宜大些，以后的填充焊道，则可以适当缩短。

5）电感值　电感值可根据飞溅颗粒的大小、焊接电缆的长度及电缆盘绕的情况加以调整。

6）气体流量　主要根据工件的水深压力及实际的排水效果加以确定、调整。可参考表10-8 所列的经验值。表中 Δ 为坡口间隙，S 为气体逸出截面积。

表 10-8　LD-CO_2焊接法 CO_2气体流量经验值

焊接位置	接头形式	Δ=0~2min S=80~250mm²		Δ=2~3mm S=250~450mm²		Δ=3~4min S=450~520mm²		Δ=4~5min S=500~600mm²	
		流量/m³·h⁻¹	流量计指示值/%[①]	流量/m³·h⁻¹	流量计指示值/%	流量/m³·h⁻¹	流量计指示值/%	流量/m³·h⁻¹	流量计指示值/%
平焊	对接	1.5~2.5	30~40	2.0~3.0	35~50	2.5~4.5	45~65	3.5~5.0	60~80
	搭接	1.5~3.0	35~50	2.5~4.0	10~65	3.5~5.0	60~80	—	—
立焊	对接	2.0~3.5	35~60	3.0~4.5	50~70	4.0~6.0	65~100	—	—
	搭接	2.0~3.5	35~60	3.0~4.5	50~70	4.0~6.0	65~100	—	—
横焊	对接	2.0~3.5	35~60	3.0~4.5	50~70	4.0~6.0	65~100	—	—
	搭接	2.0~3.5	35~60	3.0~4.5	50~70	4.0~6.0	65~100	—	—
仰焊	对接	4.0~6.0	60~100	—	—	—	—	—	—
	搭接	4.0~6.0	60~100	—	—	—	—	—	—

①LZB-15 型气体流量计，最大流量为 6m³/h 时标记为 100%

8. 操作技术

由于水下环境和 SQ-Ⅲ型焊枪的特殊性，LD-CO_2焊接操作有其特殊性，这里仅介绍几项基本操作技术。

1）排除枪体内的水　首先将焊枪与潜水性头盔连接起来，将枪体上口封住。然后，将密封垫贴在被焊工件的坡口处，打开气阀将枪体内和坡口内的水排除，调节气体流量，直至坡口底层间隙处没有水晃动为止。

2）调节焊丝伸出长度　旋转密封垫法兰，则枪体便上下移动，导电嘴亦随着上下移动。调好导电嘴端部到坡口底部的距离，以获得合适的焊丝伸出长度。

3）引弧　将导电嘴指向引弧位置，拉出护目玻璃，按下手把上的开关即可引弧。

4）焊接　该方法在水下进行焊接时，焊枪密封垫必须贴在焊件上，引弧后往前移时，必须克服密封垫与焊件间的摩擦力。为了平稳移动，右手握住焊枪手把，左手扶住密封垫法兰，左右摆动焊枪并往前拖动，同时左手给焊枪一定推力，则焊枪就可平稳地往前移动，焊接过程亦可稳定进行。

5）熄弧　熄弧时应注意火口的缓冷。断弧后不要将焊枪从工件上移开，而要继续保持火口区无水，直至焊缝和火口全部由红变黑后，再将焊枪移开。避免焊缝被淬硬。

为确保水下焊接的质量，在水下焊接施工前应遵守交通运输部行业标准《水下局部排水二氧化碳保护半自动焊作业规程》(JT/T 371—1997)的规定对潜水焊工进行培训和技术考核。

9. 应用

LD-CO_2焊接法自开发成功以来，已在生产中应用，被焊结构至今仍安全服役。

1）焊接平台水下桩　水下桩是增加平台承载能力和稳定性的辅助桩。渤海 12 号钻井平台有 6 根水下桩，其结构和所处位置如图 10.4-6 所示。欲焊焊缝是连接钢桩和导管的弧形板两端的两条环缝，上环缝基本属于搭接焊，下环缝基本属于对接焊缝。为确保焊缝质量，下环缝在施焊前事先在弧形板上焊有厚 4mm 的垫板，其坡口形式如图 10.4-7 所示。

为使潜水焊工在水下能稳定地操作，应依据被焊结构特点制作水下工作台。焊水下桩用的工作台为由两个半圆筒组成的圆筒形工作台，又起挡水流作用，故又称挡流筒。图 10.4-8 为潜水焊工站在挡流筒内进行焊接操作示意图。

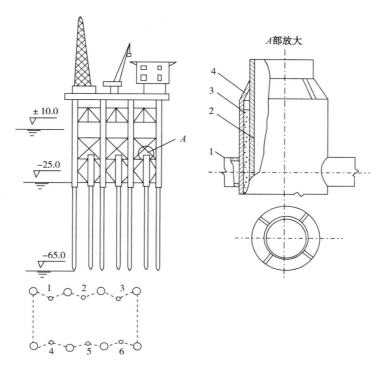

图 10.4-6　水下桩结构及所处位置示意图

1—筋板(厚 10mm，A3)；2—钢桩(厚 18mm，SM5OC)；
3—导管(厚 14mm，SM41C)；4—弧形板(厚 14mm，SM53B)

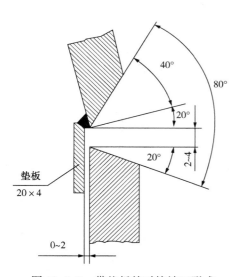

图 10.4-7　带垫板的对接坡口形式

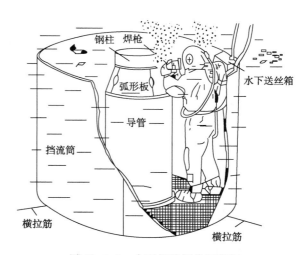

图 10.4-8　水下焊接操作示意图

　　焊接施工是在水深 13.5m，水温 8~10℃，最大风力为 6 级，最大海水流速为 2m/s 的条件下进行的。潜水焊工着重潜装具进行焊接，焊接参数为：焊丝直径 1mm(H08Mn2SiA)；电弧电压 29~30V(焊接电缆长 2×60m 时，电源指示值)；焊接电流：第一道为 100~120A，其余各道为 130~180A；CO_2 气体流量 5~7m³/h。

2）装焊牺牲阳极　牺牲阳极是通过本身的腐蚀来保护浸在海水中的钢结构，免受或少受海水电化学腐蚀的消耗材料。极块用 Al、Zn 等合金铸成，极脚是一般碳钢，以便与水下钢结构焊接。如果水下结构材质为低碳钢，则可用湿法水下焊接装焊，如图 10.4-9 所示。如果水下结构为高强钢或低碳钢重要结构，须采用 LD-CO_2 法装焊。此时，须在极脚上先焊一块长度为 120~150mm，规格尺寸大于 60mm×60mm 的角钢，如图 10.4-9 所示。然后，再在水下将角钢与构件焊接起来。

3）焊补采油平台沉箱破洞　渤海 6 号采油平台在北海湾作业时，右桩腿沉箱上甲板被脱落的潜水泵冲破一个 "8" 字形破洞，并冲断一根筋骨。甲板厚度为 10mm 左右，材质为低碳船用钢。所处水深为 45m，因业主要求此次焊修为永久性的，故采用 LD-CO_2 焊接方法焊修。

首先，采用电一氧切割法将破洞周边连同变形处切割掉，被切面积约 2×1.8m²。先用 120mm×120mm×10mm 的角钢把被冲断的筋骨修复，再制作一块 2×1.8m² 的补板，用水下液动砂轮将甲板破洞切口打平，基本形成 30° 的坡口，再在背面分段衬上 40mm×5mm 的低碳钢衬板，然后将补板与破洞装配上。因是用砂轮打磨出的坡口，其尺寸不太均匀，间隙一般为 0~6mm，坡口角度约为 50°~90°，采用分段对称焊工艺，如图 10.4-10 所示。焊丝为 ϕ1.0mm 的 H08Mn2SiA，焊接电流 120~150A，焊接电压 30~32V，焊接速度 120~200mm/min，气体流量约 5m³/h。一般情况下，需 4 道填满坡口，坡口较宽时，需 5~6 道。焊后经水下录相和超声波探伤，没有发现超限缺陷。

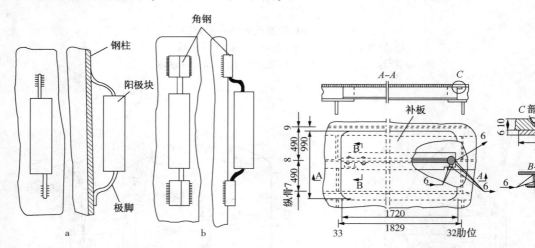

图 10.4-9　牺牲阳极结构示意图　　　　　图 10.4-10　平台破洞焊补示意图

10.4.2　其他局部干法水下焊接

1）大型排水罩局部干法水下焊接　这种方法使用的排水罩，如图 10.4-11 所示。焊接时，将排水罩立靠于工件表面，从顶部通入气体，把水从底部压出，形成一个局部干燥的环境。排水罩内的无水空间较大，潜水焊工的头部、肩部和双手都可以伸进罩内进行操作。

用这种排水罩可实现焊条电弧焊、气体保护电弧焊等基本的焊接方法。另外，还可在水下对焊缝作局部热处理。由于干燥空间较大，故可以获得质量较好的焊缝。但排水罩的移动灵活性稍差。该法目前实用的深度可达 40m。

2）小型排水罩局部干法水下焊接　这种方法一般将小型排水罩直接装在气体保护焊焊枪的端部，保护气体亦起排水作用，在罩内形成一个稳定的局部空间。焊接时，局部空间随焊枪一起移动,对电弧进行有效的保护。

这种方法除可进行半自动气体保护焊外,还易于向自动焊方向发展。现在,已成功研制了多种不同的排水罩,如钢丝刷式、水帘式、旋罩式小型气罩和同轴式小型气罩等。但目前只有钢丝刷式排水罩在生产上使用。

钢丝刷式局部干法水下焊的原理图,如图 10.4-12 所示。

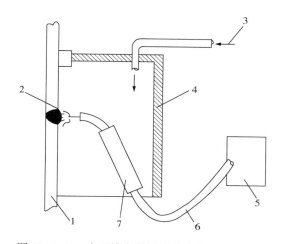

图 10.4-11　大型排水罩局部干法水下焊示意图
1—工件;2—电弧;3—保护气;
4—排水罩;5—送丝装置;6—软管;7—焊枪

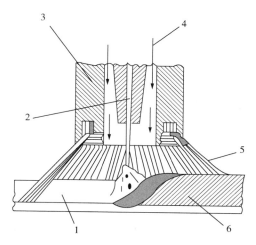

图 10.4-12　钢丝刷式局部干法水下焊原理图
1—工件;2—焊丝;3—喷嘴;
4—保护气体;5—钢丝刷;6—焊缝

焊接时,保护气体通过钢丝间隙以小气泡形式排出,并将罩内的水排出,而形成一个局部空间。由于弧光被减弱,故能直接通过钢丝间隙观察熔池。该法可采用各种气体保护焊方法进行对接和角接,曾在数米水深处进行过平台水下的修补。

10.5　水下焊接焊缝的缺陷及防止

10.5.1　水下焊接焊缝性能指标

在交通运输部标准《水下局部排水二氧化碳保护半自动焊作业规范》(JT/T 371—1997)中,对 LD-CO_2 焊接的焊缝外观、射线探伤及弯曲性能作了规定,其他力学性能根据设计单位或建设单位要求临时确定。

表 10-9 列出了目前国外几个常用规程对焊缝性能的要求。

表 10-9　有关规程对焊缝性能的要求[④]

规程 / 内容	Lloyds[①]	API[②] 1104	ASME[③] IX
无损探伤	要求由检验员来判断是否合格	1. 不允许有裂纹 2. 不允许有未焊透 3. 对气孔及夹渣的尺寸及密度作了规定和限制	1. 不允许有裂纹 2. 不允许未焊透 3. 对气孔、夹渣的尺寸及密度作了规定和限制

规程 内容		Lloyds[1]	API[2]1104	ASME[3]IX
断面宏观粗晶检查		没作要求	没作要求	1. 底层熔透 2. 焊缝及热影响区中没有裂纹 3. 对焊缝成形也作了规定
焊缝性能	拉伸	大于母材	必须断于母材(远离焊缝)	大于母材
	冷弯	120°，d=3a，正、反弯	180°，d=7a，正、反、侧弯	180°，d=4a，正、反、侧弯
	冲击 (却贝试样)	~48J，20℃，1级[4] ~48J，0℃，2级 ~48J，20℃，3级	没作要求	没作要求
	断口检查	没作要求	1. 检查焊透情况 2. 允许的气孔、夹渣水平	没作要求

①(英)劳埃德(船级)协会。
②美国石油学会。
③美国机械工程师学会。
④按优劣次序为3级、2级、1级，对水下焊缝进行性能及质量评定时，可参考上述标准。

10.5.2　水下焊接缺陷及防止

水下焊接环境恶劣，给焊接操作带来很大困难，尤其是湿法水下焊接和局部干法水下焊接，人的稳定性较差，行动也不方便，比在陆上焊接更容易产生缺陷。常见的焊接缺陷有以下几种。

1. 未熔合(亦称冷搭)

1) 形态及危害：焊缝金属与母材在坡口的一侧或两侧未熔合，像铸造钢水一样流入坡口中，按坡口形状凝固，而母材没被熔化，如同铸锭一样躺在坡口中，起不到连接作用，如图10.5-1所示。

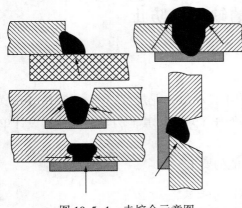

2) 产生原因：
(1) 引弧位置不合理。
(2) 焊接速度过慢。
(3) 电弧偏吹。
3) 防止措施：
(1) 正确引弧。
(2) 焊接速度适当。
(3) 注意摆动。

图10.5-1　未熔合示意图

2. 未焊透

1) 形态及危害：未焊透主要是底层未焊透，如图10.5-2所示。

这种缺陷降低了接头力学性能，同时，由于未焊透处的缺口及端部是应力集中处，承载后，未焊透处可能引起破裂。

这种缺陷的危害性比未熔合更大，因为坡口两侧未熔合，可以通过表面检查发现，及时返修。而未焊透这种缺陷是在底层，用肉眼从表面发现不了，所以其隐患性极大。

2）产生原因：

（1）坡口装配间隙小，钝边大，错边太大。

（2）焊接参数选择不当，如电弧电压太低、焊接电流太小、送丝速度不均匀、焊接速度太快等。

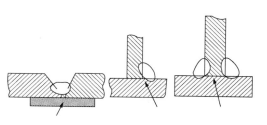

图 10.5-2　未焊透形态示意图

（3）操作技术不熟练。如摆动不均匀、焊枪角度不对、前道焊道有成形不良及咬边等缺陷。

3）防止措施：

（1）确保预制质量及装配精度。

（2）正确选择焊接参数。

（3）提高操作技术。

（4）将坡口表面及坡口两侧 30～50mm 内的铁锈、海生物清除掉。

3. 气孔

在 LD-CO_2 半自动焊中，堆焊焊道金属和后焊的几层焊道中没发现气孔，但在封底焊道焊接时，比陆地上焊接时更容易产生气孔。主要是在焊接这一焊道时，背面有水，致使金属熔池中溶解较多的氢，熔池冷却时，氢又来不及从焊缝金属中逸出而造成的。

1）形态及危害：焊缝中的气孔主要有如下几种形状：

（1）虫形内部气孔，见图 10.5-3a），多从焊缝底层向焊缝中心生长。

（2）螺钉形气孔，见图 10.5-3b），粗而短，一般不露出表面。

（3）蜂窝状气孔，见图 10.5-3c），多出现在引弧和弧坑处（火口）。

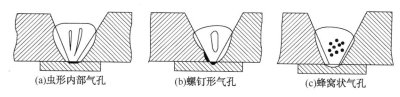

(a)虫形内部气孔　　(b)螺钉形气孔　　(c)蜂窝状气孔

图 10.5-3　气孔形态示意图

焊缝中有气孔，将降低接头的致密性和塑性，并减少焊缝有效截面积而使接头的强度降低，尤其是这种由底层向焊缝中心生长的虫形气孔，比陆地上焊接中常出现的圆形气孔危害性更大。一般来说，具有较多气孔的接头，冷弯试验难以合格。

2）产生原因：

（1）气体流量不足，排水不彻底。

（2）CO_2 气体不纯，含水量太大；送丝箱或送丝软管内进水，随气体将水带入焊接区。

（3）坡口表面有铁锈、油污等杂物，或头道焊缝成形不好，在凹坑中有积水。

（4）焊接工艺参数选择不当，操作不正确，如焊丝伸出长度过长、焊接电流过小、电弧电压过高、焊接速度过快和收弧过早等。

3）防止措施：

（1）注意焊前一定要把水彻底排除，特别是焊接底层焊道时，不仅要排除正面的水，而且也要将背面的水排除，即在背面也要形成一个气相区。

（2）注意 CO_2 气体预热，使送进焊枪中的气体具有一定的温度。

（3）注意清理坡口杂物。

（4）选择适当的焊接工艺参数。

（5）注意清洗和保管焊丝，不得有油污和铁锈等。

4. 裂纹

目前在 LD-CO_2 焊中，在试板、模拟件及产品焊接中，尚未发现裂纹。但这不等于说这种水下焊接法不产生裂纹，尤其是在水下焊接，环境恶劣，冷却速度快，容易产生焊接裂纹。

1）产生原因：

（1）用作焊件的钢材碳当量高，淬硬性强。

（2）结构设计不合理，易造成应力集中。

（3）焊接程序不当，限制了焊件自由膨胀和收缩，因而产生较大的焊接应力。

（4）装配质量不好，错边大、间隙小等。

（5）焊缝中具有尖角的缺陷（虫状气孔、夹渣、咬边、未焊透等）

2）防止措施：

（1）应合理设计焊件。

（2）确定合理的施焊程序，尽量避免焊缝集中。

（3）定位焊时，焊点要有一定的长度，使它不致被拉裂。

（4）熄弧要缓慢，填满熔池，并等到熔池冷下来后再抬起焊枪，以降低淬硬程度。

（5）提高操作技术。

5. 咬边

1）形态和危害　焊缝交接处曾被电弧熔化的母材、但又没被熔化金属填满而形成凹坑或沟槽叫咬边（咬肉）。

咬边能减少接头的有效面积，从而降低了接头强度，并造成应力集中，容易诱导裂纹的产生。

2）产生原因：

（1）工艺参数选择不当，如电弧电压过高、焊接电流过大、焊接速度不均匀等。

（2）操作技术不熟练等，如电弧拉得过长、焊丝摆动不正确、边缘停留时间太短或未摆到所需的位置等。

（3）焊枪角度不合适。

3）防止措施：

（1）焊接参数选择要合理。

（2）根据不同的焊接位置，选用合适的焊枪角度，操作平稳，确保焊丝伸出长度稳定。

（3）焊条、焊丝摆动均匀，位置适当，根据不同位置和焊道层次，选用不同的摆动速度和摆动形式。

6. 夹渣

1）形态与危害　夹渣的形状是多种多样的，这里主要指宏观夹渣，一般说与气孔相似，为球状或长条状。夹渣对焊缝的危害和气孔相似，但尖角引起的应力集中比气孔更严重。

2）产生原因：

（1）坡口清理不净，层间熔渣积留过多。

（2）焊接参数太小，熔池金属流动性差且凝固快，阻碍熔渣上浮。

（3）焊缝成形不良，尖角处藏渣太深。

（4）操作技术不熟练，焊丝摆动不均匀。

3）防止措施：

（1）注意清理坡口，将凸凹不平处铲平。

（2）选择合适的焊接电流和焊接速度。

（3）注意摆动及清渣，防止熔渣流到熔池前面。

7. 成形不良及焊瘤

1）形态及危害：焊缝凸凹不平、宽窄不均或高而窄，均称为成形不良。焊瘤是在横、立、仰三种位置焊接时，熔化金属下流而形成的瘤状金属。

焊瘤和焊缝成形不良，不仅影响焊缝的美观，且易造成应力集中，导致裂纹产生。如果焊瘤和焊缝成形不良产生在底层焊道中，则会给以后焊道产生缺陷创造条件，易产生未熔合、夹渣等缺陷。此外，如在凹陷处积水，则很难排除，焊接时易产生熔池爆炸。这种现象对焊接过程很不利，严重的熔池爆炸，会使护目玻璃破裂，致使焊接中断。

2）产生原因：

（1）焊接工艺参数选择不当，如焊接电弧电压过低、焊接电流过小、焊接速度过快或过慢等。

（2）操作技术不良。

3）防止措施：

（1）注意焊接参数的选择。

（2）提高操作技术水平。

（3）对出现的凸起处和焊瘤，应铲平后再焊下一道。

第 11 章　焊接机器人

焊接机器人是应用最广泛的一类工业机器人，在各国机器人应用比例中大约占总数的 50%。

采用机器人焊接是焊接自动化的革命性进步，它突破了传统的焊接刚性自动化方式，开拓了一种柔性自动化新方式。刚性自动化焊接设备一般都是专用的，通常用于中、大批量焊接产品的自动化生产，因而在中、小批量产品焊接生产中，焊条电弧焊仍是主要焊接方式，

焊接机器人使小批量产品的自动化焊接生产成为可能。就目前的示教再现型焊接机器人而言

，焊接机器人完成一项焊接任务，只需人给它做一次示教，它即可精确地再现示教的每一步操作，如要机器人去做另一项工作，无须改变任何硬件，只要对它再做一次示教即可。因此，在一条焊接机器人生产线上，可同时自动生产若干种焊件．

11.1　焊接机器人原理

11.1.1　焊接机器人组成

机器人是指可以反复编程的多功能操作机，图 11.1-1 为通用弧焊机器人的一般组成，由操作机、控制系统和焊机 3 部分组成。

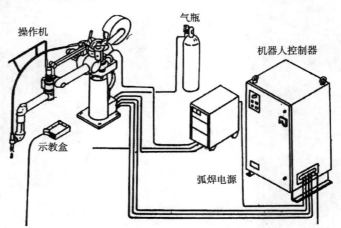

图 11.1-1　通用弧焊机器人的一般组成

1）焊接机器人组成

通用焊接机人的操作机是有 4~6 个运动自由度，能装上点焊钳、电弧焊焊炬、激光焊炬、割枪或喷涂枪，完成各种点焊、任意轨迹缝焊或切割、喷涂的运动机构。焊钳、焊炬、

割枪或喷涂枪的运动是几个自由度不同组合运动的结果。单个运动自由度的动作形式只有3种，即伸缩(直线运动)、轴的指向不变的回转和轴的指向变化的旋转，如图 11.1-2 所示。

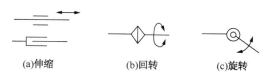

图 11.1-2　机器人操作机的基本动作形式

机器人的运动机构按其运动功能分为手、臂、机身、行走机构4部分。手部由指、腕组成，用来夹持焊炬、焊钳或割枪，并可在较小范围内调整其位置。臂可在较大范围内调整空间坐标位置。机身是支承手、臂和行走机构的部件。行走机构则用以调整整个机器人的空间位置。实际上它们都是行程大小不同的直线、回转或旋转运动机构的某种组合。图 11.1-3 所示为固定式(即不带行走机构的机器人操作机)常用动作系统组合形式及动作范围。图 a 为回转-旋转一伸缩极坐标式，图 b 为回转一伸缩一伸缩圆柱坐标式，图 c 为回转-旋转-旋转关节式，图 d 为伸缩一伸缩一伸缩直角坐标式。图 11.1-4 为不同型式操作机的外形。

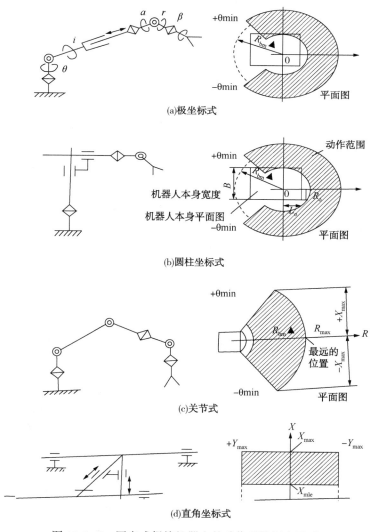

图 11.1-3　固定式焊接机器人的动作系统组合形式

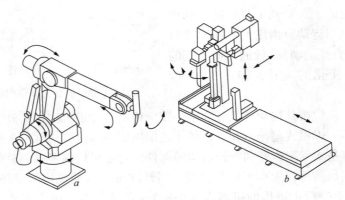

图 11.1-4　机器人操作机的外形

行走式机器人操作机的行走机构有车轮式、履带式和步行式等。步行式行走机构性能优良，但结构复杂，目前尚未见在焊接机器人中应用。

运动机构驱动方式有电动、电液压两种，后者具有更佳的静态和动态性能，但构造复杂，造价较高。目前应用以电动为主，且多采用交流伺服电机。

2）焊接机器人控制系统

（1）硬件构造。焊接机器人大多采用二级计算机控制。第一级担负系统监控、作业管理和实时修正等任务，由于运算工作量大、数据多，大多采用 16 位以上微计算机。第一级运算结果作为伺服信号控制第二级，即各个自由度的运动机构及焊机的相关参数。第二级可以采用另一台微计算机，通过高速脉冲发生器控制各个运动机构，也可以采用若干个单片机分别控制各运动机构。

（2）示教—再现控制

目前，推广应用的工业机器人大多具有示教-再现控制功能而称示教—再现型机器人。这一控制功能为示教、存储、再现三项内容。示教是使机器人记忆规定的动作，也称路径规划，在必要期限里保存示教信息称存储，读出所存储的信息并向执行机构发出具体的指令称再现。

示教方式主要有以下两种：

① 人工引导示教　由有经验的工人直接移动安装在机器人操作机上的焊炬等，计算机将据此记忆各自由度的运动过程，即自动采集示教参数。对直线只采集两点，圆弧要采集 3 点，然后根据这些参数进行插补计算。再现时，按插补计算出的每一步位置信息控制执行机构。对不规则运动路径，则要采集大量数据以备使用。这种方式的优点是控制系统较简单，在机器人发展早期用得较多；缺点是精度不高，运动速度受限制。

② 示教盒示教　示教盒是一个带有微处理器、可随意移动的小键盘，内部 ROM 中固化有键盘扫描和分析程序，用有线或无线方式可把示教信息传送给主控制计算机。示教盒上除配有数字键，插入、删除等编辑键，单步、启动、停止等命令键，屏幕转换、紧急停车等功能键外，还设有直接操纵各运动自由度运动的功能键，可以很方便地通过这些按键进行路径规划和设定各种焊接参数。

（3）智能控制　智能控制具有完备的视觉、听觉、触觉等传感功能，能够直接识别语言、图像及键盘指令，并考虑各种传感系统给出的有关对象及环境的信息，以及信息库的规则、数据、经验等资料，作出规划并指挥机器人操作。智能控制机器人是机器人的高级形式，目前尚处于开发研究阶段。

3）焊接机器人系统

机器人要完成焊接作业，必须依赖于控制系统与辅助设备的支持和配合。完整的焊接机器人系统分为驱动系统、机械结构系统、感受系统、机器人—环境交互系统、人—机交互系统和控制系统。具体到实例则有以下几部分组成：机器人操作机、变位机、控制器、焊接系统（专用焊接电源、焊枪或焊钳等）、焊接传感器、中央控制计算机和相应的安全设备等（见图 11.1-5）。

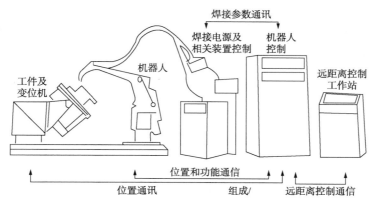

图 11.1-5 焊接机器人系统

机器人操作机是焊接机器人系统的执行机构，它由驱动器、传动机构、机器人臂、关节以及内部传感器（编码盘）等组成。它的任务是精确地保证末端操作器所要求的位置、姿态和实现其运动。

变位机作为机器人焊接生产线及焊接柔性加工单元的重要组成部分，其作用是将被焊工件旋转平移达到最佳的焊接位置。

机器人控制器是整个机器人系统的神经中枢，它由计算机硬件、软件和一些专用电路构成，其软件包括控制器系统软件、机器人专用语言、机器人运动学及动力学软件、机器人控制软件、机器人自诊断及自保护软件等。控制器负责处理焊接机器人工作过程中的全部信息和控制其全部动作。典型的焊接机器人控制系统如图 11.1-6 所示。

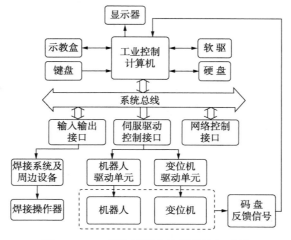

图 11.1-6 焊接机器人控制系统组成图

焊接系统是焊接机器人完成作业的核心设备，主要由焊钳（点焊机器人）、焊枪（弧焊机器人）、焊接控制器和水、电、气等辅助部分组成。

在焊接过程中，尽管机器人操作机、变位机、装卡设备和工具能达到很高的精度，但由于存在被焊工件几何尺寸和位置误差，以及焊接过程中热输入能引起工件的变形，传感器仍是焊接过程中（尤其是焊接大厚工件时）不可缺少的设备。传感器的任务是实现工件坡口的定位、跟踪以及焊缝熔透信息的获取。

安全设备是焊接机器人系统安全运行的重要保障，主要包括驱动系统过热自断电保护、动作超限位自断电保护、超速自断电保护、机器人系统工作空间干涉自断电保护和人工急停断电保护等，他们起到防止机器人伤人或损坏周边设备的作用。

11.1.2 焊接机器人的分类与特点

1. 焊接机器人的分类

焊接机器人是一个机电一体化的设备，可以按用途、结构、受控运动的方式和驱动方法等进行分类。

按用途来分，焊接机器人可分为以下两类：

1）弧焊机器人

弧焊机器人是包括各种电弧焊附属装置在内的焊接系统，而不只是一台以规划的速度和姿态携带焊枪移动的单机，因而对其性能有着特殊的要求。在弧焊作业中，焊枪应跟踪工件的焊道运动，并不断填充金属形成焊缝，因而运动过程中速度稳定性和轨迹精度是两项重要的指标。一般情况下，焊接速度取 5~50mm/s，轨迹精度为 ±(0.2~0.5)mm。由于焊枪的姿态对焊缝质量也有一定影响，因此，希望在跟踪焊道的同时，焊枪姿态的可调范围尽量大。其他一些基本性能要求如下：

（1）设定焊接条件（电流、电压、速度等）。

（2）摆动功能。

（3）坡口填充功能。

（4）焊接异常检测功能。

（5）焊接传感器（起始焊点检测、焊道跟踪）的接口功能。

对于不同的焊接工件、工艺和质量要求，弧焊机器人在焊接过程中的控制比较复杂，因此，也是智能化技术应用的主要对象。

2）点焊机器人

汽车工业是点焊机器人应用的典型领域，在装配每台汽车车体时，大约60%的焊点是由机器人完成。最初，点焊机器人只用于增强焊作业，后来为了保证拼接精度，机器人还完成定位焊作业。这样，点焊机器人逐渐被要求有更全的作业性能，具体来说有：

（1）安装面积小，工作空间大。

（2）快速完成小节距的多点定位（例如，每0.3~0.4s移动30~50mm节距后定位）。

（3）定位精度高（±0.25mm），以确保焊接质量。

（4）持重大（500~1000N），以便携带内装变压器的焊钳。

（5）内存容量大，示教简单，节省工时。

（6）点焊速度与生产线速度相匹配，安全可靠性好。

2. 焊接机器人特点

一般认为，采用机器人焊接的主要优点如下：

1）稳定和提高焊接质量，保证其均一性。

2）提高劳动生产率，一天可 24h 连续生产。

3）改善工人劳动条件，可在有害环境场所工作。

4）降低对工人操作技术的要求。

5）缩短产品改型换代的准备周期，减少相应的设备投资。

6）可实现小批量产品的焊接自动化。

7）可用于在空间站建设、核能设备维修、深水焊接等极限条件下人工难以进行的焊接作业。

8）为焊接柔性生产线提供技术基础。

从焊接机器人诞生、发展到现在，焊接机器人大致分为三代：

第一代是指基于示教再现工作方式的焊接机器人，由于其具有操作简便、不需要环境模型、示教时可修正机械结构带来的误差等特点，在焊接生产中得到大量使用。

第二代是指基于一定传感器信息的离线编程焊接机器人，得益于焊接传感器技术和离线编程技术的不断改进，这类机器人现已进入应用阶段。

第三代是指装有多种传感器，接收作业指令后能根据客观环境自行编程的高度适应性智能焊接机器人，由于人工智能技术的发展，相对滞后，这一代机器人正处于试验研究阶段。

随着计算机与信息控制技术的不断进步和渗透，使焊接机器人由单一的示教再现型向多传感、智能化方向发展，将成为焊接先进制造技术的水平标志。

目前，国内外已有大量的焊接机器人系统应用于各类自动化生产线上，据不完全统计，目前中国已有 3000 台左右的焊接机器人分布于各大中城市的汽车、摩托车、工程机械等制造业，其中 55% 左右为弧焊机器人，45% 左右为点焊机器人，已建成相当数量的机器人焊接柔性生产线和机器人焊接工作站。这些焊接机器人系统从整体上看基本都属于第一代的示教再现型，功能较为单一，工作前要求操作者通过示教盒控制机器人各关节的运动，采用逐点示教的方式来实现焊枪空间位置的定位和记录。由于焊接路径和焊接参数是根据实际作业条件预先设置的，在焊接时缺少外部信息传感和实时调整控制的功能，这类焊接机器人对作业条件的稳定性要求严格，焊接时缺乏"柔性"，表现出下述明显缺点：

（1）不具备适应焊接对象和任务变化的能力。

（2）对复杂形状的焊缝编程效率低，占用大量生产时间。

（3）不能对焊接动态过程实时检测控制，无法满足对复杂焊件的高质量和高精度焊接要求。

11.2　智能焊接机器人

11.2.1　智能焊接机器人的基本功能

焊接机器人应具有如下功能：在开始焊接之前，通过视觉传感器观察并识别焊接环境、条件，如焊接工件的形状、结构、连接方式、坡口形式、运动障碍等特征信息；然后，根据环境与工件接头信息运用已有焊接工艺知识库，选择合适的焊接工艺参数和控制方法，以及进行必要的机器人焊接运动路径、焊枪姿态规划与焊接过程仿真；确定焊接任务可实施后，运用安装在机器人末端的视觉传感器，在局部范围内搜索机器人初始焊接位置，确定初始焊接位置后，自主导引机器人焊枪运动到初始焊位；对于焊缝的识别以及焊缝偏差的实时纠正，可以在焊接起弧前由激光或视觉传感器识别焊缝，记录机器人运动坐标后复现运动实施焊接，也可以在焊接过程中，直接通过机器人运动前方的视觉传感器实时识别焊缝间隙特征，进行机器人运动导引实现焊缝跟踪；在焊接过程中，为了克服焊接环境、工艺参数波动、焊接工件装配和散热条件以及变形的影响，保证适当的熔深、熔透以及理想的焊缝成形，采用视觉传感器观察熔池变化，提取熔池特征，判断熔池变化状态，采用适当的控制策略，实现对焊接熔池动态变化的智能控制。从整个焊接机器人系统完成焊接工艺制造的任务来看，机器人系统需要进行焊接任务规划、传感信息、运动控制、过程控制等协调作用，因此，可以从焊接任务智能化的角度将智能焊接机器人分成如下几个组成部分：

1）焊接机器人的轨迹运动机构硬件本体，包括变位机、工装卡具等设备。

2）焊接机器人的外部传感系统。主要包括对焊接环境的视觉传感器，对焊缝和焊接熔池的视觉传感器，以及电弧传感器等。

3）焊接机器人的知识库系统。包括焊接工艺数据库与专家系统，焊接过程知识模型以及控制方法知识库等。

4）焊接任务的自主规划、编程与仿真系统等。

5）焊接机器人的信息处理系统。包括传感信息的处理，如环境、工件、熔池的图像处理算法，机器人运动与焊接过程、设备运行的信息管理等。

6）焊接熔池动态过程的智能控制算法。

7）机器人焊接柔性系统的协调控制。

8）焊接机器人的系统通信以及网络监控。

具备了上述功能的机器人焊接系统，可以初步实现焊接操作的观察、分析判断、决策控制和焊接过程的智能化功能。从控制系统的角度看，就是完成实现机器人对焊接动态过程的信息反馈与闭环适应性控制的系统功能。

11.2.2　智能焊接机器人的主要子系统

1. 基于视觉传感的初始焊位识别与导引子系统

对焊接机器人进行视觉传感的初始焊位识别及导引，是实现智能化焊接机器人的关键技术之一。初始焊位的导引对于一个焊接任务的圆满完成是十分重要的，它是实施焊接动作的第一步，并且对于提高焊接机器人的智能化程度，实现焊接机器人的智能化的自主焊接是十分必要的。实现焊接机器人初始焊位的自动导引，可以使目前在工业现场中广泛应用的示教再现型机器人具有更大适应性，操作人员只需对焊接机器人进行简单的粗略示教，甚至不需要示教，而由焊接机器人根据传感信息自动完成寻找初始焊接位置，并自动地导引焊枪（焊炬）端点运动到初始焊接位置、开始焊接工作，从而使焊接机器人具有更大的自主能力和智能化水平。初始焊位导引亲统的任务就是通过视觉传感，在工作空间内拍摄焊件的图像，通过图像处理和立体匹配，提取焊缝的初始点在三维空间内的坐标，把这个结果传送给中央控制计算机（也称 IWR 服务器），由 IWR 服务器控制机器人的焊枪到达初始焊位准备焊接。

一个基于视觉传感的 IWR 初始焊位识别和焊缝初始位置导引子系统结构框图如图11.2-1 所示。

图中 CCD1 用于获取待焊工件焊缝初始位置、连接形式的图像信息，然后经特定设计的处理算法提取焊缝初始位置特征，并经立体视觉匹配算法确定焊接初始点的三维空间坐标，再行启动自主导引计算程序，通过中央控制机和机器人控制器本体移动焊枪接近焊接工件焊缝初始位置，这个识别导引过程一般可一次完成。如果空间距离较大而接近的误差范围较大时，有可能要进行再次精确的识别与导引操作过程。

2. 基于视觉传感的焊缝跟踪子系统

由于加工装配上的误差，以及焊接过程中的热和残余应力产生的变形等会造成接头位置和尺寸的变化，因此，焊接条件的变化要求焊接机器人能够实时检测出这种变化以调整焊接路径，保证焊接质量的可靠性。焊缝跟踪子系统的任务就是在机器人导引到初始焊接位置以后，通过视觉传感，在工作空间内实时拍摄焊缝的图像，通过图像处理，提取焊缝的中心点与焊枪尖端点在焊件平面内垂直投影点之间的距离（即偏差信息）和焊缝在图像上的走向，把这个结果传给 IWR 服务器。由 IWR 服务器根据标定结果，把这些变量以及机器人当前的姿态转化为机器人实际可控的变量。控制机器人的焊枪始终在焊缝正上方保持相同高度并沿着焊缝前进。一个焊接机器人视觉传感的焊缝跟踪控制子系统结构框图如图 11.2-2 所示。

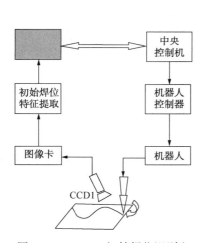

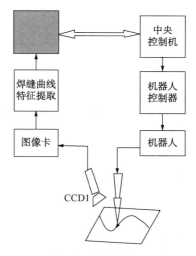

图 11.2-1　IWR 初始焊位识别和导引子系统结构框图

图 11.2-2　基于视觉传感的 IWR 焊缝跟踪实时控制子系统结构框图

图中 CCDI 用于获取待焊工件焊缝位置、形状与方向的图像信息，然后经特定设计的图像处理算法提取焊缝形状与方向特征，并根据焊缝位置确定焊枪的下一步接近或纠偏运动方向和位移量，再行启动焊缝跟踪计算程序，通过中央控制机和机器人控制器驱动机器人本体移动焊枪端点跟踪焊缝走向和位置纠偏。这个焊缝跟踪过程可以在未起弧焊接前进行，识别的焊缝和焊枪移动的过程可以记忆用于再次实施焊接时机器人可复现的运动，这种方式相当于自主寻迹示教，采用这样的方式对提高机器人实际焊接的可靠性是有利的。另外一种工作方式是焊前不需要寻迹示教，而是直接在焊接弧光照射下，摄像机 CCD1 获取机器人运动前方的半部熔池和焊缝图像，然后经特定设计的图像处理算法提取焊缝形状、间隙大小和走向特征，并根据焊缝特征和走向确定焊枪的下一步接近或纠偏运动方向和位移量，再行启动焊缝跟踪计算程序，通过中央控制机和机器人控制器驱动机器人本体移动焊枪端点跟踪焊缝走向和位置纠偏。这种在焊接过程中的实时焊缝识别和导引，虽是真正意义上的机器人自主实时焊缝跟踪，但容易由于干扰作用导致实时焊缝跟踪的可靠性与精度下降，实际焊接中并不一定直接应用，只有在特定的环境下，运用完全的智能焊接机器人实时自主焊缝跟踪技术是必需的。一般可利用此项实时自主焊缝跟踪技术与离线编程或预先自主寻迹示教规划结合运用，在实际焊接过程中才更有效。

3. 基于视觉传感的焊缝熔透实时控制子系统

弧焊过程的熔透信息传感、焊接动态过程模型的建立和反馈实时控制是保证焊接质量的关键技术，同时也是实现高质量、高精度机器人焊接自动化的重要基础之一。由于焊接过程是一个多参数相互耦合的时变非线性系统，焊缝形成质量受各种因素的影响，这使得在焊缝成形控制中，经典和现代控制理论方法都不同程度存在适应性差等问题。为了解决这些问题，保证焊缝成形稳定，就必须使焊接机器人具有熔透实时控制的能力。一个基于视觉传感 IWR 熔透实时控制子系统结构框图如图 11.2-3 所示。该子系统利用基于 CCD 摄像机的焊接熔池正面视觉信息传感器、图像采集接口卡、焊接数据采集接口板，以及微型计算机组成熔透控制系统，以熔池熔宽及成形为控制目标，实现机器人焊接过程中的焊缝熔透控制。

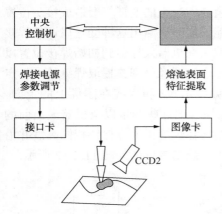

图 11.2-3　基于视觉传感的 IWR 熔透实时控制子系统结构框图

图中摄像机 CCD2 安装于机器人焊枪行走方向的后部，用于在焊接弧．光照射下直接获取机器人运动后方的半部熔池变化图像，然后经特定设计的熔池图像处理算法提取熔池形状特征，并根据熔池的宽度、半长、面积和形状特征等信息，通过中央控制机结合相应工艺参数和预先建立的焊接熔池动态过程模型预测熔深、熔透、熔宽和余高等焊接质量参数，调用合适的控制策略，给出适当的焊接参数，调整机器人运动速度、姿态和送丝速度，通过焊接电源和机器人本体等机构执行，实现对焊接熔池动态特征的实时监测、熔透和焊缝成形质量的智能控制。

4. 焊接机器人离线编程与仿真子系统

机器人焊接离线编程及仿真技术是利用计算机图形学的成果在计算机中建立起机器人及其工作环境的模型，通过对图形的控制和操作，在不使用实际机器人的情况下进行编程，进而产生机器人程序。机器人焊接离线编程及仿真是提高机器人焊接系统智能化的重要子系统之一，是智能焊接机器人软件系统的一个重要组成部分。鉴于目前已有相当版本的机器人离线编程与仿真系统软件问世，而且，对于机器人离线编程与仿真技术的研究相对独立，本书不作详细阐述，有兴趣的读者可参考有关文献。

5. 机器人焊接知识库子系统

智能焊接机器人的重要智能特征之一是，类似熟练焊工运用经验操作、知识分析决定采用的焊接操作策略，这就要求智能焊接机器人具有较完备的智能知识库系统，体现熟练焊工的智能行为。一般智能焊接机器人的智能知识库子系统，主要包括焊接工艺专家系统、各种材料焊接动态过程模型、焊接动态过程智能控制方法、机器人焊接系统信息管理、故障分析与焊接质量监测评定知识库等。对于机器人焊接各类知识系统的建立，关键是相应过程背景知识的获取，由于焊接的人工经验操作的主观因素的不确定性，采用专家经验访问的焊接知识获取的方式显然是不可取的。为了系统科学地提取与机器人焊接过程有关的知识模型，寻求依据实验或实际观测数据并运用相应的数学计算途径，获取在一定范围适用的客观性知识模型是至关重要的。

11.2.3 智能焊接机器人系统的分层递阶智能结构

为了在一定程度上自主地实现焊工操作的某些主要功能，作为智能焊接机器人系统应具有较为完备的硬件、软件功能系统。智能焊接机器人的基本功能系统应包括：对于局部环境和焊接工件形状的识别子系统；对于焊接任务，如机器人运动路径、姿态和焊接工艺参数自主规划知识库子系统；对于初始焊位的识别与运动导引子系统；对于焊缝识别、实时纠偏的焊缝跟踪子系统；机器人焊接过程中对于焊接熔池动态特征的监测、熔深、熔透与焊缝成形的智能控制子系统；对于机器人焊接系统设备，如焊接电源、送丝机构、气体保护、辅助机构的协调控制子系统；对于机器人焊接系统运行过程中的信息流与物质流的优化调度与协调管理子系统；基于网络通信的远程监控子系统等主要部分组成。

根据上述机器人焊接过程的特点，将智能焊接机器人系统设计成分层递阶智能结构体系是合适的，实践中也是可行的方案。如一个典型的智能焊接机器人系统的分层递阶智能结构如图 11.2-4 所示。

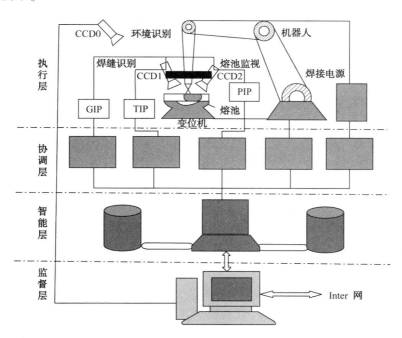

图 11.2-4 智能焊接机器人系统分层递阶智能结构

分层递阶控制概念的基本观点是，一项复杂的控制任务不能用单个控制器有效地处理，必须将其划分成模块化的子系统，由小型或微型计算机分别对它们进行控制。为了实现对智能焊接机器人系统各功能子系统的有效管理和协调，充分体现智能焊接机器人系统的智能化功能，基于分层递阶结构思想设计了智能焊接机器人四级分层递阶控制结构。所建立的分层递阶体系结构，包括四个层次：执行层、协调层、管理层和监控层。整个系统各个层次构成及网络分层结构如图 11.2-4 所示。这一智能分层结构的焊接机器人系统对于分解人工焊接时观察、决策与操作行为过程：焊接环境的识别、焊接任务的规划、初始焊位的寻找、焊缝跟踪调节、焊接过程中的操作变化，以及模仿焊工焊接生产时的各器官功能性相互协调和信息综合是较为合适的结构。图 11.2-4 中智能焊接机器人系统的各层功能描述如下：

1. 执行层

1）机器人运动机构本体，实现机器人夹持焊枪的基本轨迹运动。

2）视觉传感随动机构。带动视觉导引、焊缝跟踪与熔池监控摄像机，便于拍摄焊缝和熔池图像，避免运动过程中摄像机与工件的干涉。

3）双目视觉传感器。其目的是实现焊接环境识别、焊缝识别、初始焊位导引和焊缝跟踪、熔池视觉传感与成形监控，由两个摄像机组成，一个摄像机实现初始焊位导引和焊缝跟踪传感，另一个摄像机实现熔池尺寸检测，从而实现熔透和焊缝成形控制。

4）环境监控摄像机实现焊接现场场景的视觉反馈。

5）变位机承载工件，实现与机器人本体的协调控制，使工件始终保持水平或最佳焊接位置。

6）基本焊接工艺设备。焊接电源、送丝机构等辅助焊接设备。

2. 协调层

1）初始焊位导引模块。通过图像传感，立体匹配，检测焊缝起始点在机器人三维空间坐标内的具体位置，并将检测到的坐标点上传到 IWR 服务器，由 IWR 服务器控制机器人运动到目标点。

2）焊缝跟踪模块。通过图像传感，检测焊缝形状，检测焊缝中心与焊枪的偏差，并将这些信息上报管理层的 IWR 服务器，通过 IWR 服务器发出控制指令，由机器人控制器调整机器人的运动，实现焊缝自动导引和跟踪。

3）熔透控制模块。通过视觉传感，检测熔池形状，检测熔池特征尺寸。通过模型预测焊缝熔透情况，并利用这些信息，经控制器调整焊接电源和送丝机构的参数。比如焊接电流、焊接电压和送丝速度等，实现焊缝熔透控制。

4）机器人控制器主要接收上位机 IWR 服务器的指令，根据传感信息、知识库以及任务规划的综合比较，实现机器人的运动轨迹、姿态的调整与控制。另外，机器人控制器还负责上报机器人的状态和报警信息等。

3. 智能层（管理层）

1）IWR 服务器是机器人的上位机和控制中心，它负责与协调层和监督层的通信，并与知识模型库和规划仿真系统交换信息，管理整个焊接机器人工作站系统。

2）知识模型库是一个焊接机器人专家系统，负责焊接工艺的制定和选择、焊接顺序的规划、机器人任务的规划等。

3）规划仿真系统分为两个部分，一个是机器人运动控制仿真，另一个是焊接动态过程仿真。

机器人运动控制仿真部分负责焊接机器人运动模型的创建、焊接路径规划、焊接过程仿真以及离线编程等；焊接动态过程仿真部分负责焊接参数与焊缝成形的动态过程仿真。

4. 监督层

1）Video 服务器负责采集焊接现场的场景图像，并通过 Internet 广播，使得远程用户能通过浏览器监控焊接机器人的生产情况。

2）基于 Internet 的焊接机器人远程控制的 WWW 服务器，它负责从浏览器收集远程用户发送的仿真/控制知识库查询请求，并转发至管理层的仿真服务器、IWR 服务器或知识库服务器。由仿真服务器仿真，最终由 IWR. 服务器控制整个焊接机器人系统工作。

在不同的智能焊接机器人系统中，根据设计和分析者的观点，可能有不同的分层差别或称谓，但其对智能焊接机器人系统采用分层递阶的功能分层设计的思想是一致的。

11. 2. 4 智能焊接机器人系统的硬件

实现图 11.2-4 的分层递阶智能原理结构的一个智能化焊接机器人系统的硬件构成如 11.2-5 所示。该智能化焊接机器人（IWR）系统由 6 个自由度弧焊机器人本体外加一个自由度的摄像机随动机构、两个 CCD 摄像机、机器人控制器、示教盒、中央控制机、导引/焊缝跟踪计算机、熔透控制计算机、焊机接口控制盒、电焊机和送丝机等部分构成。

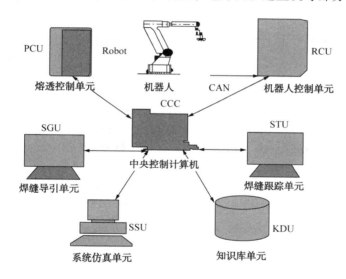

图 11.2-5　智能化焊接机器人硬件组成

图中 CCC 为中央监控机，完成机器人控制器的交互信息，负责机器人运动控制，决策制定和协调各子系统/单元的功能，SCU 为焊接初始位置导引单元，STU 为视觉焊缝跟踪单元，PCU 为熔透控制单元，SSU 为系统仿真单元，KDU 为数据库/知识库单元，RCU 为机器人控制单元，Robot 为机器人本体。作为开放式焊接机器人智能化柔性系统平台，图 11.2-5中 IWR 机器人控制柜开放了 CAN 通信接口和部分光电隔离数字 I/O 接口，以提高控制器的可扩展性和可维护性。在本系统中，CAN 主要用于 IWR 控制器与中央控制机的通信，数字I/O 接口主要用于视觉传感器的弧焊滤光片加载和移除的控制。另外，为了对机器人第七关节的控制，IWR 控制器内还增加了第七轴伺服控制包。当不由上位机控制时，机器人本体和机器人控制柜、示教盒等是一套完整的示教再现型工业机器人。但是，当机器人由上位机控制（使机器人具有智能）时，机器人控制柜退化为一个运动伺服机构。通过机器人控制柜内部的 CAN 总线接口板接收外部（上位机）发来的运动控制命令，并在同一控制周期（16ms）

内将对应的控制量送至电动机的功率放大器，控制机器人的运动。

IWR 系统的核心是一台 PIII850 的通用计算机，它提供完成机器人系统坐标变换、轨迹生成、插补运算、外部信息综合、焊接系统控制、状态管理和任务调度等。它的作用是作为一台中央控制计算机与机器人控制柜通过 CAN 线通信，它与导引、焊缝跟踪模块以及熔透控制模块之间通过 Enternet 通信，导引、焊缝跟踪模块的功能是通过视觉传感实现焊接机器人焊接初始位置的导引和焊缝跟踪。IWR 机器人第七轴上的一个 CCD 摄像机，通过视频电缆与导引、焊缝跟踪计算机上的图像采集卡相连，同时，熔透控制模块的功能是通过熔池视觉传感实现焊接机器人焊接过程的实时熔透控制。IWR 机器人第七轴上的另一个 CCD 摄像机，通过视频电缆与熔透控制计算机上的图像采集卡相连（硬件配置同导引、跟踪模块）。融透控制计算机还通过自行开发的控制/采集接口电路与焊接电源相连，以实现焊接参数的实时控制和焊接参数采集。

11.2.5 智能焊接机器人系统的软件

为了实现对智能焊接机器人系统众多硬件组件的有效管理和协调，充分体现智能焊接机器人系统的智能。图 11.2-6 示出了一个模块化设计的智能焊接机器人软件系统框图。模块化设计思想的基本观点是一项复杂的控制任务，不能用单个控制器有效地处理，必须将其划分成模块化的子系统，由小型或微型计算机分别对他们进行控制。根据模块化设计的思想，将智能焊接机器人工作单元的功能分解为不同的控制模块，各个模块即相互相对独立，又与中央监控计算机交互信息协调实现系统的功能。

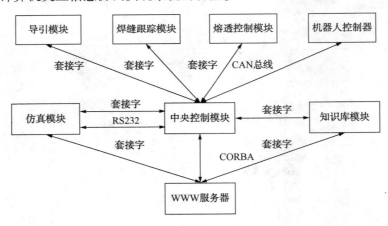

图 11.2-6　IWR 系统软件模块化框图

IWR 软件系统的核心是中央监控模块（Central ControlModule，CCM），它是唯一和机器人控制器交互信息的模块，负责机器人运动控制、决策制定和调度各个子系统，协调各子系统的功能。各子系统功能模块主要有焊接初始位置导引模块、视觉焊缝跟踪模块、熔透控制模块、系统仿真模块、数据库/知识库模块等几部分，所有这些模块都通过 Windows Socket 与中央监控计算机进行通信。各功能子模块与中央监控模块之间采用 C/S 结构，为各功能子模块提供服务的一方是 Server 端，中央监控计算机请求服务的一方是 Client 端。其中焊接起始点导引模块和焊缝跟踪模块逻辑上相互独立，物理实现上处于同一台计算机上，焊接时导引任务完成以后将控制权交给焊缝跟踪模块。为了提供对机器人远程控制的支持，系统还设计了 WWW 服务器模块，WWW 服务器模块与机器人中央控制计算机之间以中间件 CORBA 通信。

11.3 点焊机器人

点焊机器人的典型应用领域是汽车工业。一般装配每台汽车车体大约需要完成 3000～4000 个焊点，而其中 60% 是由机器人完成的。在有些大批量汽车生产线上，服役的机器人台数甚至高达 150 台。汽车工业引入机器人已取得了下述明显效益：改善多品种混流生产的柔性；提高焊接质量；提高生产率；把工人从恶劣的作业环境中解放出来。今天，焊接机器人已经成为汽车生产行业的支柱。

最初，点焊机器人只用于增强焊点作业(向已拼接好的工件上增加焊点)。后来，为了保证拼接精度，又让机器人完成定位焊作业。这样，点焊机器人逐渐被要求具有更全面的作业性能。

表 11-1 列举了生产现场使用的点焊机器人的分类、特点和用途。在驱动形式方面，由于电伺服技术的迅速发展，液压伺服在机器人中的应用逐渐减少，甚至大型机器人也在朝电动机驱动方向过渡。随着微电子技术的发展，机器人技术在性能、小型化、可靠性以及维修等方面日新月异；在机型方面，尽管主流仍是多用途的大型 6 轴垂直多关节机器人，但是，出于机器人加工单元的需要，一些汽车制造厂家也进行开发立体配置 3～5 轴小型专用机器人的尝试。

表 11-1　点焊机器人的分类和用途

分　类	特　征	用　途
垂直多关节型 (落地式)	工作空间/安装面积之比大，持重多数为 1000N 左右，有时还可附加整机移动自由度	主要用于增强焊点作业
垂直多关节型(悬挂式)	工作空间均在机器人的下方	车体的拼接作业
直角坐标型	多数为 3、4、5 轴，适合连续直线焊缝，价格便宜	
定位焊接用机器人 (单向加压)	能承受 500kg 加压反力的高刚度机器人。有些机器人本身带加压作业功能	车身底板的定位焊

典型点焊机器人的规格是，持重 1000N、最高速度 4m/s 的 6 轴垂直多关节点焊机器人。由于实用中几乎全部用来完成间隔为 30～50mm 的打点作业，运动中很少能达到最高速度，因此，改善最短时间内频繁短节距起动、制动的性能是该机追求的重量。为了提高加速度和减速度，在设计中注意了减轻手臂的重量，增加驱动系统的输出力矩。同时，为了缩短滞后时间，得到高的静态定位精度，该机采用低惯性、高刚度减速器和高功率的无刷伺服电动机。由于在控制回路中采取了加前馈环节和状态观测器等措施，控制性能得到大大改善。50mm 短距离移动的定位时间被缩到 0.4s 以内。

一般关节式点焊机器人本体的技术指标见表 11-2。

表 11-2　点焊机器人主要技术指标

结　构		全关节型	
自由度		6	
驱动		直流伺服电动机	
运动范围	腰转	范围±135°	最大速度 50°/s
	大臂转	前 50°，后 30°	45°/s
	小臂转	下 40°，上 20°	40°/s
	腕摆	±90°	±80°/s
	腕转	±90°	±80°/s
	腕捻	±170°	±80°/s

结　构	全关节型
最大负荷	65KG
重复精度	±1mm
控制系统	计算伺服控制，六轴同时控制
轨迹控制系统	PTP 及 CP
运动控制	直线插补
示教系统	示教再现
内存容量	1280 步
环境要求	温度 0~45℃，湿度 20%~90%RH
电源要求	220V 交流，50HZ 三相
自重	1500kg

11.3.1　点焊机器人的构成

1. 点焊机器人的结构形式

点焊机器人虽然有多种结构形式，但大体上都可以分 3 大组成部分，即机器人本体、点焊焊接系统和控制系统，如图 11.3-1 所示。目前，应用较广的点焊机器人，其本体形式为直角坐标简易型和全关节型。前者可具有 1-3 个自由度，焊件及焊点位置受到限制；后者具有 3-6 个自由度，分 DC 伺服和 AC 伺服两种形式，能在可到达的工作区间内任意调整焊钳姿态，以适应多种结构形式焊接。

点焊机器人控制系统由本体控制部分和焊接控制部分组成。本体控制部分主要是实现示教再现、焊点位置及精度控制；焊接控制部分除了控制电极加压、通电焊接、维持等各程序段的时间及程序转换以外，还通过改变主电路晶闸管的导通角实现焊接电流控制。

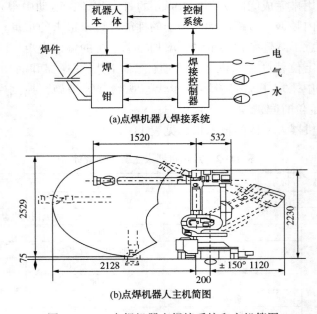

(a)点焊机器人焊接系统

(b)点焊机器人主机简图

图 11.3-1　点焊机器人焊接系统和主机简图

2. 点焊机器人焊接系统

焊接系统主要由焊接控制器、焊钳(含阻焊变压器)和水、电、气等辅助部分组成，焊接系统原理如图 11.3-2 所示。

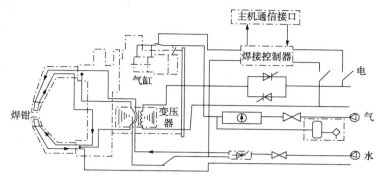

图 11.3-2　焊接系统原理图

1）点焊机器人焊钳

点焊机器人焊钳从用途上可分为 C 形和 x 形两种。C 形焊钳用于点焊垂直及近于垂直倾斜位置的焊缝，x 形焊钳则主要用于点焊水平及近于水平倾斜位置的焊缝。

从阻焊变压器与焊钳的关系上可将焊钳分为分离式、内藏式和一体式 3 种形式。

（1）分离式焊钳　该焊钳的特点是阻焊变压器与焊钳相分离，钳体安装在机器人手臂上，而焊接变压器悬挂在机器人的上方，可在轨道上沿着机器人手腕移动的方向移动，二者之间用二次电缆相连，如图 11.3-3 所示。其优点是减小了机器人的负载，运动速度高，价格便宜。

分离式焊钳的主要缺点是需要大容量的焊接变压器，电力损耗较大，能源利用率低。此外，粗大的二次电缆在焊钳上引起的拉伸力和扭转力作用于机器人的手臂上，限制了点焊工作区间与焊接位置的选择。分离式焊钳可采用普通的悬挂式焊钳和阻焊变压

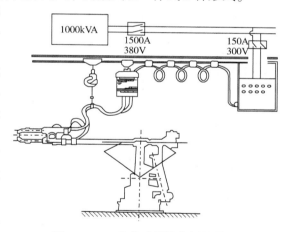

图 11.3-3　分离式焊钳点焊机器人

器，但二次电缆需要特殊制造，一般将两条导线做在一起，中间用绝缘层分开，每条导线还要做成空心的，以便通水冷却。此外，电缆还要有一定的柔性。

（2）内藏式焊钳　这种结构是将阻焊变压器安放到机器人手臂内，使其尽可能地接近钳体，变压器的二次电缆可以在内部移动，如图 11.3-4 所示。当采用这种形式的焊钳时，必须同机器人本体统一设计，如 Cartesian 机器人就采用这种结构形式。另外，极坐标或球面坐标的点焊机器人也可以采用这种结构，其优点是二次电缆较短，变压器的容量可以减小，但是，使机器人本体的设计变得复杂。

（3）一体式焊钳　所谓一体式就是将阻焊变压器和钳体安装在一起，然后共同固定在机器人手臂末端法兰盘上，如图 11.3-5 所示。其主要优点是省掉了粗大的二次电缆及悬挂变

压器的工作架，直接将焊接变压器的输出端连到焊钳的上下机臂上，另一个优点是节省能量。例如，输出电流 12000A，分离式焊钳需 75kVA 的变压器，而一体式焊钳只需 25kVA。一体式焊钳的缺点是焊钳重量显著增大，体积也变大，要求机器人本体的承载能力大于 60kg。此外，焊钳重量在机器人活动手腕上产生惯性力易于引起过载，这就要求在设计时，尽量减小焊钳重心与机器人手臂轴心线间的距离。阻焊变压器的设计是一体式焊钳的主要问题，由于变压器被限制在焊钳的小空间里，外形尺寸及重量都必须比一般的小，二次线圈还要通水冷却。目前，采用真空环氧浇铸工艺，已制造出了小型集成阻焊变压器。例如 30kVA 的变压器，体积为 $325×135×125mm^3$，重量只有 18kg。

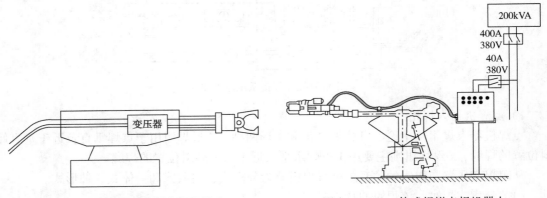

图 11.3-4　内藏式焊钳点焊机器人　　　　图 11.3-5　一体式焊钳点焊机器人

（4）逆变式焊钳　这是电阻焊机发展的一个新方向。目前，国外已经将装有逆变式焊钳的点焊机器人用于汽车生线上，我国对此正在进行研究。

焊接控制器由 Z80CPU、EPROM 及部分外围接口芯片组成最小控制系统，它可以根据预定的焊接监控程序，完成点焊时的焊接参数输入、点焊程序控制、焊接电流控制和焊接系统故障自诊断，并实现与本体计算机及手控示教盒的通信联系。常用的点焊控制器有 3 种结构形式。

（1）中央结构型　它将焊接控制部分作为一个模板与机器人本体控制部分共同安装在一个控制柜内，由主计算机统一管理并为焊接模块提供数据，焊接过程控制由焊接模块完成。这种结构的优点是设备集成度高，便于统一管理。

（2）分散结构型　分散结构型是焊接控制器与机器人本体控制柜分开，二者采用应答式通信联系，主计算机给出焊接信号后，其焊接过程由焊接控制器自行控制，焊接结束后给主机发出结束信号，以便主机控制机器人移位，其焊接循环如图 11.3-6 所示。这种结构的优点是调试灵活，焊接系统可单独使用，但需要一定距离的通信，集成度不如中央结构型高。

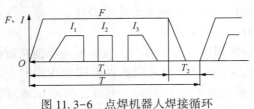

图 11.3-6　点焊机器人焊接循环
T_1—焊接控制器控制；
T_2—机器人主控计算机控制；
T—焊接周期；F—电极压力；
I—焊接电流

焊接控制器与本体及示教盒之间的联系信号主要有焊钳大小行程、焊接电流增/减、焊接时间增减、焊接开始及结束、焊接系统故障等。

（3）群控系统　群控就是将多台点焊机器

人焊机(或普通焊机)与群控计算机相连，以便对同时通电的数台焊机进行控制，实现部分焊机的焊接电流分时交错，限制电网瞬时负载，稳定电网电压保证焊点质量。群控系统可以使车间供电变压器容量大大下降。此外，当某台机器人(或点焊机)出现故障时，群控系统启动备用的点焊机器人或对剩余机器人重新分配工作，以保证焊接生产的正常进行。

为了适应群控的需要，点焊机器人焊接系统都应增加"焊接请求"及"焊接允许"信号，并与群控计算机相连。

3. 新型点焊机器人系统

点焊机器人与CAD系统的通信功能变得重要起来，这种CAD系统主要用来离线示教。图11.3-7为含CAD及焊接数据库的新型点焊机器人系统的基本构成。

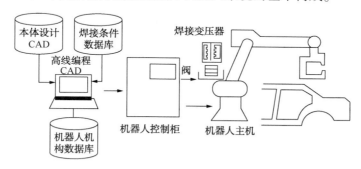

图11.3-7　含CAD系统的点焊机器人系统的基本构成

4. 点焊机器人对焊接系统的要求

1）应采用具有浮动加压装置的专业焊钳，也可对普通焊钳进行改装。焊钳重量要轻，可具有长、短两种行程，以便于快速焊接及修整、更换电极、跨越障碍等。

2）一体式焊钳的重心应设计在固定法兰盘的轴心线上。

3）焊接控制系统应能对阻焊变压器过热、晶闸管过热、晶闸管短路断路、气网失压、电网电压超限、粘电极等故障进行自诊断及自保护，除通知本体停机外，还应显示故障种类。

4）分散结构型控制系统应具有通信联系接口，能识别机器人本体及手控盒的各种信号，并做出相应的反应。

11.3.2　点焊机器人的应用

点焊机器人系统利用金属与金属之间的接触电阻，通过强大的电流，使金属接触部分局部融化，形成金属间的连接，可以焊接低碳钢板、不锈钢板、镀锌板、多功能铝钢板、铝板和铜板等薄板。机器人控制器可以根据不同材质、不同厚度确定和调整焊接压力、焊接电流等参数，具有焊接效率高，变形小，不需添加焊接材料等特点，广泛应用于汽车覆盖件、驾驶室、汽车底板等零部件的高质量焊接。

据统计，汽车制造和汽车零部件生产企业中的焊接机器人占全部机器人的76%，在汽车行业中，点焊机器人和弧焊机器人的比例为3：2。点焊机器人系统一般由机器人本体、机器人控制器、点焊钳和点焊辅助设备(电极修磨机、冷却水单元、安全光栅)等构成。图11.3-8为一套典型的点焊机器人系统构成。

轿车生产线上点焊机器人的工作状态如图11.3-9所示。

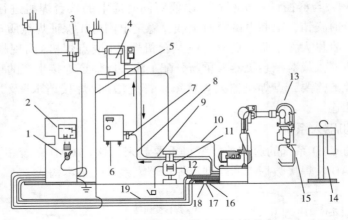

图 11.3-8 点焊机器人系统构成

1—机器人示教盒；2—机器人控制柜；3—机器人变压器；4—点焊控制箱；5—点焊指令电缆；6—水冷机；

7—冷却水流量开关；8—焊钳回水管；9—焊钳水冷管；10—焊钳供电电缆；11—气/水管路组合体；

12—焊钳进气管；13—集合电缆；14—电极修磨机；15—伺服/气动点焊钳；

16—机器人控制电缆；17、18—机器人供电电缆；19—焊钳控制电缆

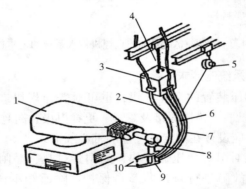

图 11.3-9 轿车生产线上点焊机器人的工作状态

1—机器人；2—压缩气管；3—焊接变压器；4—焊机一次电缆；5—平衡块；

6—焊机二次电缆；7—冷却水管；8—腕；9—焊钳；10—电极

11.4 弧焊机器人

弧焊机器人的应用范围很广，除汽车行业之外，在通用机械、金属结构等许多行业中都有应用。这是因为弧焊工艺早已在诸多行业中得到普及的缘故。弧焊机器人是包括各种焊接附属装置在内的焊接系统，而不只是一台以规划的速度和姿态携带焊枪移动的单机。图 11.4-1 为弧焊机器人系统的基本组成，图 11.4-2 为适合机器人应用的弧焊方法。

在弧焊作业中，要求焊枪跟踪工件的焊道运动，并不断填充金属形成焊缝。因此，运动过程中速度的稳定性和轨迹精度是两项重要的指标。一般情况下，焊接速度取 5~50mm/s，轨迹精度为±0.2~0.5mm。由于焊枪的姿态对焊缝质量也有一定影响，因此，希望在跟踪焊道的同时，焊枪姿态的可调范围尽量大。作业时，为了得到优质焊缝，往往需要在动作的示教以及焊接条件(电流、电压、速度)的设定上花费大量的劳力和时间，所以，除了上述性

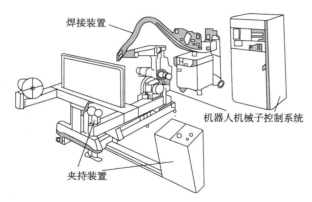

图 11.4-1 弧焊机器人系统的基本组成

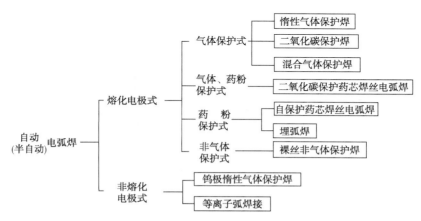

图 11.4-2 适合机器人应用的弧焊方法

能方面的要求外，如何使机器人便于操作也是一个重要课题。

弧焊机器人从机构形式分，既有直角坐标型的弧焊机器人，也有关节型的弧焊机器人。对于小型、简单的焊接作业，机器人有 4、5 轴即可以胜任了，对于复杂工件的焊接，采用 6 轴机器人对调整焊枪的姿态比较方便。对于特大型工件焊接作业，为加大工作空间，有时把关节型机器人悬挂起来，或者安装在运载小车上使用。表 11-3 为典型弧焊机器人的规格。图 11.4-3 为通用弧焊机器人操作机结构图。

表 11-3　典型弧焊机器人规格

持重	5kg，承受焊枪所必须的负载能力
重复位置精度	±0.1mm，高精度
可控轴数	6 轴同时控制，便于焊枪姿态调整
动作方式	各轴单独插补、直线插补、圆弧插补、焊枪端部等速控制(直线、圆弧插补)
速度控制	进给 6~1500mm，焊接速度 1~50mm/s，调速范围广(从极低速到高速均可调)
焊接功能	焊接电流、电压的选定，允许在焊接中途改变焊接条件，断弧、粘丝保护功能，焊接抖动功能(软件)
存储功能	IC 存储器，128kW
辅助功能	定时功能、外部输入、输出接口
应用功能	程序编辑、外部条件封断、异常检查、传感器接口

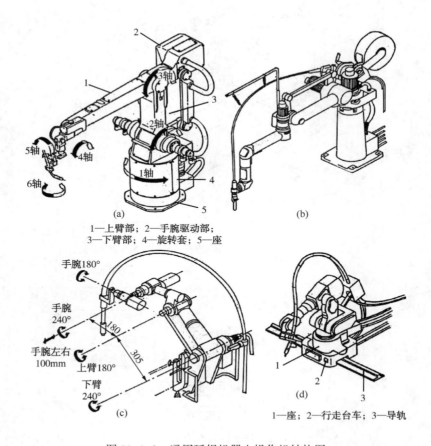

1—上臂部；2—手腕驱动部；
3—下臂部；4—旋转套；5—座

1—座；2—行走台车；3—导轨

图 11.4-3　通用弧焊机器人操作机结构图

11.4.1　弧焊机器人的构成

弧焊机器人可以被应用在所有电弧焊、切割技术范围及类似的工艺方法中。最常用的应用是结构钢和 Cr/Ni 钢的融化极活性气体保护焊（CO2 气保焊、MAG 焊）、铝及特殊合金熔化极惰性气体保护焊（MIG）、Cr/Ni 钢和铝的加冷丝和不加冷丝的钨极惰性气体保护焊（TIG）以及埋弧焊。

一套完整的弧焊机器人系统，它包括机器人机械手、控制系统、焊接装置和焊件夹持装置等。焊件夹持装置上有两组可以轮番进入机器人工作范围的旋转工作台。

1. 弧焊机器人基本结构

弧焊用的机器人通常有 6 个自由度，具有 6 个自由度的机器人可以保证焊枪的任意空间轨迹和姿态。

弧焊机器人的控制系统不仅要保证机器人的精确运动，而且要具有可扩充性，以控制周边设备确保焊接工艺的实施。图 11.4-4 是一台典型的弧焊机器人控制系统的计算机硬件框图。计算机由 8086CPU 做管理用中央处理机单元，8087 协处理器进行运动轨迹计算，每四个电动机由 I 个 8086CPU 进行伺服控制。通过串行 I/O 接口与上一级管理计算机通信，采用数字量 I/O 和模拟量 I/O 控制焊接电源和周边设备。

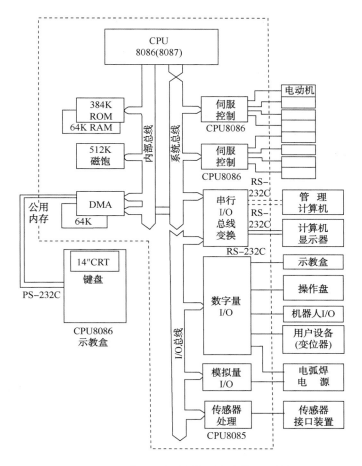

图 11.4-4 弧焊机器人控制系统计算机硬件框图

该计算机系统具有传感器信息处理的专用 CPU（8085），微计算机具有 384K 的 ROM 和 64K 的 RAM，以及 512K 磁饱的内存，示教盒与总线采用 DMA 方式（直接存储器访问方式）交换信息，并有公用内存 64K。

2. 弧焊机器人周边设备

弧焊机器人只是焊接机器人系统的一部分，还应有行走机构及小型和大型移动机架。通过这些机构来扩大机器人的工作范围（见图 11.4-5），同时还具有各种用于接受、固定及定位工件的转台（见图 11.4-6）、定位装置和夹具等。

在最常见的结构中，焊接机器人固定于基座上，工件转台则安装在其工作范围内。为了更经济地使用焊接机器人，至少应有两个工位轮番进行焊接。

所有这些周边设备其技术指标均应适应弧焊机器人的要求，即确保工件上焊缝的到位精度达到+0.2mm。以往的周边设备都达不到机器人的要求。为了适应弧焊机器人的发展，新型的周边设备由专门的工厂进行生产。

鉴于机器人本身及转胎的基本构件已经实现标准化，所以，用于每种工件装夹、夹紧、定位、固定的工具必须重新设计。这种工具既有简单的用手动夹紧杠杆操作的设备，也有极复杂的全自动液压或气动夹紧系统。必须特别注意工件上焊缝的可接近性。

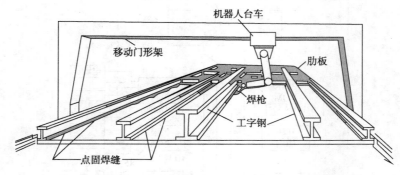

图 11.4-5　机器人倒置在移动门架上

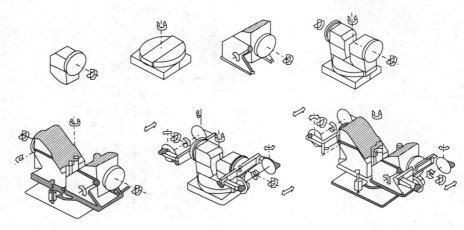

图 11.4-6　各种机器人专用转台

　　根据转台及工具的复杂性，机器人控制与外围设备之间的信号交换是不同的，这一信号交换对于工作的安全性有很大意义。

3. 焊接设备

　　用于焊接机器人的焊接电源及送丝设备，由于参数选择，必须由机器人控制器直接控制。为此，一般至少通过 2 个给定电压达到上述目的。对于复杂过程，例如，脉冲电弧焊或填丝钨极惰性气体保护焊时，可能需要 2~5 个给定电压，电源在其功率和接通持续时间上必须与自动过程相符合，必须安全地引燃，并无故障地工作，使用最多的焊接电源是晶闸管整流电源。近年来，晶体管脉冲电源对于机器人电弧焊具有特殊的意义，这种晶体管脉冲电源无论是模拟的或脉冲式的，通过其脉冲频率的无级调节，在结构钢、Cr-Ni 钢和铝焊接时都能保证实现接近无飞溅的焊接。与采用普通电源相比，可以使用更大直径的焊丝，其熔敷效率更高。有很多焊接设备制造厂为机器人设计了专用焊接电源，采用微处理机控制，以便与焊接机器人控制系统交换信号。

　　送丝系统必须保证恒定送丝，送丝系统应设计成具有足够功率，并能调节送丝速度。为了机器人自由移动，必须采用软管，但软管应尽量短。在焊接机器人电弧焊时，由于焊接持续时间长，经常采用水冷式焊枪，焊枪与机器人末端的连接处应便于更换，并需有柔性的环节或制动保护环节，防止示教和焊接时与工件或周围物件碰撞影响机器人的寿命。图 11.4-

7 为焊枪与机器人连接的一个例子。在装卡焊枪时，应注意焊枪伸出的焊丝端部的位置应符合机器人使用说明书中所规定的位置，否则示教再现后焊枪的位置和姿态将产生偏差。

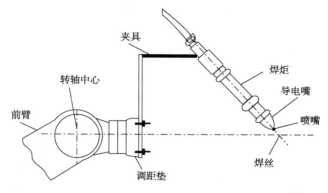

图 11.4-7　焊枪的固定

4. 控制系统与外围设备的连接

工业控制系统不仅要控制机器人机械手的运动，还需控制外围设备的动作、开启、切断以及安全防护，图 11.4-8 是典型的控制框图。

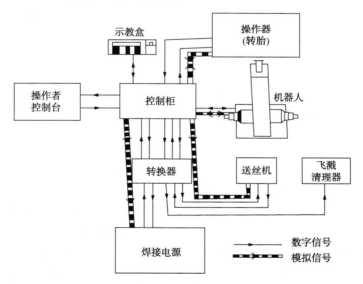

图 11.4-8　控制系统典型的控制框图

控制系统与所有设备的通信信号有数字量信号和模拟量信号。控制柜与外围设备用模拟信号联系的有焊接电源、送丝机构以及操作机(包括夹具、变位器等)。这些设备需通过控制系统预置参数，通常是通过 D/A 数模转换器给定基准电压，控制器与焊接电源和送丝机构电源一般都需有电量隔离环节，防止焊接的干扰信号对计算机系统的影响，控制系统对操作机电动机的伺服控制与对机器人伺服控制电动机的要求相仿，通常采用双伺服环，确保工件焊缝到位精度与机器人到位精度相等。

数字量信号负担各设备的启动、停止、安全以及状态检测。

11.4.2　弧焊机器人的主要技术指标

选择和购买焊接机器人时，全面和准确地了解其性能指标十分重要，使用焊接机器人时，掌握其主要技术指标更是正确使用的前提。各厂家在焊接机器人产品说明书上所列的技术指标往往比较简单，有些性能指标要根据实用的需要在谈判和考察中深入了解。

弧焊机器人的主要技术指标可分为两大部分，机器人的通用技术指标和机器人的专用技术指标。

1. 机器人通用技术指标

1）自由度数　这是反映机器人灵活性的重要指标。一般来说，有 3 个自由度数就可以达到机器人工作空间任何一点，但焊接不仅要达到空间某位置，而且要保证焊枪（或焊钳）的空间姿态。因此，弧焊机器人至少需要 5 个自由度，点焊机器人需要 6 个自由度。

2）负载　指机器人末端能承受的额定载荷，焊枪及其电缆、割具及气管、焊钳及电缆、冷却水管等都属负载。因此，弧焊和切割机器人的负载能力为 6~10kg；点焊机器人如果使用一体式变压器和一体式焊钳，其负载能力应为 60~90kg，如果用分离式焊钳，其负载能力应为 40~50kg。

3）工作空间　厂家所给出的工作空间是机器人未装任何末端操作器情况下的最大可达空间，用图形来表示。应特别注意的是，在装上焊枪（或焊钳）后，还需要保证焊枪姿态，实际的可焊接空间会比厂家给出的小一些，需要认真地用比例作图法或模型法核算一下，以判断是否满足实际需要。

4）最大速度　这在生产中是影响生产效率的重要指标。产品说明书给出的是在各轴联动情况下，机器人手腕末端所能达到的最大线速度，由于焊接要求的速度较低，最大线速度只影响焊枪（或焊钳）的到位、空行程和结束返回时间。一般情况下，焊接机器人的最高速度达 1~1.5m/s，已能满足要求。

5）点到点重复精度　这是机器人性能的重要指标之一。对点焊机器人，从工艺要求出发，其精度应达到焊钳电极直径的 1/2 以下。对弧焊机器人，则应小于焊丝直径的 1/2，即 0.2~0.4mm。

6）轨迹重复精度　这项指标对弧焊机器人十分重要，但各机器人厂家都不给出这项指标，因为测量比较复杂。但各机器人厂家内部都做这项测量，应坚持索要其精度数据，对弧焊机器人，其轨迹重复精度应小于焊丝直的 1/2，一般需要达到 0.3~0.5mm 以下。

7）用户内存容量　指机器人控制器内主计算机存储器的容量大小，它反映了机器人能存储示教程序的长度，它关系到能加工工件的复杂程度，即示教点的最大数量。一般用能存储机器人指令的系数和存储总字节数来表示，也有用最多示教点数来表示。

8）插补功能　对弧焊和点焊机器人，都应具有直线插补和圆弧插补功能。

9）语言转换功能　各厂机器人都有自己的专用语言，但其屏幕显示可由多种语言显示，例如，ASEA 机器人可以选择英、德、法、意、西班牙、瑞士等国语言显示，这对方便本国工人操作十分有用。我国国产机器人用中文显示。

10）自诊断功能　机器人应具有对主要元器件、主要功能模块进行自动检查、故障报警、故障部位显示等功能。这对保证机器人快速维修和进行保障非常重要。因此，自诊断功能是机器人的重要功能，也是机器人完善程度的主要指标之一。现在，世界上名牌机器人都有 30~50 个自诊断功能项，用指定代码和指示灯方式向使用者显示其诊断结果及报警。

11）自保护及安全保障功能　机器人有自保护及安全保障功能。主要有驱动系统过热自断电保护、动作超限位自断电保护、超速自断电保护等等，它起到防止机器人伤人或损伤周边设备，在机器人的工作部位装有各类触觉或接近触觉传感器，并能使机器人自动停止工作。

2. 机器人专用技术指标

1）可以适用的焊接方法　这对弧焊机器人尤为重要，这实质上反映了机器人控制和驱动系统抗干扰的能力。现在，一般弧焊机器人只采用熔化极气体保护焊方法，因为这些焊接方法不需采用高频引弧起焊、机器人控制和驱动系统没有特殊的抗干扰措施，能采用钨极氩弧焊的弧焊机器人是近几年的新产品，它有一套特殊的抗干扰措施。这一点在选用焊接机器人时要加以注意。

2）摆动功能　这对弧焊机器人甚为重要，它关系到弧焊机器人的工艺性能。现在，弧焊机器人的摆动功能差别很大，有的机器人只有固定的几种摆动方式，有的机器人只能在x-y平面内设定摆动方式和参数，最佳的选择是能在空间范围内任意设定摆动方式和参数。

3）焊接 P 点示教功能　这是一种在焊接示教时十分有用的功能，即在焊接示教时，先示教焊缝上某一点的位置，然后调整其焊枪或焊钳姿态，在调整姿态时，原示教点的位置完全不变。实际是机器人能自动补偿由于调整姿态所引起的 P 点位置的变化，确保 P 点坐标，以方便示教操作者。

4）焊接工艺故障自检和自处理功能　这是指常见的焊接工艺故障，如弧焊的粘丝、断丝、点焊的粘电极等，这些故障发生后，如不及时采取措施，则会发生损坏机器人或报废工件等重大事故。因此，机器人必须具有检出这类故障并实时自动停车、报警的功能。

5）引弧和收弧功能　为确保焊接质量，需要改变参数，在机器人焊接中和示教时应能设定和修改，这是弧焊机器人必不可少的功能。

参 考 文 献

[1] 中国机械工程学会焊接学会．焊接手册．北京：机械工业出版社，2001

[2] 曾乐．现代焊接技术手册．上海：上海科学技术出版社，1993

[3] 上海焊接协会，上海焊接学会．焊接先进技术．上海：上海科学技术出版社，2010

[4] 陈彦宾．现代激光焊接技术．北京：科学出版社，2005

[5] 陈家壁，彭润玲．激光原理及应用．北京：电子工业出版社，2013

[6] 陈善本，林涛等．智能化焊接机器人技术．北京：机械工业出版社，2006

[7] 李志远，钱乙余，张九海等．先进连接方法．北京：机械工业出版社，2000

[8] 王宗杰．熔焊方法及设备．北京：机械工业出版社，2010

[9] 陈祝年．焊接工程师手册．北京：机械工业出版社，2002

[10] 宋天民．焊接残余应力的产生与消除．北京：中国石化出版社，2010

[11] 宋天民等．振动焊接对焊件疲劳寿命的影响及机理分析．第10届全国焊接会议论文集，2001

[12] 张国福，宋天民等．机械振动焊接对焊缝及热影响区金相组织的影响．哈尔滨：焊接学报，2001

[13] 张德芬，宋天民等．机械振动焊接对焊接残余应力的影响及机理分析．抚顺：抚顺石油学院学报，2001

[14] 周炳锟等．激光原理．北京：国防工业出版社，2000

[15] 杨春利，林三宝．电弧焊基础．哈尔滨：哈尔滨工业大学出版社，2003

[16] 雷世明．焊接方法与设备．北京：机械工业出版社，2004

[17] 周兴中．焊接方法及设备．北京：机械工业出版社，1990

[18] 刘金合．高能密度焊．西安：西北工业大学出版社，1995

[19] 林尚扬，陈善木等．焊接机器人及其应用．北京：机械工业出版社，2000

[20] 上海焊接学会．现代焊接生产技术．上海：上海科学技术出版社，2007

[21] 吴林，陈善本．智能化焊接技术．北京：国防工业出版社，2000

[22] 邹信．钎焊．北京：机械工业出版社，1988

[23] 张启运，庄鸿等．钎焊手册．北京：机械工业出版社，1999